木材学 基礎編

Wood Science・Basics・

日本木材学会［編］

海青社

森林の風景

スギ人工林

手入れの行き届いたスギとヒノキの
人工林：富士宮市

東農森林管理署管内の二代目大ヒノキ

森林の風景

カラマツ長伐期優良大径材生産施業林：置戸

東農森林管理署管内の豊かな森林

木材の実体顕微鏡写真

身近な木材をながめる習慣をつけましょう。針葉樹材・広葉樹材から始めて、マツ科とヒノキ科の区別、広葉樹の管孔性による判別など、森林科学を学ぶものとして、忘れてはならない基本的な特徴を集めました。10〜15倍程度のルーペで実際に見ることができます。図中の注は以下の通りです（参考：平井 1996）。カッコ内に対応する節を示します。

針葉樹材について
- A：年輪界（2.2.1（4））
- B：早材仮道管（4.1.1）
- C：晩材仮道管（4.1.1）
- D：軸方向樹脂道（4.1.6）
- E：放射樹脂道（4.1.6）
- F：傷害樹脂道（4.1.6）
- G：樹脂細胞（4.1.3）
- H：異形細胞（結晶細胞）（4.1.3）
- I：放射組織（4.1.4）

広葉樹材について
- A：年輪界（2.2.4）
- B：道管（4.2.1）
- C：孔圏道管（4.2.1）
- D：孔圏外道管（4.2.1）
- E：階段穿孔（4.2.1）
- F：チロース（4.2.1）
- G：ゴム質（4.2.1）
- H：軸方向柔組織（成長輪界状）（4.2.3）
- I：軸方向柔組織（帯状）（4.2.3）
- J：軸方向柔組織（周囲状、翼状、連合翼状）（4.2.3）
- K：異形細胞（油細胞）（4.2.5）
- L：ピスフレック
- M：放射組織（4.2.4）
- N：広放射組織（4.2.4）

イチョウ *Ginkgo biloba*

イチョウ科イチョウ属の落葉樹。中国原産で古くより全国各地に植栽。比重：0.45–0.60。目視やルーペによる特徴：早晩材の移行緩。異形細胞中に大型の結晶が散在。その他：肌目が精で、加工しやすい特徴などから、碁盤、まな板などの器具材をはじめ、彫刻、漆器木地など。

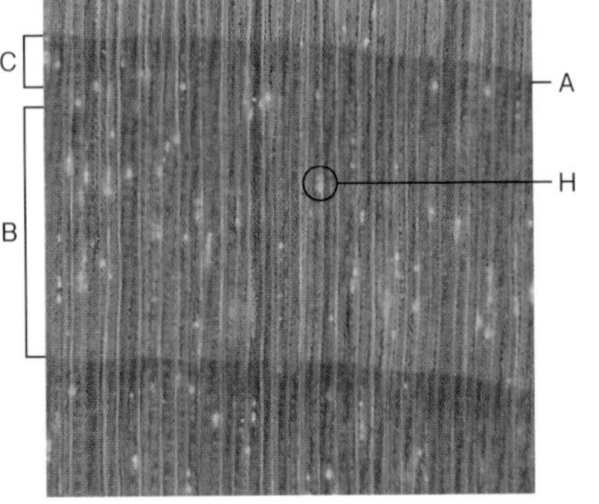

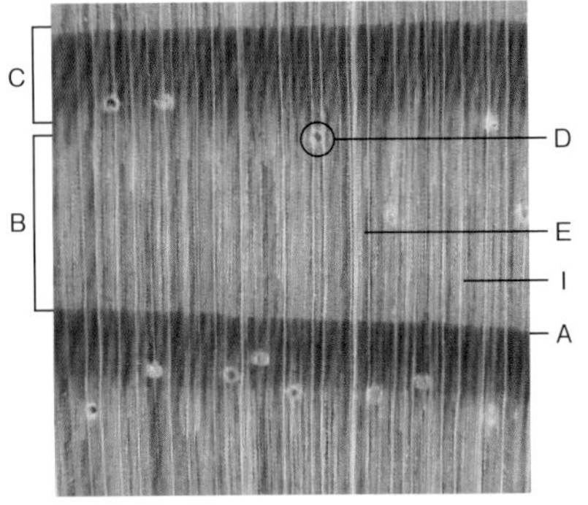

アカマツ *Pinus densiflora*

マツ科マツ属の常緑針葉樹。本州、四国、九州（屋久島）に分布。比重：0.42–0.62。目視やルーペによる特徴：早晩材の移行急。樹脂道（軸方向ならびに放射）。軸方向樹脂道は大きく目視で確認できる。顕微鏡でみる特徴：エピセリウム細胞が薄壁。分野壁孔が窓状で、放射仮道管をもつ。その他：オウシュウアカマツやラジアータパインは同属である。

カラマツ *Larix kaempferi*

マツ科カラマツ属の落葉針葉樹。本州の東北（宮城県以南）、関東、中部（静岡県以北）のおもに亜高山帯に分布。比重：0.40–0.60。目視やルーペによる特徴：早晩材の移行急。樹脂道（軸方向ならびに放射）。軸方向樹脂道の大きさは中程度。顕微鏡でみる特徴：エピセリウム細胞が厚壁。分野壁孔がヒノキ型。その他：旋回木理のため狂いが問題であったが、乾燥技術の革新により、建材として有用となった。

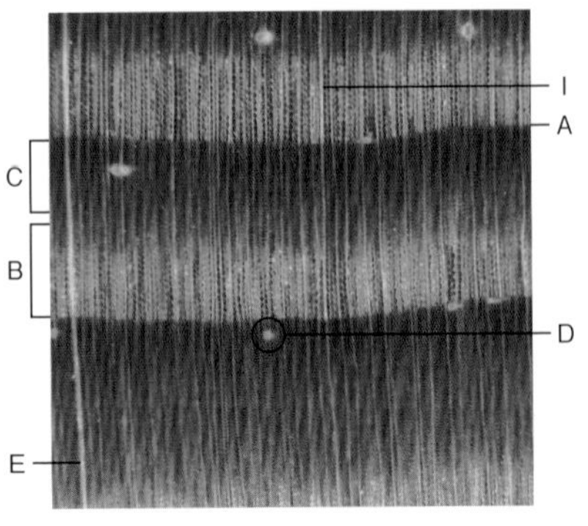

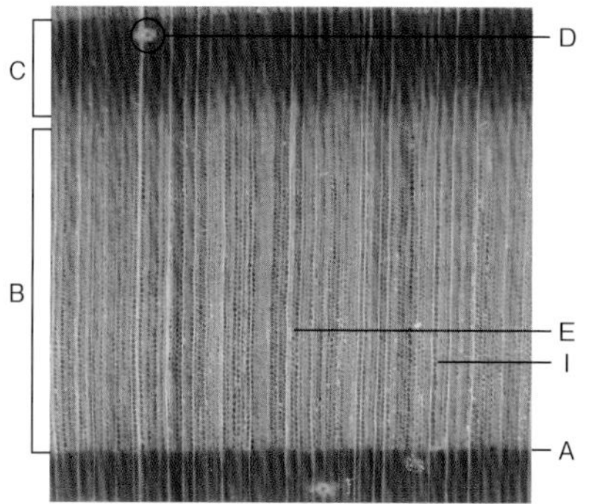

ダグラスモミ(ベイマツ) *Pseudotsuga menziesii*

マツ科トガサワラ属の常緑針葉樹。北米の太平洋沿岸地方、カナダ西南部、メキシコの北部から中部地方に分布。比重：0.41–0.64。目視やルーペによる特徴：早晩材の移行急。樹脂道(軸方向ならびに放射)。軸方向樹脂道の大きさは中程度。顕微鏡でみる特徴：エピセリウム細胞が厚壁。分野壁孔がヒノキ型。仮道管、放射仮道管にらせん肥厚。その他：日本ではトガサワラ。生産量が少なく、市場にはほとんどない。

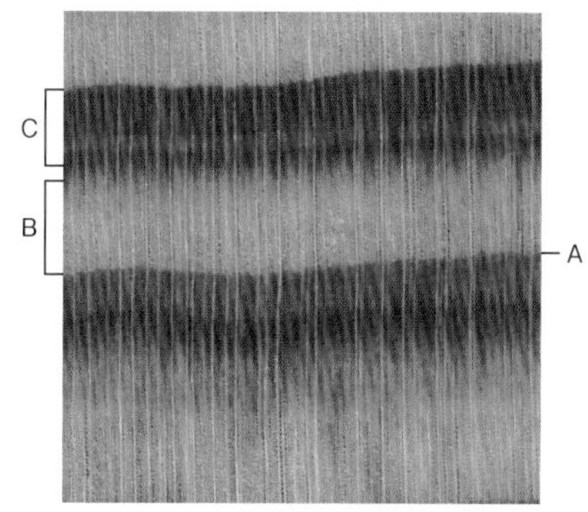

ツガ *Tsuga sieboldii*

マツ科ツガ属の常緑針葉樹。本州福島県以西、四国、九州に分布。比重：0.45–0.60。目視やルーペによる特徴：早晩材の移行急。通常樹脂道はないが、傷などに応答し傷害樹脂道を生じる。顕微鏡でみる特徴：分野壁孔がヒノキ型。放射仮道管をもつ。その他：ベイツガなどの北米材と同属。

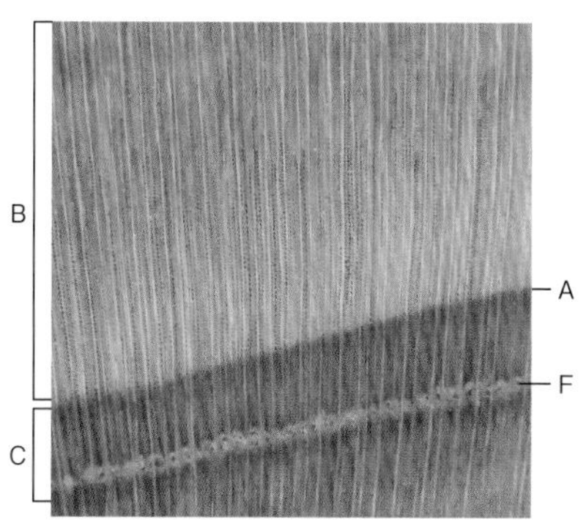

ツガにおける傷害樹脂道の一例。木口面において樹脂道が接線状に並ぶのが特徴。白色の帯あるいは褐色の帯として肉眼でも観察できる。ツガのほかモミ、トドマツにも散見される。

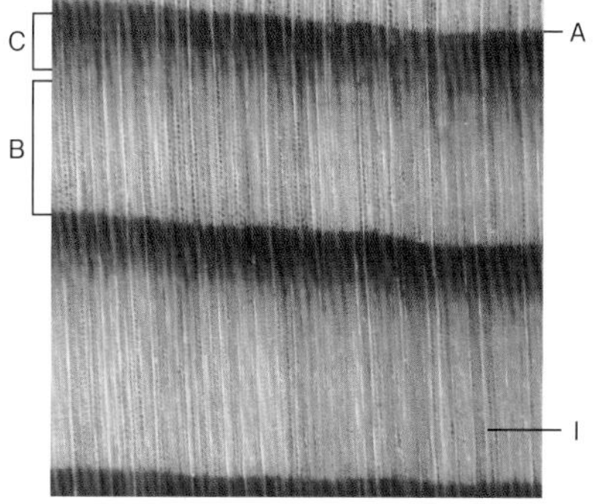

モミ *Abies firma*

マツ科モミ属の常緑針葉樹。本州(青森県を除く)、四国、九州に分布。比重：0.35–0.52。目視やルーペによる特徴：早晩材の移行急。通常樹脂道はないが、傷などに応答し傷害樹脂道を生じる。顕微鏡でみる特徴：分野壁孔がスギ型。放射柔細胞内に結晶。放射仮道管をもたない。その他：北海道に生育するトドマツも同属。

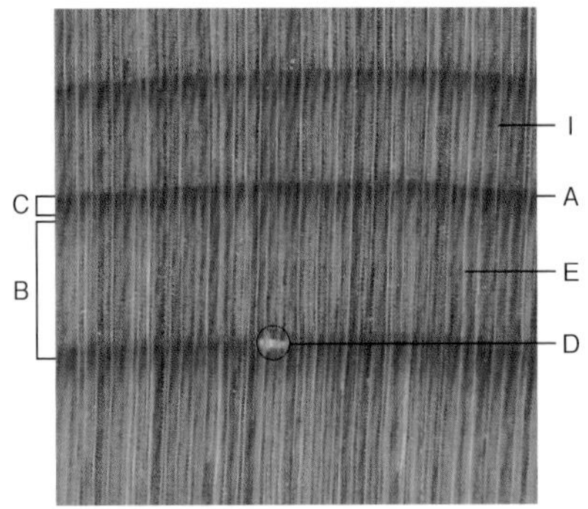

オウシュウトウヒ *Picea abies*

マツ科トウヒ属の常緑針葉樹。ヨーロッパ北・中部に分布。比重：0.33–0.68。目視やルーペによる特徴：早晩材の移行緩。樹脂道(軸方向ならびに放射)。軸方向樹脂道は小さく接線方向に 並ぶことがあり、やや細長く見える。顕微鏡でみる特徴：エピセリウム細胞は厚壁と薄壁が混在。分野壁孔がトウヒ型。その他：日本ではエゾマツやアカエゾマツ、北米ではシトカスプルースが同属。用材、響板としても有用。

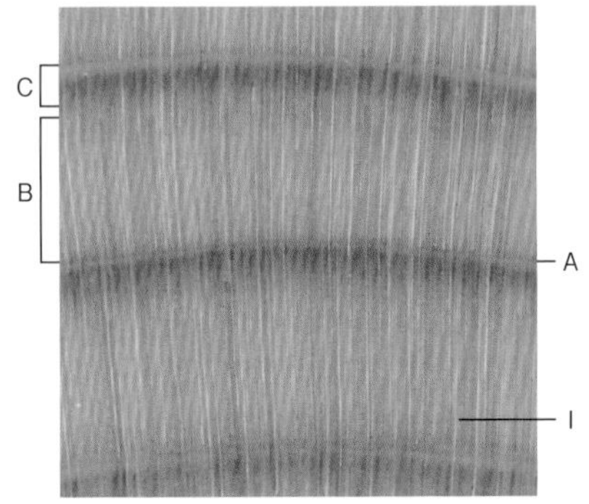

コウヤマキ *Sciadopitys verticillata*

コウヤマキ科コウヤマキ属の常緑針葉樹。本州(福島県以南)、四国、九州に分布。比重：0.35–0.50。目視やルーペによる特徴：早晩材の移行緩やか。樹脂道、樹脂細胞ともに認められない。顕微鏡でみる特徴：分野壁孔は窓型であるが、マツ属のように放射仮道管をもたない。その他：水に強く劣化しにくい。古代においては棺材に利用された。

ヒノキ *Chamaecyparis obtusa*

ヒノキ科ヒノキ属の常緑針葉樹。本州(福島県以南)、四国、九州に分布。比重：0.34–0.54。目視やルーペによる特徴：早晩材の移行緩やか。樹脂細胞が帯状に散在する。芳香あり。顕微鏡でみる特徴：分野壁孔がヒノキ型。その他：同属のベイヒ、ベイヒバなどの北米材のうち、分子系統によるとベイヒバは亜属という。法隆寺をはじめとし、建築用材として幅広く利用される。

スギ *Cryptomeria japonica*

ヒノキ科スギ属の常緑針葉樹。本州、四国、九州に分布。比重：0.30–0.45。目視やルーペによる特徴：早晩材の移行やや急。樹脂細胞が帯状に散在する。芳香あり。心材は赤みを帯びる。顕微鏡でみる特徴：分野壁孔はスギ型。その他：建築用材、内装材、正倉院の御物の箱物は有名。

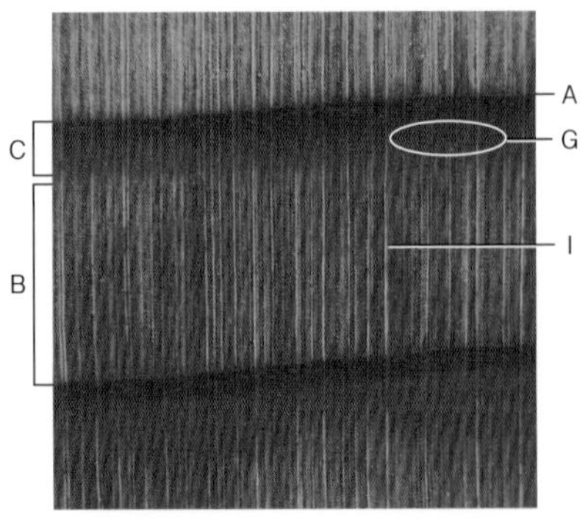

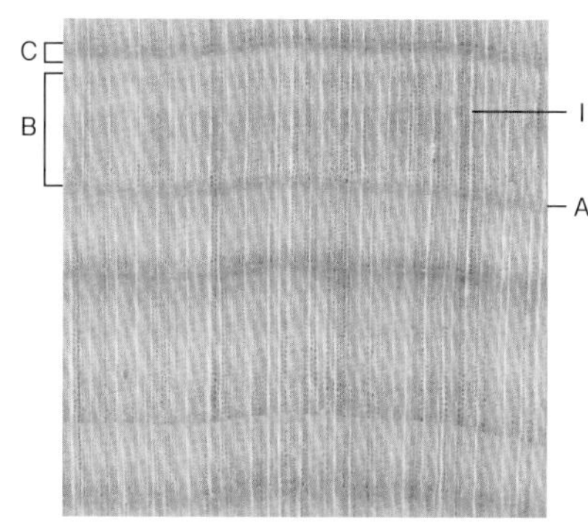

カヤ ***Torreya nucifera***

イチイ科イチイ属の常緑針葉樹。本州の宮城県以南、四国、九州、朝鮮半島に分布。比重：0.45–0.63。目視やルーペによる特徴：早晩材の移行緩やか。樹脂道、樹脂細胞ともに認められない。芳香あり（バニラ臭、シナモン臭）。心材色は黄色。顕微鏡でみる特徴：仮道管の内壁にペアのらせん肥厚。その他：天平時代はビャクダンに代わる仏像の用材とされた。その見識は鑑真がもたらしたとされる。

ホオノキ ***Magnolia obovata***

モクレン科モクレン属の落葉広葉樹。日本各地、南千島、中国中部に分布。比重：0.40–0.61。目視やルーペによる特徴：散孔材。道管は放射方向に複合。軸方向柔組織は成長輪界状（ターミナル）。顕微鏡でみる特徴：穿孔は単穿孔、道管相互壁孔は階段状。道管放射組織間壁孔も階段状。その他：緑っぽい特徴のある材色で、切削加工性が非常によいために彫刻材、器具材、箱材などに利用される。

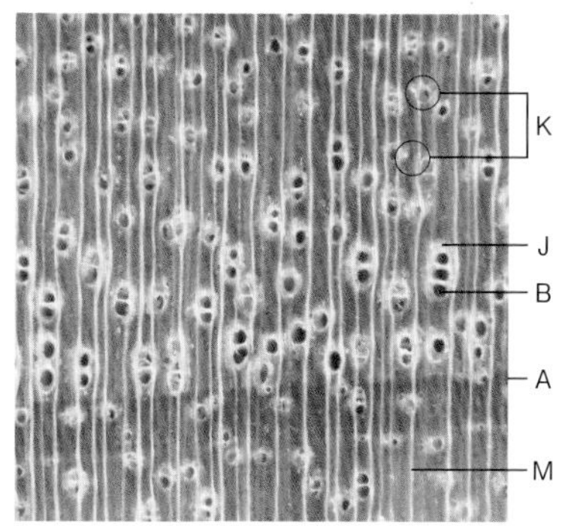

クスノキ ***Cinnamomum camphora***

クスノキ科ニッケイ属の常緑広葉樹。本州（関東以西）、四国、九州に分布。比重：0.51–0.69。目視やルーペによる特徴：散孔材〜半環孔材。大きな道管が散在。周囲柔組織が顕著。顕微鏡でみる特徴：穿孔は単穿孔。道管周囲の軸方向柔細胞、放射組織の直立細胞に油細胞。その他：加工が容易で古より彫刻用材として利用される。強い芳香が特徴。

カツラ ***Cercidiphyllum japonicum***

カツラ科カツラ属の落葉広葉樹。北海道、本州、四国、九州（鹿児島県北部まで）に分布。比重：0.40–0.66。目視やルーペによる特徴：散孔材。道管は角張る。階段穿孔が顕著。顕微鏡でみる特徴：階段せん孔の段数が20以上。その他：市場では、色や肌目が似るためアガチスは南洋カツラと呼ばれることもある。

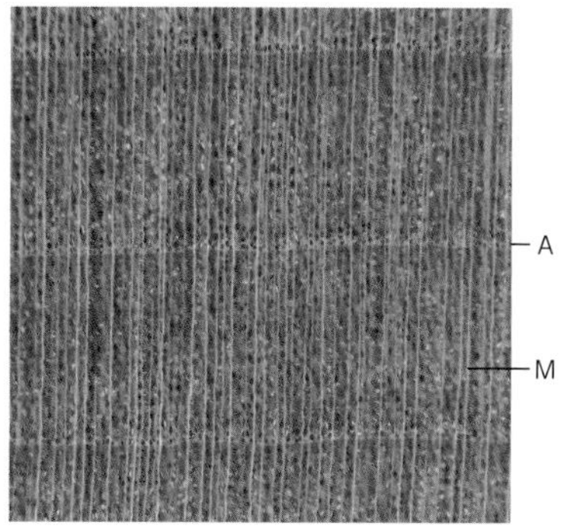

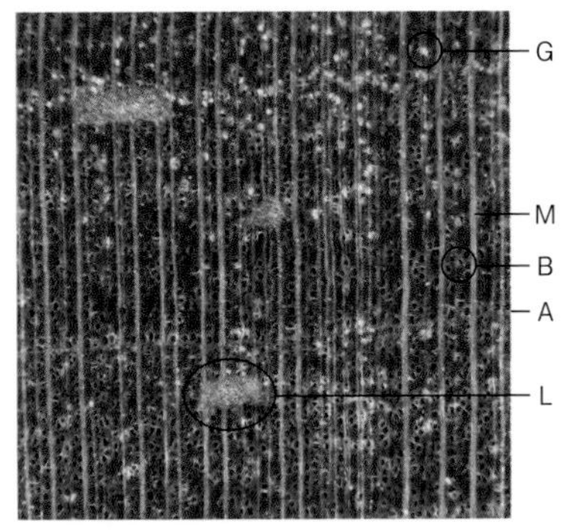

ヤマザクラ *Cerasus jamasakura*

バラ科ケラサス属の落葉広葉樹。本州(宮城県・新潟県以南)、四国、九州、朝鮮半島南部に分布。比重：0.48–0.74。目視やルーペによる特徴：散孔材。道管にゴム質。放射組織は顕著。ピスフレックが頻出する。その他：家具材や器具材に用いられる。古くは彫刻用材、印刷用の版木としても利用されている。

ヤマグワ *Morus australis*

クワ科クワ属の落葉広葉樹。北海道、本州、四国、九州に分布。比重：0.50–0.75。目視やルーペによる特徴：環孔材。孔圏道管は大きく単〜多列、孔圏外は散在・斜状配列。軸方向柔組織は顕著で、周囲状・翼状。連合翼状。顕微鏡でみる特徴：穿孔は単穿孔。孔圏外道管にらせん肥厚。その他：器具、和家具、引き物。

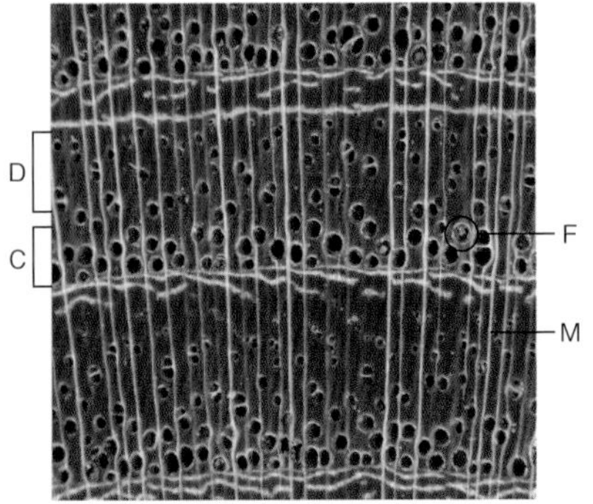

ケヤキ *Zelkova serrata*

ニレ科ケヤキ属の落葉広葉樹。本州、四国、九州、朝鮮半島、中国に分布。比重：0.47–0.84。目視やルーペによる特徴：環孔材。孔圏道管は１ないし２列。チロースが充填。孔圏外道管は小さな塊を生じて接線列をなす。放射組織は明瞭。顕微鏡でみる特徴：穿孔は単穿孔。孔圏外道管にらせん肥厚がある。その他：中世以降、歴史的建造物の建築用材をはじめ、多くの用途に利用される有用材。

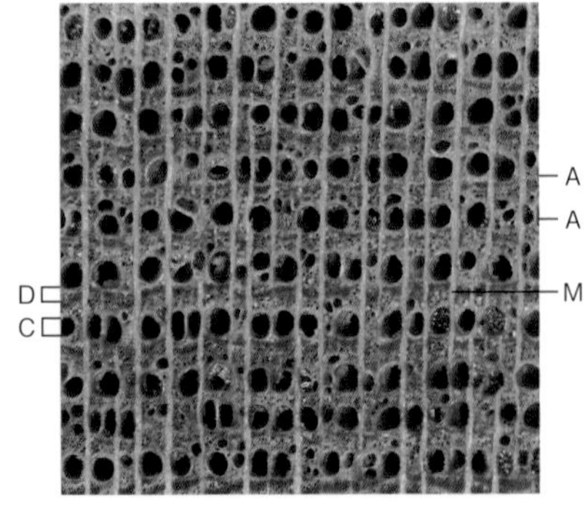

ケヤキ にみるぬか目の例。年輪幅が狭い環孔材を、ぬか目といい材質に劣る。ぬか目のハリギリは市場ではヌカセンと呼ばれる。

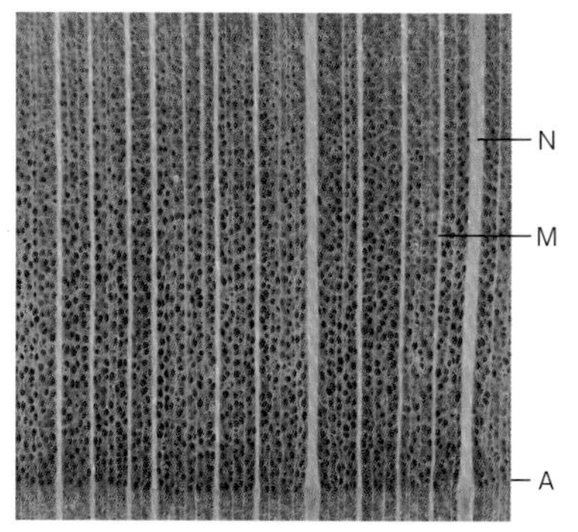

ブナ *Fagus crenata*

ブナ科ブナ属の落葉広葉樹。北海道南西部、本州、四国、九州に分布。比重：0.50–0.75。目視やルーペによる特徴：散孔材。広放射組織あり。顕微鏡でみる特徴：穿孔は単穿孔。まれに数段の階段穿孔。その他：独特の粘りがあり、曲木加工に適している。家具を初め、床材から玩具まで身近な木材として目にする機会が多い。

クリ *Castanea crenata*

ブナ科クリ属の落葉広葉樹。北海道南西部、本州、四国、九州に分布。比重：0.44–0.78。目視やルーペによる特徴：環孔材。孔圏道管は3-5列で大きく、チロースが充填。孔圏外道管は火炎状、または放射状に密に分布。単列放射組織のみ。顕微鏡でみる特徴：穿孔は単穿孔。その他：かつては各地で栽培され、鉄道の枕木にも利用された。耐久性もあり、中世以降、民家の土台などにも利用された。

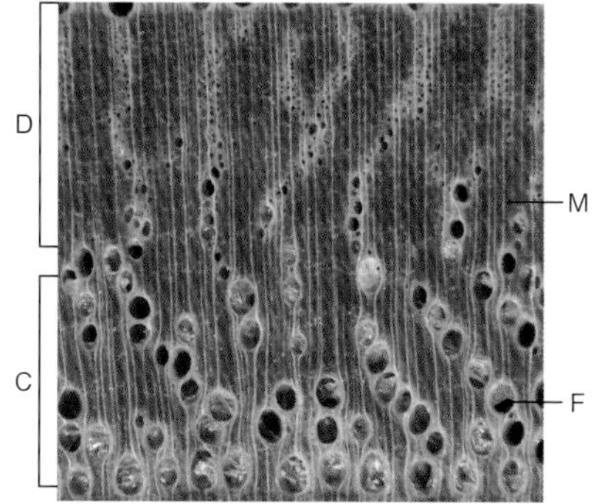

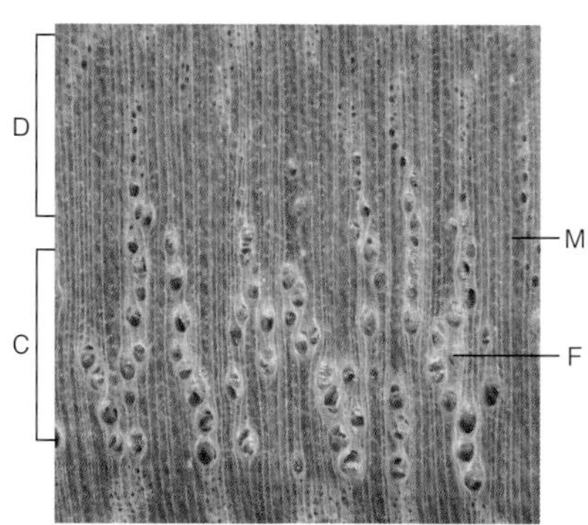

スダジイ *Castanopsis sieboldii*

ブナ科シイ属の常緑広葉樹。本州福島県、新潟県以南、四国、九州、沖縄、済州島に分布。比重：0.50–0.78。目視やルーペによる特徴：環孔材。孔圏道管は3-5列で、チロースが充填。孔圏外道管は火炎状、または放射状に密に分布。クリと比較して、孔圏道管がやや小さく、接線方向に隙間をおいて分布する。顕微鏡でみる特徴：穿孔は単穿孔。その他：ツブラジイには集合放射組織が見られるが、本種は単列放射組織のみ。

ミズナラ *Quercus crispula*

ブナ科コナラ属コナラ亜属の落葉広葉樹。北海道、本州、四国、九州に分布。比重：0.45–0.90。目視やルーペによる特徴：環孔材。孔圏道管は1-3列で大きく、チロースが充填。孔圏外道管は放射状に密に分布。広放射組織あり。軸方向柔細胞は網状に分布。顕微鏡でみる特徴：穿孔は単穿孔。その他：樽材で有用なホワイトオークは同類。

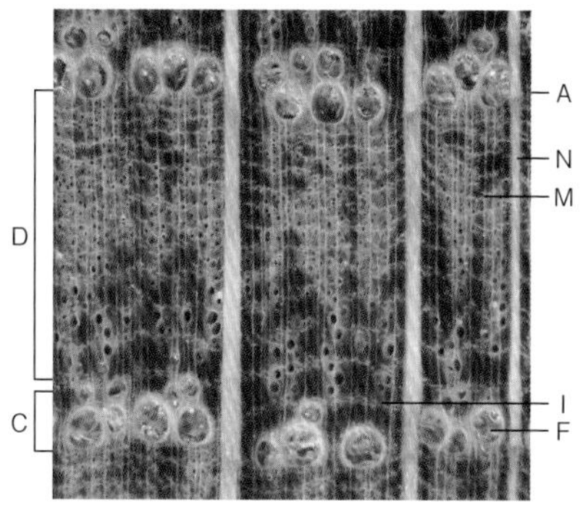

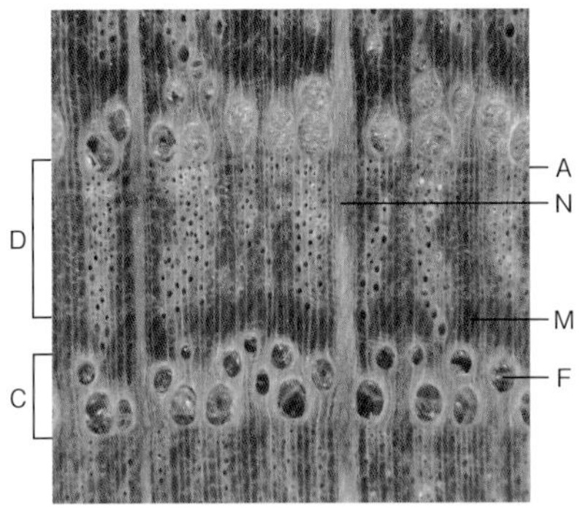

コナラ *Quercus serrata*

ブナ科コナラ属コナラ亜属の落葉広葉樹。日本全土、朝鮮半島に分布。比重：0.60–0.99。目視やルーペによる特徴：環孔材。孔圏道管は1-3列で大きく、チロースが充填。孔圏外道管は放射状に密に分布。広放射組織あり。軸方向柔組織は帯状。顕微鏡でみる特徴：穿孔は単穿孔。

アカガシ *Quecus acuta*

ブナ科コナラ属ケリス亜属の常緑広葉樹。本州宮城県以南、四国、九州、朝鮮半島、台湾、中国に分布。比重：0.80–1.05。目視やルーペによる特徴：放射孔材、広義の散孔材に定義される。道管は孤立し放射列をなす。広放射組織あり。顕微鏡でみる特徴：穿孔は単穿孔。道管の壁厚大。その他：農具や工具の柄や船舶部品など堅さや耐水性に優れた用途が多く、京都祇園祭の山鉾の車輪にも使われている。

N
M
F
I
A

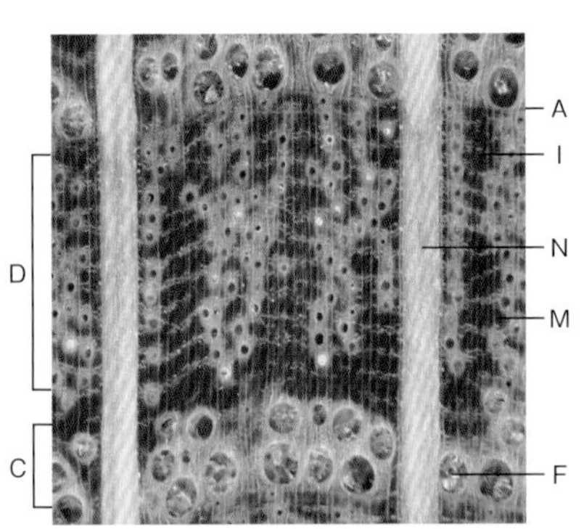

クヌギ *Quercus acutissima*

ブナ科コナラ属ケリス亜属の落葉広葉樹。本州、四国、九州に分布。比重：0.75–1.05。目視やルーペによる特徴：環孔材。孔圏道管は1-3列で大きく、チロースが充填。孔圏外道管は散在して放射列をなす。広放射組織あり。軸方向柔細胞は網状に分布。顕微鏡でみる特徴：穿孔は単穿孔。孔圏外道管の細胞壁は厚い。その他：同属のアベマキ樹皮はコルクボードなどとしても利用される。地中海沿岸に生育するコルクガシも同類。

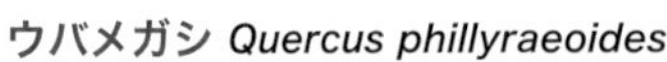

ウバメガシ *Quercus phillyraeoides*

ブナ科コナラ属ケリス亜属の常緑広葉樹。本州房総半島以西、四国、九州、沖縄、中国に分布。比重：0.85–1.23。目視やルーペによる特徴：放射孔材～半環孔材、広義の散孔材に定義される。道管は孤立し放射列をなす。年輪形成初期に大きな道管がみられる場合がある。広放射組織あり。顕微鏡でみる特徴：穿孔は単穿孔。道管の壁厚大。その他：比重は極めて大きく、備長炭の原料として知られる。

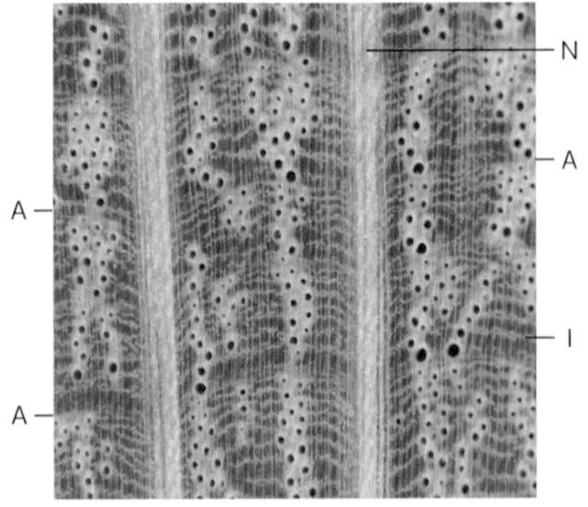

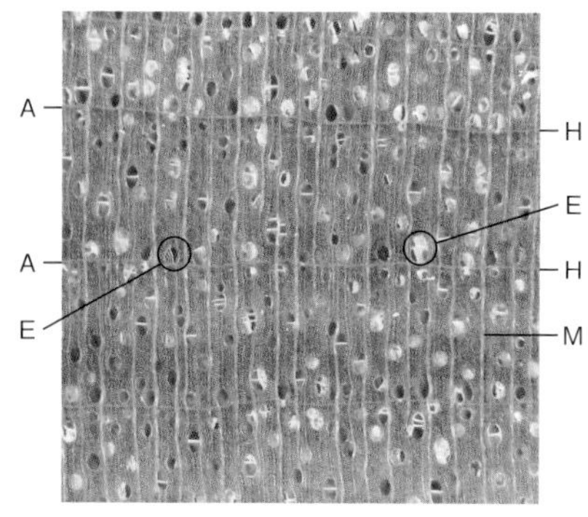

ウダイカンバ *Betula maximowicziana*

カバノキ科カバノキ属の落葉広葉樹。北海道、本州中部以北、南千島に分布。比重：0.50–0.78。目視やルーペによる特徴：散孔材。道管は放射方向に複合する。軸方向柔組織は成長輪界状（イニシャル）。顕微鏡でみる特徴：穿孔は段数の少ない階段穿孔。道管相互壁孔が極めて小さい。その他：サクラ材に似る。器具材、家具材、建築材など。

オニグルミ *Juglans mandshurica*

クルミ科クルミ属の落葉広葉樹。北海道、本州、四国、九州に分布。比重：0.42–0.70。目視やルーペによる特徴：半環孔材〜散孔材。道管が大きく、放射方向に複合する。軸方向柔組織は顕著で、周囲状・帯状・成長輪界状。顕微鏡でみる特徴：穿孔は単穿孔。道管の壁厚大。その他：濃い材色や、艶、木理により、家具材、工芸材、文具に好まれる。

A
I
F
M
B

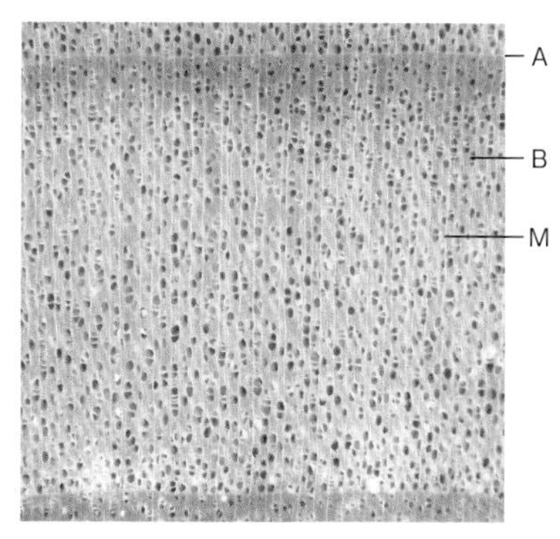

ドロノキ *Populus suaveolens*

ヤナギ科ヤマナラシ属の落葉広葉樹。北海道、本州の北近畿以北、アジア東北部に分布。比重：0.33–0.55。目視やルーペによる特徴：散孔材。放射組織が目立たない。顕微鏡でみる特徴：穿孔は単穿孔。放射組織は単列で同性。同じヤナギ科のヤナギ属は単列で異性。その他：パルプや器具の他、マッチの軸やつまようじ。

イタヤカエデ *Acer mono*

ムクロジ科カエデ属の落葉広葉樹。北海道、本州、四国、九州に分布。比重：0.58–0.77。目視やルーペによる特徴：散孔材。放射組織は顕著。軸方向柔組織は散在・成長輪界状で顕著。顕微鏡でみる特徴：穿孔は単穿孔、道管にらせん肥厚。放射組織は同性、木部繊維に厚壁と薄壁のものがあり木口面で濃淡模様として観察される。その他：スキー板、スケボー板、バイオリン裏板。

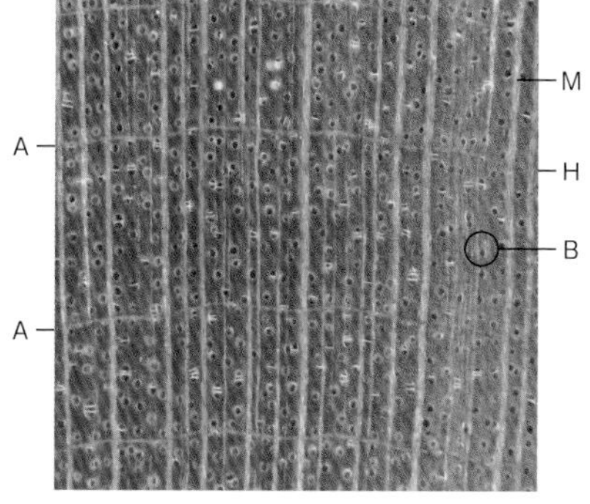

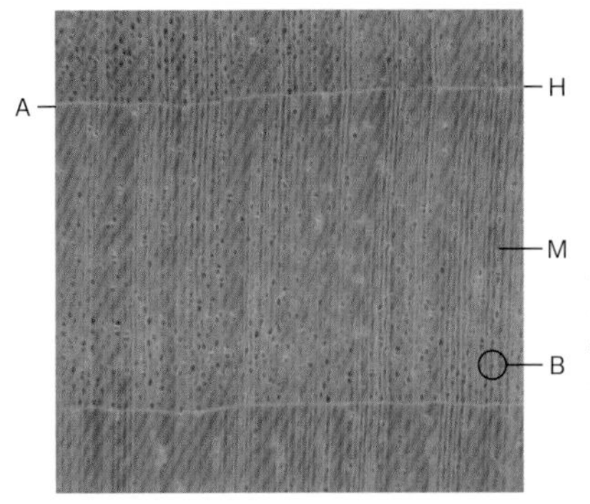

トチノキ ***Aesculus tomentosa***
ムクロジ科トチノキ属の落葉広葉樹。北海道、本州、四国、九州に分布。比重：0.40–0.63。目視やルーペによる特徴：散孔材。道管は年輪の中央で最大径。放射方向に複合する。放射組織は不明瞭。柔組織は年輪界で顕著。板目面にリップルマーク。顕微鏡でみる特徴：穿孔は単穿孔、道管にらせん肥厚。放射組織は単列で同性、層階状。その他：指物、彫刻、漆器木地。

D
C
B
M
F

ヤチダモ ***Fraxinus mandshurica***
モクセイ科トネリコ属の落葉広葉樹。北海道、中部以北に分布。比重：0.43–0.74。目視やルーペによる特徴：環孔材。孔圏外道管は散在。軸方向柔組織は周囲状・翼状・連合翼状・成長輪界状で顕著。顕微鏡でみる特徴：穿孔は単穿孔。放射組織は同性。その他：バットなどの運動具をはじめ、用途は多い。

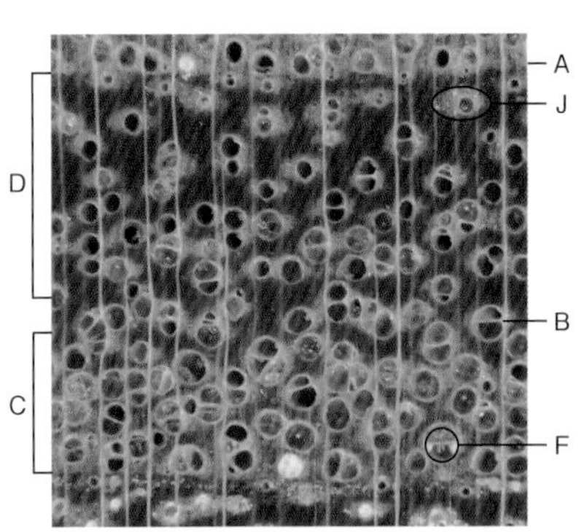

キリ ***Paulownia tomentosa***
キリ科キリ属の落葉広葉樹。北海道中部、本州、四国、九州、沖縄に分布。比重：0.19–0.34。目視やルーペによる特徴：環孔材。成長が早く、年輪が広い。孔圏外への移行が緩やかなため孔圏はとくに明らかでない。孔圏外道管は散在。軸方向柔組織は顕著、周囲・翼状・連合翼状・帯状。顕微鏡でみる特徴：穿孔は単穿孔、放射組織は同性。その他：早生樹の代表。軽量で狂いが少ない。

ハリギリ ***Kalopanax septemlobus***
ウコギ科ハリギリ属の落葉広葉樹。北海道、本州、九州、サハリン、南千島、朝鮮半島、中国に分布。比重：0.40–0.69。目視やルーペによる特徴：環孔材。孔圏道管は1列。チロースが充填。孔圏外道管は接線状・斜線状・小塊状。顕微鏡でみる特徴：穿孔は単穿孔。孔圏外道管にらせん肥厚がないので、ケヤキと区別できる。その他：色白で木目も美しいことから内装材にむく。器具材、家具材、装飾用材など多用途。

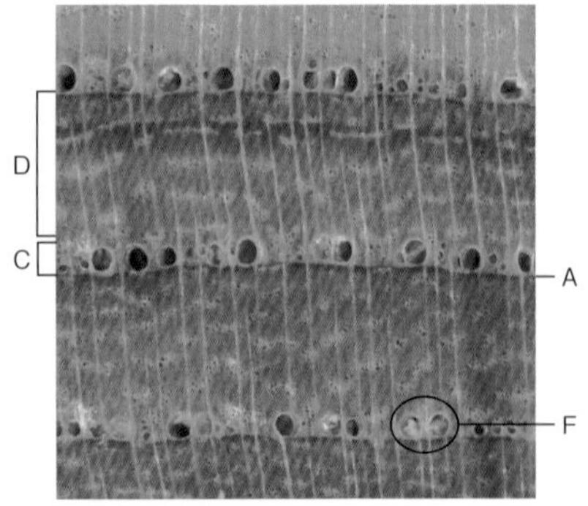

樹皮組織

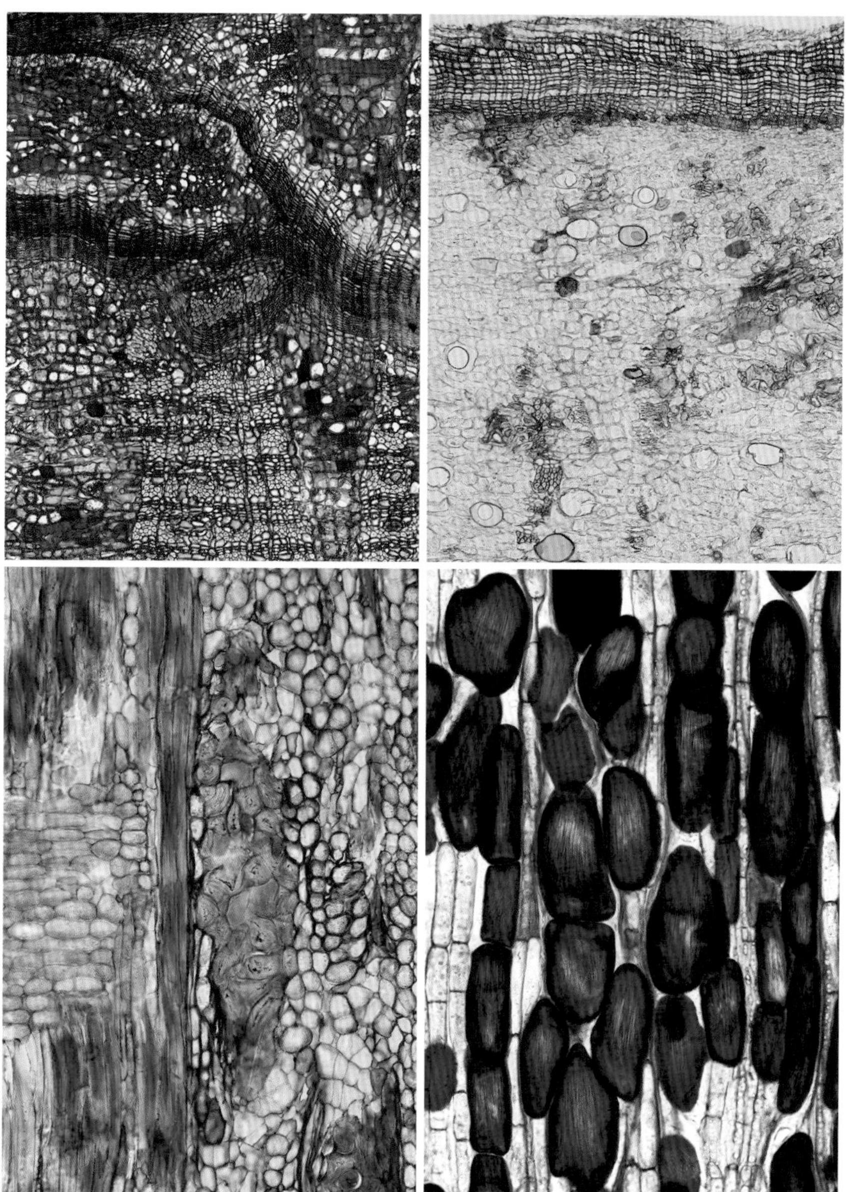

樹皮組織の光学顕微鏡写真。（上左）シナノキ（横断面、サフラニン染色）、（上右）ホオノキ（横断面、サフラニン染色）、（下左）アオダモ（放射断面、トルイジンブルー染色）、（下右）ノリウツギ（放射断面、トルイジンブルー染色）。図 4-15、16（4 章）を参照。

セルロース・ヘミセルロースの利用

蒔絵調印刷を施した漆ブラック調バイオプラスチック（セルロースエステル誘導体の射出成形品）（写真提供　(株)NEC）

リグニンの利用

広葉樹クラフトリグニンの溶融紡糸繊維

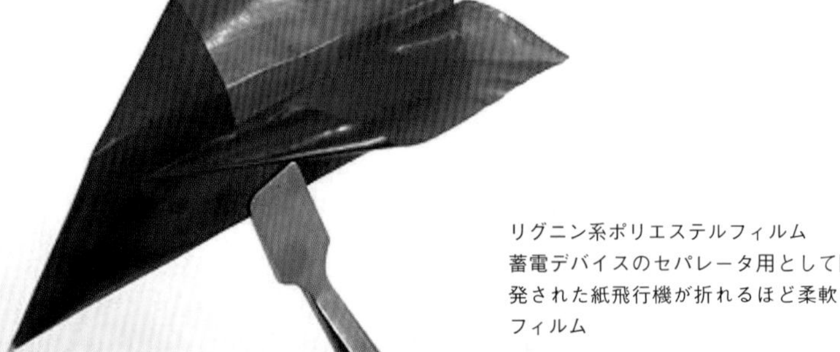

リグニン系ポリエステルフィルム
蓄電デバイスのセパレータ用として開発された紙飛行機が折れるほど柔軟なフィルム

紙・セルロースナノファイバーの利用

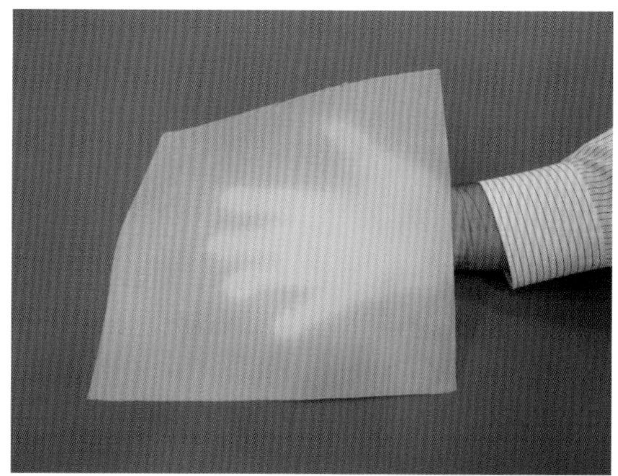

設定温度で変色するサーモクロミック紙
(図は 35℃設定)

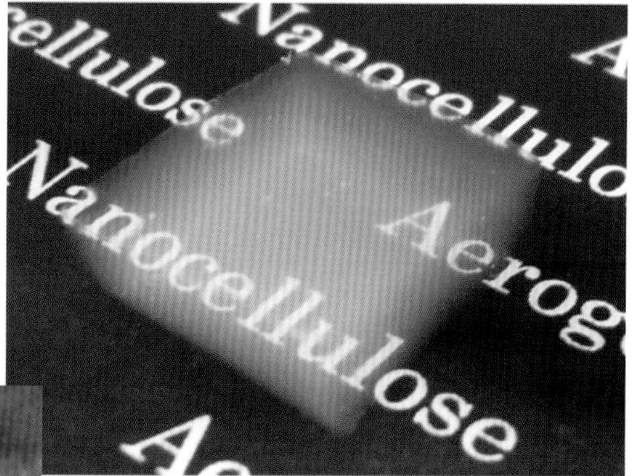

セルロースナノファイバーからなるエアロゲル

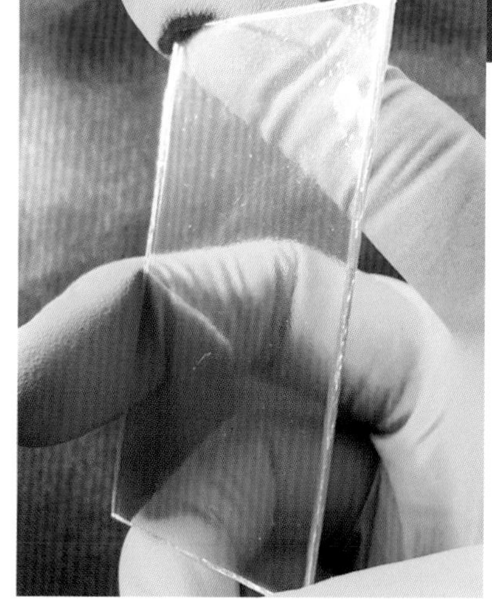

セルロースナノファイバーからなる
透明フィルム積層体

物理的性質

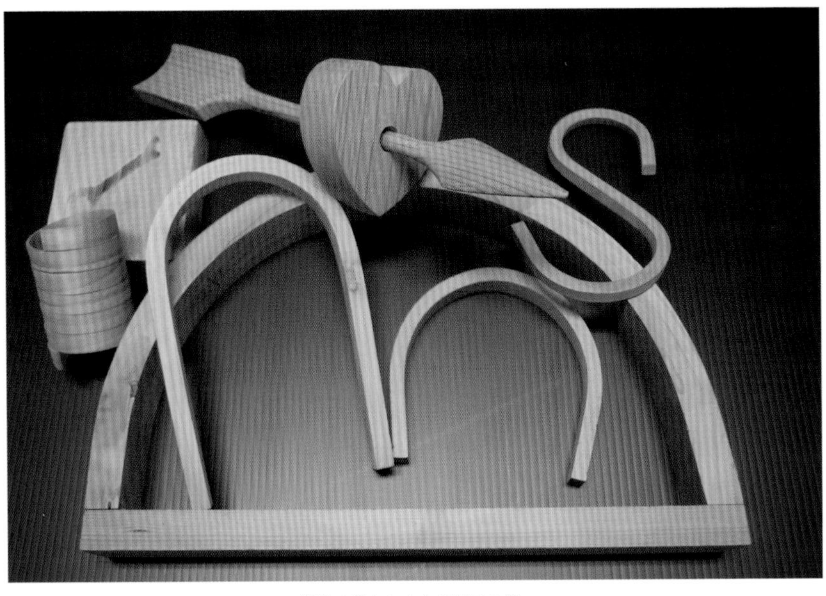

塑性を活かした木材加工の例

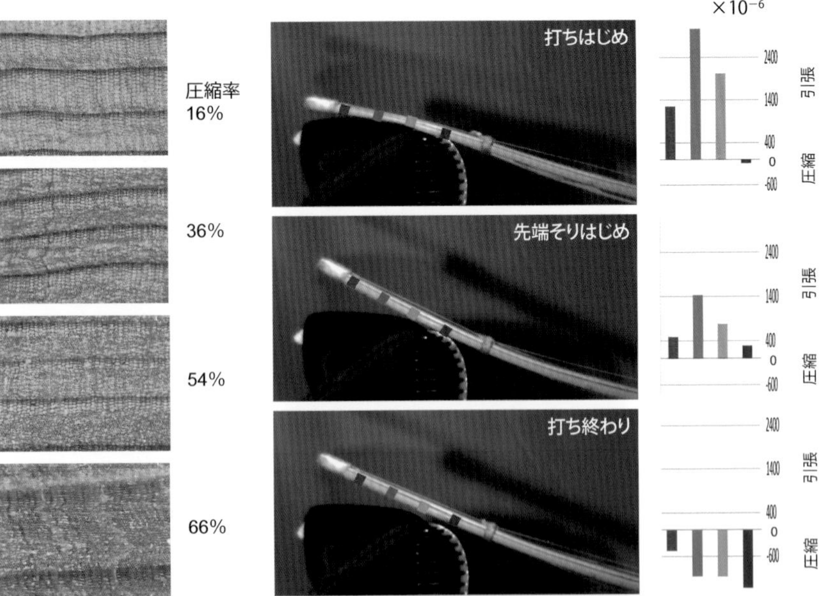

木材（スギ）の横圧縮時の細胞の変形。大径・薄壁の早材部仮道管が最初に箱がたたまれるように変形する。

高速度カメラによる竹刀による面打ち時の衝撃曲げひずみの撮影と4か所でのひずみ（シャッタースピード5000分の1秒）（島川 2014）

まえがき

一般社団法人日本木材学会は、1955年に設立された日本学術会議協力学術研究団体であり、その設立目的を「木材をはじめとする林産物に関する学術および科学技術の振興を図り、社会の持続可能な発展に寄与すること」としており、さまざまな活動を通して木材に関する基礎および応用研究の推進と研究成果の社会への普及を図っています。

時代とともに、社会における「木材」そして「木材学」の立ち位置は変化し続けています。近年では、「Sustainable Development Goals(SDGs; 持続可能な開発目標)の達成」と「脱炭素社会の構築」への取り組み、そして、資源・環境と生産活動とのバランスの観点から木材が再認識され、建築や材料などの分野で新たに木材利用に取り組む研究者、技術者、学生や行政関係者が増え、これらの方々に対して木材に関する基本的で正確な知識や情報をわかりやすく提供する必要性が認識されています。

さらに木材に関する研究もこの十数年間に発展・深化し、既往の木材関連の研究者にとっても改めて基礎から最先端に至るまでの木材に関する知見をまとめた書籍の必要性が認識されつつあります。

このような背景のもとで、日本木材学会では新たな基本教科書の出版を企画し、同学会木材教育委員会が編集委員会となって、編集・執筆に当たってきました。本書が目指すのは、

1) 木材学の導入的教科書であり、木材に関する基本的で重要な知見が、正確かつ網羅的に説明されていること。
2) 樹木(資源)から木材(原料・材料)へ、さらに各種製品への流れにおいて、木材の基本的性質(生物学的、化学的、物理的)がどのように生かされ、相互に関連しているのかを理解できるような教科書であること。
3) さまざまな分野の研究者、技術者、学生、行政関係者などが木材を理解するための書籍でもあること。

4) 高校程度の知識があれば理解でき、大学など教育の場で使いやすい内容と体裁であること。

といった観点であり、さらに、木材学会ホームページを通じて公開予定の「木材学用語集」との併用や、電子書籍化、将来の国際化版も視野に入れて編集されました。大学および研究機関の第一線で活躍しておられる方々が、汎用性と専門性を加味して執筆くださいましたが、その情報量は当初想定したものの倍量となったため、「基礎編」と「応用編」の２巻構成となりました。木材学に関わる方々、そして他分野の方々に、幅広く活用いただければ幸甚です。

最後に、木材教育委員会および編集委員会委員長の京都大学教授藤井義久氏および委員各位、執筆者各位に心からのお礼を申し上げるとともに、本書出版計画にご尽力いただいた海青社の宮内　久氏および福井将人氏に深甚の謝意を表します。

2023年３月
一般社団法人日本木材学会
会長　土川　覚

木材学《基礎編》

目　次

口　絵

本書に掲載した写真には提供者名を記載しています。
記載のない写真は著者・編者の提供によるものです。

応用編／目次

序　森林が人間に与えてくれるもの、そして人間が森林に還すもの

森林が人間に与えてくれるもの

人間の生活史を振り返ると、近現代にいたるまで、私たちは生活に必要なもののほとんどを、身近な自然から与えられ、また調達してきた。森林からは、新鮮な空気(酸素)、清らかな水を与えられ、また食料となる動植物、薪や炭といった燃料源、繊維質・紙の原料、薬品、そして住宅、家具や道具の原料となる木材を調達してきた。産業技術が発達した現代では、森林は多くの項目で原料の調達源ではなくなったが、依然として建築用材や紙の原料となる木材の供給源としては重要な位置を占めている。

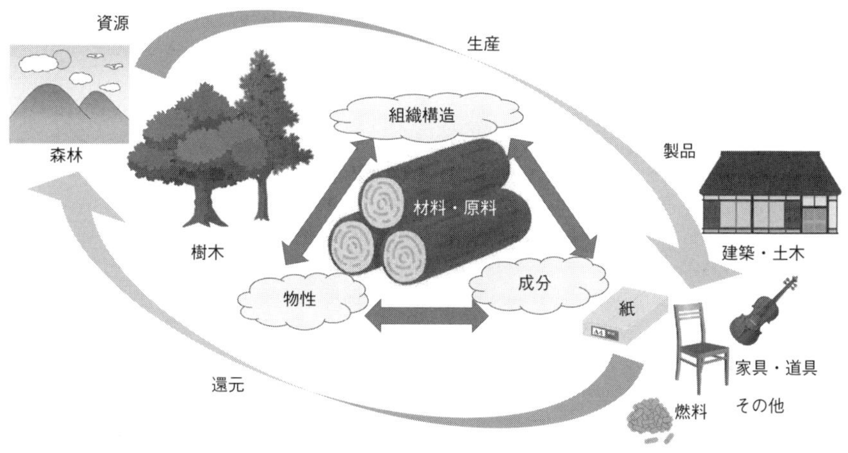

木材の特性とその利用技術の進化

木材には様々な特性がある。植物細胞由来の材料として、その組織学的特徴や各種の成分は、材質や物性に大きく影響している。またそれらの特性が加工・利用技術の発達にとって重要な役割を演じてきた。

木材は、多孔性であるが、実質部分を構成している細胞壁は結晶化した天然の糖質であるセルロースで構成されており、低比重なわりに強い。また木材は

適度な断熱性や遮音性能を有し、さらに質感に優れる、などの特性を有している。

木材には、燃える、という欠点もあるが、その一方で、熱源として確保・管理しやすく、さらに燃焼時には有毒なガス類を発生することはない。また樹木が自ら耐久性を付与するために発生させた心材部分からなる木材は、耐久性を有する。その一方で、木材は菌類や昆虫類によって生物劣化を起こすが、地球規模での物質循環においては、生物分解により無理なく環境に還元できる材料であるともいえる。

木材は、利用に際しては乾燥が必要であり、これには多くのエネルギーを必要とし、また含水率によって物性が変化する。また吸放湿特性に優れ、調湿効果があるが、それにともなう寸法の不安定性がある。繊維方向には簡単に割れるため切る・削るといった加工をしやすい面があるが、細胞組織に由来する異方性のために加工しにくい面もある。

どのような材料にも長所と短所は存在する。材料がもっているのは上述のような特性であり、状況によって、これらの特性は、長所に見えたり、短所に見えたりしているだけである。単一の性能だけみれば、木材よりはるかに優れた材料は多数ある。一方、木材は、各性能では最高位を得ることはないが、いずれの性能でみても劣っているわけではなく、総合的にバランスのとれた性質の材料といえる。木材は、天然が育んだ至高の材料である、といえる。

先人たちは、その知恵と経験を駆使し、木材の欠点を補いながら長所を生かす技術を開拓してきた。また近代以降は、機械や建築技術、石油化学などの進歩と相まって、規格品の大量生産に向いた木質材料の開発も進んだ。その結果、建築や家具用としては、軸状の材料だけでなく、ボード類などの面状材料の用途がひろがった。さらに現代では、セルロースやリグニンなどの構成成分の性質に注目した新規な用途開発が進みつつある。

木質資源利用の近現代における転換

19世紀以降の産業技術の発達にともない、人類が使用する材料やエネルギーの消費量は飛躍的に拡大した。この間、先進国を中心にエネルギー源としては、石油、石炭やLNGといった化石資源への依存度が増した。一方、途上国を中心に人口増加による食料確保のための森林伐採も進んだ。また、鉄鋼、非鉄金属、プラスチックや窯業系材料など、多くの品質管理された工業材料が開発されるようになり、工業化社会にあっては木材のプレゼンスは相対的に低下してきた。

その一方で、地球温暖化抑止の観点から、化石資源の利用の抑制が求められる中、木質資源の有効性が、現代では再認識されつつある。

木質資源の量、有効利用と資源循環に向けて

FAO(国際連合食糧農業機関)の統計資料によると、地球上の森林面積は、約40.6億haであり、陸地面積の31%の面積を占める。森林面積は微減傾向にあるが、減少速度は近年鈍化している。人工林は、森林面積の約7%(2.9億ha)を占める。森林資源の蓄積量は5,570億m^3、総炭素蓄積量は662ギガトンであり、森林の単位面積あたりのこれらの蓄積量は増加傾向にある。また日本については、森林資源の蓄積は2012年3月末現在で約49億m^3であり、このうち人工林は約6割の30億m^3を占めている。

森林資源の循環的な利用のためには、成長量に対する供給量(消費量)の割合を指標とする必要があるが、世界規模でこの指標を正確に知ることは難しい。しかし、日本については、森林全体では年間7,000万m^3の成長量に対して、供給量は2,714万m^3であり、そのうち人工林については、成長量4,800万m^3に対して供給量1,679万m^3である。このことは日本では、森林資源を循環的に利用できる状況にあることを意味する。

そして人間が森林に還すもの

しかし、量的に十分だからといって、森林資源を自由奔放に利用してよいわけではない。資源の持続的利用、環境とその多様性の保全などの観点から、限られた木質資源を有効に長期にわたって利用する技術やシステムを構築することが求められている。さらにまたあらゆる製品について3R(Reduce、Reuse、Recycle)が求められる中、炭素固定への寄与を多角的に推進するために、森林から与えられた木質資源を、炭素循環を通じて森林に還元する社会を構築することが求められている。

このことを真に実践するためには、森林や木材の専門家もそれ以外の方々もあらためて木材の特性を深く、また多角的に学び、その本質を理解することが重要である。

本書の性格と役割

以上のような状況を背景に、森林科学・林産学分野の研究者、技術者や学生だけでなく、他分野の方々や行政関係者などが、木材の基本的で重要な事項を理解できる書籍として本書を企画した。

本書を構成する各章は、樹木(資源)から木材(原料・材料)へ、さらに各種製品への流れにおいて、木材の基本的性質(生物学的、化学的、物理的)がどのように生かされ、相互に関連しているのかを理解できるように構成した。また本書は、読者が木材の本質を理解でき、木材に興味を持てるように工夫した。

また本書は、木材学の導入的教科書として位置付けることができ、その構成や内容については、木材に関する基本的で重要な知見が、正確に網羅的に説明されるように配慮した。また高等学校程度の知識があれば理解できる教科書となるように、さらに大学などの基礎教育の場や、企業における教育などでも使いやすい内容と体裁となるよう努力した。

本書は書籍(冊子体)としての出版形態だけではなく、電子版でも提供し、読者がブラウザの機能を用いて読むことができ、学習教材としても利用しやすい教科書とした。またページ数に限りがあるため、基本用語の定義や説明は、別途日本木材学会が編集し、そのホームページを通じて公開する「木材学用語集」とあわせて利用できるように工夫した。とくに本書(冊子体)の索引にある基本的で重要な用語は、用語集で確認できるだけでなく、本書の電子版については、教科書中の重要語が、用語集とリンケージされていて、読書中にこれをクリックすると、ブラウザを通じて用語集と連動させて利用できるように編集した。

1章　木質資源と環境影響

1.1　世界の木質資源・日本の木質資源

1.1.1　森林資源と木質資源

木質資源は森林資源の一部とみなされる。まず、森林資源の有する機能や役割に注目しながら、その特質はどのようなものかを考えていこう。

森林には公益的機能と生産機能とからなる多面的機能がある。森林には木材やキノコ等の財を産出するという生産機能の他に、土砂災害防止・土壌保全や水源涵養、生物多様性および遺伝資源の保全、炭素固定や化石燃料の代替をはじめ、種々の公益的な機能および役割がある(**図1-1**)。森林の機能は、地理的には地球規模から特定の限られた地域まで様々あり、またそれを享受する私たち消費者の範囲はそれにほぼ連動して大小がある。「木質資源」は第一義として生産機能を有する森林資源と捉えられる。

森林の有する多面的機能については、「森林の生物性にかかわる機能、自然環境の構成要素としての生物性・物理性を合わせ持つ機能、人々の生活、文化、あるいは歴史性国民性にかかわる機能に大別される」(日本学術会議2001：14–15頁)。具体的には、「①生物多様性を保全する機能、②地球環境を保全する機能、③土壌の侵食を防止し保全する機能、④水源を涵養する機能、⑤快適な生活環境を形成する機能、⑥都市民への保健休養、レクリエーション機能、⑦文化的

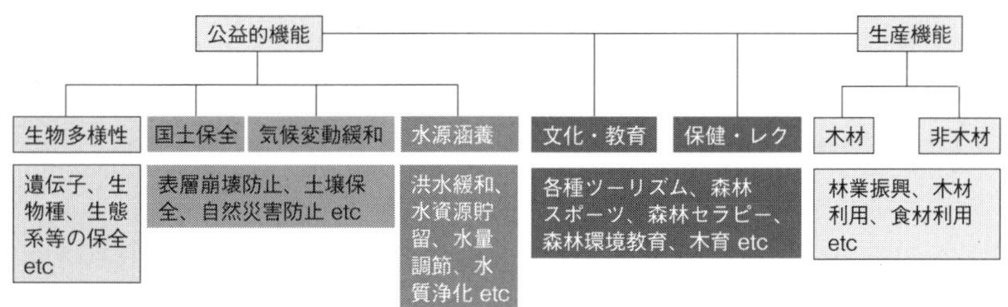

図1-1　森林資源の有する多面的機能

表 1-1　森林の有する多面的機能と定量評価との関係

機能	主な内容	定量評価
生物多様性保全	遺伝子保全、生物種保全、生態系保全	不可能
地球環境保全	地球温暖化の緩和(二酸化炭素吸収・化石燃料代替エネルギー)、地球の気候の安定	可能
土砂災害防止／土壌保全	表面侵食防止、表層崩壊防止、その他土砂災害防止、雪崩防止、防風、防雪	可能
水源涵養	洪水緩和、水資源貯留、水量調節、水質浄化	可能
快適環境形成	気候緩和 大気浄化、快適生活環境形成(騒音防止、アメニティー)	一部可能
保健・レクリエーション	療養、保養(休養、散策、森林浴)、行楽、スポーツ	一部可能
文化	景観・風致 学習・教育(生産・労働体験の場、自然認識・自然とのふれあいの場)、芸術 宗教・祭礼、伝統文化、地域の多様性維持	不可能
物質生産	木材、食料、工業原料、工芸材料	可能

注：森林の存在及びその管理活動に付随する機能である。
資料：日本学術会議(2001)15頁

な諸機能、⑧国内木材生産・バイオマス生産など」(日本学術会議 2001：15頁)に分けられる(**表 1-1**)。その発現の仕方やレベルに差はあるものの、大なり小なり私たちの生活に密接に関わっていることは想像に難くない。私たちは、このように森林資源から様々な便益を享受している。このことに関しては、森林資源の有する価値をどう経済評価するかが検討されてきた(栗山ら 2013；林 2009)。現段階では定量評価の可能な機能も不可能な機能もある。また、森林の管理や利用に当たり、公益的機能と生産機能をいかにバランスさせ、その持続可能性を高めるかが根底にある課題となっている(立花 2003)。

つぎに、森林は再生可能資源であり、適切に管理・利用されているならば、経年での質的変化は本来ないと考えられる。言い換えるならば、ある程度の面積があれば究極的に森林の炭素収支はゼロ(カーボンニュートラル)であり、森林が増加すれば炭素吸収源、減少すれば炭素排出源ともなる。森林の世代交代(更新)には萌芽や下種等による天然更新と、植林や播種という人為による人工造林とがあり、前者を天然林、後者を人工林という。いずれも更新や生育の段階で分解を含む物質循環ないし資源の成長が伴い、それによって森林は再生していく。しかしながら、世界的に進行する熱帯林減少からも推察されるように、過度な森林伐採や大規模な火入れ開拓等により生態系のバランスが崩れると、森林を再生させることは困難となる。地域的に見ると、赤道直下の熱帯林諸国を中心に森林には減少や劣化を伴って枯渇性が高まっている(井上 2003)。これらの国々は一次産品である木材を天然林から収穫し、それを木材消費国へ輸出することにより外貨の獲得をしたり経済発展に結びつけたりしようとしており、木材貿易のありようを持続性という観点から考える必要がある(島本 2010)。

森林資源の有する特質として、木材として生産するまでに数十年から百数十年までの長期間を要す面も見逃せない。生産要素を投入してから短期間で製造される工業製品、あるいは数週間から数カ月までをかけて生産される農産物等と比べ、木材の生産に要する時間は格段に長いのである。人為に成立する人工林を例に取ると、この長期性の条件を所与として、例えばスギやヒノキを植林した後の保育段階における下草刈りや除伐、間伐等の施業をどのように行うか、木材供給のための伐採をいつ行うか、あるいはどのような木材にして供給するか等を、投入費用や市場価格の変化、消費者の選好を考慮しながら管理していくことが必要となる。われわれは、数十年や百十数年も先に至る状況を見通すのは困難であり、この点が木質資源の取り扱いを考える上での難しさとなり、研究課題としての重要さも増している。

1.1.2　世界の木質資源

国連食糧農業機関(FAO)「世界森林資源評価 2020(FRA2020)」のメインレポートに基づき、1990 年以降の森林面積の変化を概観する。FAO は、加盟国と協力して 1946 年から世界の森林資源を定期的にモニタリングし、その結果を公表している。FRA2020 では 236 か国・地域からの報告に基づき、約 60 の森林関連指標により 1990～2020 年の変化と傾向が分析されている。

世界の森林面積は 1990 年に約 42.4 億 ha、2000 年に約 41.6 億 ha、2010 年に約 41.1 億 ha、2020 年に約 40.6 億 ha(陸地面積の 31 %)であり、この 30 年間に約 1.8 億 ha、日本の国土面積の約 5 倍もの減少となった。2020 年の森林面積を人口で割ると 1 人当たり 0.52 ha となり、日本の 2.5 倍近くの広さである。10 年ごとに年平均の森林減少面積を見ると、1990 年代に 782.8 万 ha(年間純減少率 0.19 %)、2000 年代に 517.3 万 ha(同 0.13 %)、2010 年代に 473.9 万 ha(同 0.12 %)と緩和の方向にある。気候帯別の森林面積は、熱帯に 45 %、亜寒帯に 27 %、温帯に16％、亜熱帯に11％であった。世界の森林面積に対する国単位での割合は、ロシア連邦の20％を最高に、ブラジルの12％、カナダの9％、米国の8％、中国の5％が続き、この5か国の合計は54％に達する。森林率が高いのはフィンランドの73.7％、スウェーデンの68.7％、日本の68.4％、韓国の64.5％、スロベニアの61.5％が続いている。

FRA2020では、天然更新による樹木の構成が優先する森林を天然林、植林・播種によって成立した樹木が優先する森林を人工林とし、人工林をプランテーションとその他人工林に区分している。また、データに表れる森林面積は、森林から他の土地利用への転用による減少と新規植林や自然増による増加とを総合した純変化を意味する。

天然林と人工林の変化を概観してみよう。2020年において世界の森林面積の93％に当たる37.5億haが天然林、残り7％の2.9億haが人工林であった。その純変化を10年刻みの年平均で見ると、天然林は1990年代に12百万ha、2000年代に10百万ha、2010年代に8百万haという大きさで減少し、その程度は緩和している。天然林の割合は2020年にアフリカで98％、アジアで78％、欧州で93％(ロシアを除くと70％)、北・中米で94％、オセアニアで97％、南米で98％と地域差がある。天然林の一部を為す原生林は、記録に残る人為活動の痕跡がなく、森林火災等の自然災害による生態系への著しいかく乱のない、在来種からなる森林を指す。世界146か国・地域には少なくとも11.1億haの原生林があり、ブラジル、カナダ、ロシア連邦の3か国が61％を占める。原生林は1990年以降に81百万ha減少し、1990～2010年に年間340万ha超の減少だったが、2010年代には127万haの減少に改善している。さらに、法的に保護されている森林は7.26億haと推定され、1990年以降に1.91億haの増加となった。

人工林の面積は1990年以降の10年毎に年間406万ha、513万ha、306万ha増加している(**表1-2**)。1990年から2020年までに人工林面積が2倍以上になった地域は中米、南米、南・東南アジア、中・西部アフリカ、北米であった。FRA2020では、集約的に経営されている人工林で単一樹種または二樹種で構成され、同じ林齢で樹木の間隔が均一、あるいは生産活動を主眼に植林されたところをプランテーションとし、その面積は1.31億ha、人工林の45％を占め

表 1-2　世界の地域別人工林面積

単位：1,000 ha、%

地域	人工林面積				b×100	森林面積		人工林	
	1990[a]	2000	2010	2020[b]	a	1990	2020	1990	2020
アフリカ計	8,500	8,921	10,624	11,390	134	742,801	636,639	1.1	1.8
東部・南部アフリカ	6,161	6,214	6,758	7,139	116	346,034	295,778	1.8	2.4
北アフリカ	1,383	1,477	1,849	1,983	143	39,926	35,151	3.5	5.6
中・西部アフリカ	956	1,230	2,017	2,269	237	356,842	305,710	0.3	0.7
アジア計	74,188	94,007	119,640	135,230	182	585,393	622,687	12.7	21.7
東アジア	57,483	68,298	86,882	98,139	171	209,906	271,403	27.4	36.2
南・東南アジア	12,949	21,503	27,781	31,469	243	326,511	296,047	4.0	10.6
西・中央アジア	3,757	4,206	4,976	5,621	150	48,976	55,237	7.7	10.2
欧州計	54,394	61,932	71,693	73,884	136	994,319	1,017,461	5.5	7.3
欧州(ロシア除く)	41,743	46,572	52,080	55,004	132	185,369	202,150	22.5	27.2
北米・中米計	23,149	32,621	40,645	47,027	203	755,279	752,710	3.1	6.2
カリブ地域	479	501	731	851	178	5,961	7,889	8.0	10.8
中央アメリカ	74	133	267	391	528	28,002	22,404	0.3	1.7
北アメリカ	22,596	31,986	39,646	45,785	203	721,317	722,417	3.1	6.3
オセアニア計	2,784	3,775	4,491	4,812	173	184,974	185,248	1.5	2.6
南米計	7,046	9,406	14,866	20,245	287	973,666	844,186	0.7	2.4
世界	170,061	210,662	261,958	292,587	172	4,236,433	4,058,931	4.0	7.2

資料：FAO(2020)Global Forest Ressources Assessment 2020 Main report, p. 16 及び p. 30

る。南米で特にプランテーション率が高く、全人工林の 99 %、全森林面積の 2 %を占める。このことが、2010 年代に南米における森林面積減少の緩和に寄与したと考えられる。他方、欧州ではプランテーションは全人工林の 6 %、全森林面積の 0.4 %に過ぎない。また、世界全体ではプランテーションに用いられる樹種の 44 %が外来種であり、その割合は南米で 9 割以上を占め、オセアニアでも 8 割近くと極めて高い。他方、在来種の植林が多いのは北・中米のプランテーションで 9 割以上、アジアでも 7 割近くを占める。その他人工林は集約的経営がなされずに生態系や水土の保全等を目的に植林されたところである。

ゾーニングの視点では、2020 年に 11.5 億 ha が木材及び非木材森林産物の生産を主目的として経営されている。それは 1990 年以降の面積に際立つ変化はない。7.49 億 ha の多目的利用林では木材生産も行われ、その面積は 1990 年以降に 71 百万 ha 減少した。木材生産は全森林面積の半分近い 19 億 ha で行われている。また、生物多様性保全を主目的とする森林は世界に 4.24 億 ha あり、

1990年以降に1.11億haの増加となったが、その大半は2000～2010年の間に指定された。水土保全を目的とする森林は3.99億haで、1990年以降に1.19億ha増加し、特にこの10年間の増加が際立っている。レクリエーションや観光、教育研究、文化・宗教等の社会サービスのための森林は1.86億haあり、2010年代には年平均で18.6万haの増加となった。世界的に見ると、いわゆる生産林面積に大きな変化はなく、多目的利用林から生物多様性保全や水土保全、社会サービスのための森林への移行が進んでいる。

1.1.3　日本の木質資源

日本の森林面積は2017年3月末現在2,505万haであった。世界平均の森林率の31％に比べて高い値となっている。他方、人口1人当たり森林面積は0.20haに過ぎず、対人口で捉えると日本の森林資源は豊富にあるとは必ずしも言えなくなる。

まず、森林面積や森林蓄積量の変化を概観してみよう。日本の森林面積は1966年以降に総体として大きな変化はなかった。それを天然林と人工林という人為の関わりの観点で区分すると、天然林を人工林へ転換する、いわゆる拡大造林が1960年代と1970年代に拡がったことにより、人工林面積が1966年の793万haから1981年の990万haへ増加し、他方で天然林面積は1,551万haから1,399万haへ減少した。そのペースは1980年代と1990年代に緩まったものの増減の傾向はなおも続き、2017年に天然林面積が1,348万haで53.8％を占め、人工林面積は1,020万haで40.7％余りとなっている。人為によって植林され、長い年月をかけて育林されてきたスギやヒノキ、カラマツ等の人工林は将来に木材利用することを主たる目的に全国で造成された。森林の蓄積量は、1966年の18.9億m^3から1986年の28.6億m^3、2007年の44.3億m^3、さらに2017年の52.4億m^3へ、1960年代以降に右肩上がりで増加してきた。そのうち天然林の蓄積量は、1966年の13.3億m^3から1986年の15.0億m^3、2007年の17.8億m^3、そして2017年の19.3億m^3へ緩やかな増加となっている。他方、人工林のそれは5.6億m^3から13.6億m^3へ、26.5億m^3へ、さらに33.1億m^3へと最近の30年間に2.4倍に著しく増えている。このように、日本では人口1人当たりの森林面積は大きくはないものの、人工林を中心とする森林蓄積量の増

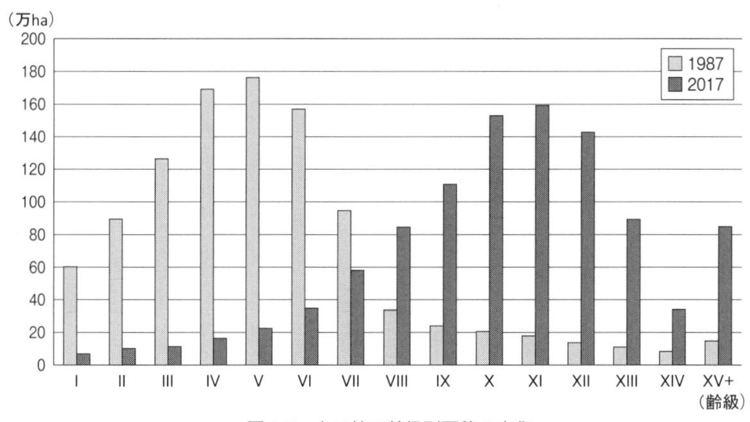

図 1-2 人工林の齢級別面積の変化
資料：林野庁監修「日本の森林資源」日本林業技術協会、1987 年
林野庁編「森林・林業統計要覧 2020」日本森林林業振興会

加に伴って、国内の木材需要を十分に賄えるだけの木質資源を日本は有していると言って良い。

天然林資源については、近年の伐採量はそれほど多くないものの、そのうちの優良大径木は高級な家具等として用いられ、小径木は製紙用やエネルギー用として活用されている。他方、生態系保護等に資する天然林もあり、それらは将来にわたり伐採せずに、あるいは人手を加えずに管理していくことが望ましい。主に木材利用のために造成された人工林資源では、京都議定書の発効に伴う森林整備の推進も後押しとなって 2000 年代後半から伐採量が増え、2010 年代からは林野庁による森林の若返りの施策も相まって主伐が増えている。高水準の木材利用の持続性を考えると、木質資源となる森林においては偏りのみられる齢級別面積を平準化していることが望ましいと考えられる。だが、**図 1-2** に示すとおり人工林の齢級別面積は山形に分布しており、この偏りが将来的には木質資源の安定的確保に深刻な影響を及ぼす可能性がある。

ここでは、1986 年と 2017 年の人工林齢級構成を取り上げ、その変化も併せて見ていこう。1986 年には、V 齢級の 176 万 ha をピークに III～VI 齢級の人工林がそれぞれ 100 万 ha を超えて多く、他方で VIII 齢級以上の面積はどの齢級でも 40 万 ha にも満たず、高齢級になるほど小面積であった。それが、31 年後の2017年にはピークがX～XI齢級に移り、その面積は各150万ha超となっている。1986年のV齢級が2017年のXI齢級に成長する過程で面積は9％減少し、他の齢級についてもおおよそ数％の減少を伴いながら、同じ山形のままに移行していることが読み取れる。各齢級の減少には、皆伐に伴う減少だけでなく、台風被害や雪害、虫害等の影響もある。また、人工林面積に占めるX齢級以上の割合は1986年に8.5％であったが、2017年には65.1％へ大幅に高まり、他方で次世代にとっての木質資源となる2017年のI～IV齢級の面積は4.3％に過ぎない。若齢林面積の減少には、主伐(皆伐)が減少してきたという要因に加え、特に2000年代に顕在化した九州地方や北海道、東北地方等における「再造林未済地」の拡大もその一因になっている。主伐した後に再造林せずに放置されることが増えているのである。人工林面積の平準化という観点では、人工林経営にとって条件の良いところでは「育ったら伐る」「伐ったら植えて育てる」という本来の人工林経営を基礎とすべきであり、獣害対策や保育の労働力確保を推進しながら再造林を増やすことが望まれる。

主要な人工林としてスギ、ヒノキ、カラマツの齢級別面積を取り上げてみよう。スギ人工林の面積は2017年に444万haあり、秋田県や宮崎県、岩手県等の19県が10万ha以上を有している。地域としては東北地方や四国地方、九州地方に多く、北海道の南部にも見られる。ヒノキ人工林の面積は260万haであり、10万ha以上の県は高知県や岐阜県、静岡県をはじめ9ある。東海地方に多くのヒノキ人工林が分布し、近畿地方や中国地方、四国地方、九州地方にも多い県が見受けられる。しかし、北海道や秋田県、山形県、新潟県にはほとんど見られない。カラマツ人工林の面積は98万haあり、北海道が40万haを有して4割余りを占め、長野県が24万ha、岩手県が12万haで続いている。だが、東海地方や近畿地方より西南にある地域では一部にしか植えられていない。2017年に、スギ人工林面積はXI齢級の73万haをピークにし、XII齢級の68万ha、X齢級の64万haが続く山形を描いている。X～XII齢級の面積は全体の46％に達し、標準伐期齢を超えた林分が増えている。一方、I～IV齢級の合計面積の割合は3％に留まっている。このようにスギ人工林の齢級構成は極めて偏りのある構造となっている。また、ヒノキ人工林面積は、X齢級の37万haが最多であり、それに続くIX齢級の33万haとXI齢級の32万haを併せると全体の39％を占める。スギ人工林ほどではないが、これらの齢級への面積の集中が際立ち、I～IV齢級の面積は5％と少なくなっている。カラマツ人工林の面積は、XII齢級の20万ha、XI齢級の18万ha、X齢級の15万haが突出して多く、X～XII齢級の合計は全体の53％に及ぶ。それにXIII齢級を加えると66％に達し、他方でI～IV齢級の合計面積は7％に過ぎない。つまり、偏りの大きな齢級構成になっている。

1.2　世界と日本の木材需給

1.2.1　需要と供給とは

社会には3つの主要な市場、つまり生産物市場、労働市場、資本市場がある。この「市場」は、家計と企業との交換によって成り立っている。生産物市場で企業は供給者として財の販売を行い、その財を家計が需要者として購入する。**図1-3**のような需要曲線と供給曲線を想定すると、その交点において均衡量と均衡価格が決定されることになる。労働市場では、私たちが供給者として労働を販売し、企業が需要者としてそれを購入する（雇用する）。資本市場では、例えば私たちは株等への投資を行い、企業はその資金を活用して設備の増強や技術開発を行って利益を生み、株主への配当を行っている。

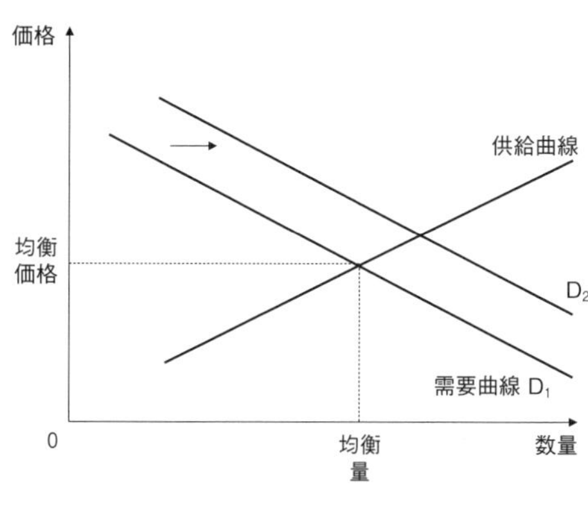

図1-3　需要曲線と供給曲線

木材産業を例に考えてみよう。製材工場をはじめとする木材産業は、資本や労働等の生産要素の下で丸太や木材チップを原材料として需要し、製材品や合板、紙・板紙等を製造し、木材製品市場や紙・板紙市場へ供給する。国産材を需要する木材産業にとっては、代替財価格としての輸入材ないし輸入木材チップの価格と生産物価格としての木材製品価格とを考慮しつつ、国産材価格に対して利潤が最大となるように国産材需要を決定する。製材工場等の労働賃金単価は生産要素価格としてこの需要決定に負に関与すると考えられる。つまり、代替財価格は国産材需要量に対して正に、労働賃金単価は負に効くことが期待される。また、生産要素投入量が説明力のある変数になることがあり、経営の固定的投入要素を説明変数に採用すべきであることから、日本国内の工場数や1工場当たり従業員者数、1製材工場当たり製材用動力出力数の変化も国産材需要に影響すると考えられる。

住宅等の建築着工量等が派生需要を生んで国産材需要を増大させる効果を持つことも想定される。経済動向の指標として挙げられることの多い住宅着工量は、住宅着工時に購入される構造用部材や家具材を初めとする木材への派生需要を生むと考えられ、正に効くことが期待される。また、経済構造の変化による影響も考えられる。例示として、1985年のプラザ合意を受けて始まった円高基調に伴う構造変化によって石油価格が実質的に低下し、丸太等の要素需要曲線がD1からD2へ右方シフトしたこと(**図1-3**)が想定されよう。その結果、均衡価格も均衡量も上向くと期待される。

木材製品や紙・板紙製品の供給においても、木材産業が国産材需要を考えたときと同様に、中間財価格である国産材価格と生産物価格である木材製品価格や紙・板紙製品価格とを所与として、利潤が最大になるように供給量が決められる。製材工場や製紙工場における労働賃金単価等の生産要素価格も負の効果を持つと考えられるが、木材の需要を考えたときと同じ論理から、例えば製材品供給においては国産材挽き製材工場数や1製材工場当たりの従業者数および製材用動力出力数を説明変数として考えることもできる。

1.2.2　世界の木材需給と貿易

FAOが公表する森林面積と丸太生産量のデータを利用し、主要国における両者の関係を比較してみたい。**表1-3**に示すように、ここで取り上げるのは先進国の日本、米国、カナダ、オーストリア、スウェーデン、ドイツ、フィンランド、フランス、オーストラリア、ニュージーランドである。

まず、これらの国の中で2019年に国土面積に占める森林面積の割合が高いのは、フィンランドの73.7％を筆頭に60％台のスウェーデンと日本が続いて

表 1-3　主要国の森林面積と丸太生産量

	丸太生産量（2019年）	うち用材	森林面積（2020年）	森林率	人工林	人工林率	丸太生産量 全森林	人工林
	千 m³		千 ha	%	千 ha	%	m³/ha	
日本	30,349	23,417	24,935	68.4	10,184	40.8	1.22	2.98
米国	459,129	387,702	309,795	33.9	27,521	8.9	1.48	16.68
カナダ	141,568	143,994	346,928	38.2	18,163	5.2	0.41	7.79
オーストリア	18,904	13,325	3,899	47.3	1,672	42.9	4.85	11.31
スウェーデン	75,472	68,500	27,980	68.7	13,912	49.7	2.70	5.42
ドイツ	77,821	53,425	11,419	32.7	5,710	50.0	6.82	13.63
フィンランド	63,667	55,951	22,409	73.7	7,368	32.9	2.84	8.64
フランス	49,631	25,655	17,253	31.5	2,434	14.1	2.88	20.39
オーストラリア	36,799	32,710	134,005	17.4	2,390	1.8	0.27	15.40
ニュージーランド	35,969	35,969	9,893	37.6	2,084	21.1	3.64	17.26
世界	3,964,117	2,019,972	4,058,931		293,895		0.98	13.49

注：丸太生産量は薪炭材と産業用材の合計である。
資料：FAO（2020）Global Forest Resources Assessment 2020 及び FAO（2021）FAOSTAT Forestry

いる。森林面積については、カナダや米国、オーストラリアがその広大な国土面積を背景に大きくなっているが、森林率は相対的に低い。他方、人工林が1千万haを超すのは米国、カナダ、スウェーデン、日本であり、人工林率で見るとドイツ、スウェーデン、オーストリア、日本が40％を超して高くなっている。米国やカナダ、オーストラリアの人工林率は1割にも満たない。近年はこの米国やカナダにおいても人工林の面積が増加している。世界規模で森林面積が減少を続ける中で、時間及び土地面積当たりの丸太の生産性を上げるためにも、あるいは用途に合った丸太を生産するためにも人工林の造成が求められ、世界的に拡がっていると言える。

また、2020年の丸太生産量については、米国が4.5億m³を、カナダが1.4億m³を超して顕著に多く、ドイツやスウェーデン、フィンランドでも5千万m³を超している。これらの国では人工林面積が500万haを超えている。なお、ドイツでは2018～2020年に虫害や風倒被害が生じて丸太生産量がその前の2～3割の増加となったことを指摘しておく。また、ユーカリ等の人工林が239万haのオーストラリアとラジアータパイン等の人工林が208万haのニュージーランドにおいては、それぞれ3,680万m³、3,597万m³の丸太生産量となっている。それに対して、日本は多くの人工林を有するにも関わらず、漸く丸太生産量は3,000万m^3を上回る水準に達したところである。

各国の全森林を対象にして森林面積1ha当たりの木材生産量を計算してみると、ドイツが6.82m^3、オーストリアが4.85m^3と際立って多く、それにニュージーランドの3.64m^3、フランスの2.88m^3、フィンランドの2.84m^3、スウェーデンの2.70m^3、米国の1.48m^3、日本の1.22m^3が続いている。広大な森林面積を有するカナダで0.41m^3、オーストラリアでは0.27m^3と低くなっている。カナダでは持続可能な森林経営を念頭に丸太生産量を森林蓄積量の1％未満にする方針を採っており、オーストラリアでは製紙用木材チップ生産用にユーカリ人工林を造成して植林後に10年程度で伐採する経営を行ってきた。

仮に人工林面積のみが丸太生産の場になっている状況を想定し、人工林1ha当たりの丸太生産量を試算してみると、人工林率の低いフランスや米国、オーストラリアにおいて人工林1ha当たりの丸太生産量が10m^3を超えて大きく、ニュージーランドも高い水準にある。表中の国々では日本の2.98m^3/haが際立つ少なさとなっている。なお、その中でフランスでは天然林面積の割合が高く、天然林材の生産量が相対的に大きくなっている。

世界的なトレンドとして人口増加や経済成長に伴って木材需要量は当面緩やかに増加していくと考えられるが、他方で森林面積は熱帯林地帯を主体に減少が続いており、木材需要を満たすために今後はますます1ha当たりの丸太生産量を増やすことが必要になってくる。そのためには、単位面積当たりの年間森林成長量を増加させること、特に生産林において成長の良い人工林を造成することが必要になると考えられる。この観点では、総体としての森林の多面的機能を充実させるべく、国や地域の状況を勘案しながら保護すべき森林と生産活動の対象とする森林とその間にある森林(例えば制限林)という区分(ゾーニング)を具現化していくことも課題となってこよう。世界の中で人工林面積が多く人工林率も高い日本が、どのように森林経営を行っていくかが国際的にも注目されていくと考えられる。

それでは、世界の林産物生産や貿易はどのようになっているのであろうか。**表1-4**に示すFAOの公表する林産物の生産量と輸出量を用いて、近年の動きと中長期的な変化を見ていきたい。2020年における世界の丸太生産量は39.1億m^3であり、薪炭材と産業用丸太が半々の構成となっている。その量は2017

表 1-4　世界における林産物の生産量と輸出量

生産物	単位	生産				輸出			
		2020 年	対変化率			2020 年	対変化率		
			2017 年	2000 年	1980 年		2017 年	2000 年	1980 年
丸太	100 万 m^3	3,912	−1%	12%	25%	140	−2%	19%	50%
薪炭材	100 万 m^3	1,928	−1%	7%	15%	6	−15%	79%	
産業用丸太	100 万 m^3	1,984	−2%	17%	37%	134	−1%	17%	43%
木質ペレット	100 万トン	50	3%			31	6%		
製材品	100 万 m^3	473	−3%	23%	12%	153	−3%	34%	118%
木質パネル	100 万 m^3	367	−1%	107%	280%	88	−2%	67%	490%
合板	100 万 m^3	118	2%	103%	200%	28	−6%	60%	326%
木質ボード	100 万 m^3	250	−2%	109%	335%	60	0%	71%	622%
木質パルプ	100 万トン	186	−2%	9%	48%	69	1%	80%	226%
他の繊維パルプ	100 万トン	11	−1%	−26%	55%	0.4	7%	15%	79%
古紙	100 万トン	229	−1%	59%	352%	45	−8%	83%	716%
紙・板紙	100 万トン	401	−1%	24%	137%	111	−2%	13%	218%
林産物価格	10 億ドル					244	−10%	68%	331%

注：木質ボードは削片板（PB）、配向性ストランドボード（OSB）、繊維板（FB）からなる。
資料：htttps://www.fao.org/forestry/statistics/80938/en/ に基づき作成（2022 年 5 月 21 日閲覧）

年のそれに比べると 1 % の減少となっており、COVID-19 がまん延した年であるためか、産業用丸太の減少が 2 % とより大きかった。だが、2020 年の丸太生産量は 2000 年より 12 %、1980 年より 25 % の増加となっており、丸太生産量は傾向的に増加している。2020 年の丸太輸出量は 1.4 億 m^3 であり、産業用丸太がそのほとんどを占めている。丸太の生産量に対して輸出に向けられる量は多くなく、2020 年の輸出量を 2017 年のそれと比べると 2 % 減となっており、薪炭材が 15 % 減と大きな割合となった。COVID-19 拡大の中でロジスティクスに影響が生じて物流が滞る中で、そのしわ寄せが薪炭材に及んだ可能性も考えられる。丸太輸出量の変化については、2000 年より 19 %、1980 年より 50 % の増加となっており、2000 年からの変化としては薪炭材 79 % 増と大きく伸びている。

2020 年における製材品の生産量は 4.7 億 m^3 であり、そのうち 1.5 億 m^3、3 割強が輸出された。製材品生産量の変化は、2017 年比で 3 % 減となったが、2000 年比で 23 %、1980 年比で 12 % の増加であった。2020 年の製材品輸出量は 2017 年比で 3 % 減だったのに対して、2000 年比で 34 %、1980 年比では

118％の増加となっており、その生産量に占める輸出量の割合がかつてより大きくなっていることが分かる。また、木質ペレットについては2000年代以降に生産量も輸出量も増加しており、2020年には50百万トンの生産量に対して31百万トンの輸出量であり、生産量の大半が輸出に向けられている。

合板と木質ボードからなる木質パネルの生産量は2020年に3.6億m^3強で、内訳は合板が約1.2億m^3、木質ボードが2.5億m^3であった。2020年の木質パネル生産量は2017年比で1％減となったものの、2000年比で107％増、1980年比で280％増であり、この40年間に大きく増加している。合板も木質ボードも生産量は大きく伸びているが、特に木質ボードが1980年比で335％増と際立っている。2020年における木質パネルの輸出量は88百万m^3であり、生産量の2割強が輸出されている。2020年の輸出量は、2017年比で2％減、2000年比で67％増、1980年比で490％増であり、その増加率は木質ボードがより高くなっている。2020年の輸出量を2017年のそれと比べると、合板は6％減だったのに対して木質ボードは変わらない水準であり、COVID-19の影響は合板の貿易に生じた可能性がある。世界最大の合板輸出国である中国から最大の輸入国である米国への輸出が減少したためと考えられる。なお、削片板や繊維板は北米や欧州で主に消費され、合板は東アジアや北米で主に消費されるという地域性がある。

2020年における木材パルプと他の繊維パルプの生産量は186百万トンと11百万トンであり、共にその4割弱が輸出に向けられた。両者の生産量は1980年比で50％前後の増加となっており、2017年比でも1～2％の減少となった。2020年の輸出量については、木材パルプが2000年比で80％、1980年比で226％の増加、他の繊維パルプが同順に15％、79％の増加であり、より木材パルプの伸びを確認できる。世界的に2000年代終わりまでは経済成長と共に紙・板紙の消費量が増えるという関係にあったことから、木材パルプがより貿易されたと考えられる。なお、2008年のリーマン・ショックの頃から電子機器が広く普及し、情報のやり取りが紙媒体から電子機器媒体に変化してきた影響も考えられる。

古紙や紙・板紙の生産量は2020年にそれぞれ約2.3億トン、4.0億トンであり、その2～3割の量が輸出に向けられた。2020年の両者の生産量は2017年比で１％減となったが、古紙生産量は2000年比で59％、1980年比352％の増加、紙・板紙のそれは同順に24％、137％の増加であり、古紙の増加が顕著であった。2020年の輸出量については、2017年比で古紙が８％、紙・板紙が２％の減少となったが、1980年比では同順に716％、218％の増加となり、古紙の輸出が顕著に伸びている。中国の古紙需要増がこうした変化をもたらしていると考えられる。

このような40年間の変化を踏まえ、世界における林産物の生産量と輸出量を丸太の生産量と輸出量をベースに比較すると、木質パネルや古紙、紙・板紙の増加が著しくなっており、より加工度を高めた製品の輸出が増えていることが分かる。さらに、これらの関係から製材品等のリユースやリサイクルから始まる木材のカスケード利用が進展していることが窺える。

1.2.3　日本の木材需給と貿易

日本の木材需給構造をみてみよう。高度経済成長期に木材需要量は急速に増加し(**図1-4**)、木材価格も上昇した(**図1-5**)が、1973年の第一次石油ショックから1990年代半ばまでは９千万m^3～1.1億m^3の範囲で推移し、1973年からの変動相場制の中で円高が進んで木材価格は1980年代以降に低下の途をたどった。1980年代前半に経済成長がやや低下して木材需給量は９千万m^3を下回ったが、1985年のプラザ合意を経て進んだ円高に伴うバブル経済期には木材需要も増加し、1990年代半ばまでは１億m^3を上回る水準が続いた。その後2000年代まで新設住宅着工戸数の減少と共に傾向的に木材需給量は減少し、2001年以降に１億m^3を下回り、2008年以降には７千万m^3を上下して推移している。木材の派生需要を生む新設住宅着工戸数の増減が木材需給量に影響してきた。第二次世界大戦後の新設住宅着工戸数は1968～2008年に100万戸を上回っており、そのなかでも1972～1973年に180万戸超、1987～1990年と1996年には160万戸超と相対的に一段高い着工戸数となったが、2008年のリーマン・ショック後には100万戸を下回る水準が定着している。

1960年以降の木材価格をスギに代表させてみると、1970年代後半以降に山元立木価格は2000年代まで低下の一途をたどり、その後も低水準が続いている。中丸太価格についても立木価格と同様の推移を示していると言える。それ

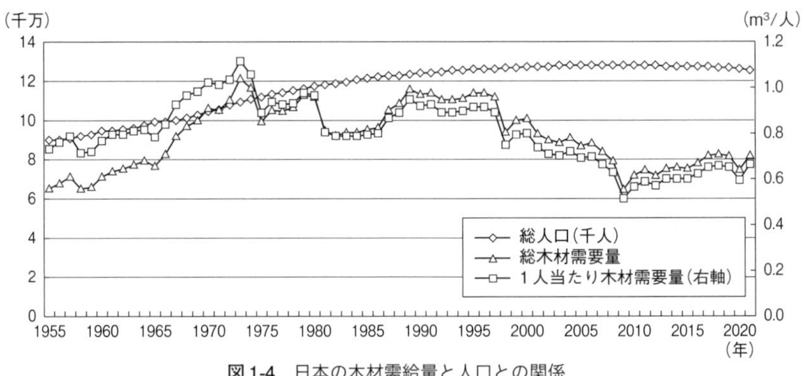

図 1-4　日本の木材需給量と人口との関係
資料：林野庁「木材需給表」、総務省統計局「人口推計」

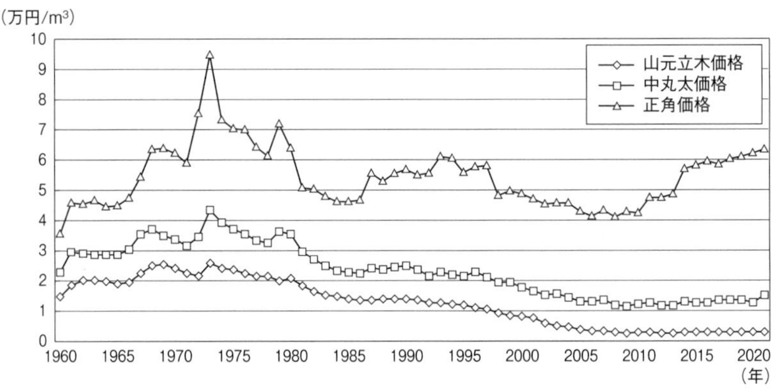

図 1-5　2015 年基準木材価格の推移：スギの例
注：日本銀行「国内企業物価指数(総平均)」で実質化

に対して正角価格は少なからず昇降を繰り返し、2010 年代に上昇傾向が生じている。その結果、正角価格に対する山元立木価格は 1960 年の 41 % から 1990 年の 24 %、2020 年の 5 % へと大きく低下している。木材製品価格の上昇を立木価格の上昇に如何に結びつけるかは、森林科学と木材科学の協力により検討しなければならない課題となっている。

また、1 人当たり木材需要量は 1973 年に 1.1 m³ 強であったが、1990 年代半ばまで 0.9 m³ 程度を続けたが、2000 年代終わりから 0.6 m³ を上下する水準に減少している。新設住宅着工戸数の増減に強く影響されながら、特に 1996 年以降に人口が緩やかに増加するなかで木材需要量は減少傾向をたどり、1人当たり木材需要量も傾向としては減少した。ここから、今後の国内木材需要量を考える上では、新設住宅着工戸数や1人当たり木材消費動向が重要な要素であることを確認できる。そして、この1人当たり木材需要量は先進国の中では際立って低く、地球温暖化対策等にとっても化石燃料や枯渇性資源に代わって木材利用が重要な方向であることを考え合わせると、戸建て住宅や公共建築物のみならず文教施設や商業施設等への木材利用の促進がますます重要になる。ここにも合理的なサプライチェーンの確立や木材需要拡大に向けた新たな技術開発の必要を確認できる。

木材自給率は1960年代から2000年代初頭まで傾向的に低下をたどってきた。この間に自給率がやや改善したのは、木材需要量そのものが減少した1980年代前半だけであり、需給構造としては輸入材へ強く依存してきた。だが、2005年以降には木材需給量が傾向的に減少する中で国産材生産が上向きに転じ、木材自給率は上昇傾向を見せている。燃料材を含む木材の自給率は、2002年の18.8％から2008年の24.4％、2014年の31.2％、そして2020年の41.8％へと上昇している。また、輸入材の内容には丸太から木材製品へという大きな変化があった。1970年に輸入材に占める丸太の割合は70％であったが、1980年代前半に50％を、2000年には20％を割り込んだ。さらに、2010年代後半に10％を下回る水準となり、2020年には8％まで低下した。

この変遷から、日本の木材産業にとって原料として国産材の重きが増していることを指摘できる。そして、2021年から2022年の前半にかけて発生したいわゆる第三次ウッドショックの経験を踏まえるならば、木材を広く利用する社会を目指す中で、国産材を確りと活用していくことの重要性を確認できるのである。

1.3　木材利用と資源・環境

1.3.1　森林の役割と持続的な木材利用

木材という資源の利用と環境問題を考える際に森林との関係を切り離して考えることはできない。木材をどのように利用するかは森林に大きな影響を与え、ひいては地球環境に影響を与えることに繋がるためである。

1.1で述べられているように森林には多面的な機能があり、そこには地球環境保全や人間の豊かで健やかな生活に欠かせない重要な機能も含まれている。木材利用を含む森林の利活用においてはこのような森林の多面的機能について十分配慮するべきである。もちろん単一の森林に全ての機能を持たせるのではなく、それぞれの機能を発揮させる森林を分けて考えることも可能である。

森林の多面的機能のうち物質生産機能に着目すると、森林は木材を産出するが、木材伐出後に再造林を行えば、再び木材を生産することが可能である。すなわち木材は再生可能資源(renewable resource)であるといえる。一方化石燃料のように使うと徐々に資源量が減っていき、やがてなくなってしまうものを枯渇性資源と呼ぶ。再生可能資源と枯渇性資源を分けるのは再生産の可能性および再生産に要する時間である。例えば化石燃料は植物や微生物を原料として作られているため再生産は可能であるが、そのためには一般的な人間生活の時間スケールを超える膨大な時間が必要となる。人間の消費速度を上回る速度で再生産され、供給されることが可能であるものが再生可能資源であるといえる。

木材が再生可能資源であるための条件も同様に考えることができ、人間が木材を消費する速度が森林の成長速度を超えないことが肝要である。ごく単純化して考えると、100年生の樹木を伐採して木材として使う場合には100年間以上利用し続けることが望ましいといえる。日本の木造住宅の平均寿命は40年前後であるとの推計例があり(小松 2006)、森林の成長に要する時間より長く社会利用の状態に留まらせるためには、住宅解体後に段階的に別の用途に利用するなど、リユースやリサイクルを複数回行いながら使い切ることが有効である。このように材料を品質や体積を低下させながら相応の用途に複数回使用することをカスケード利用という(**図1-6**)。このような木材利用を行うことで、森林－木材全体の系の持続性が維持され、系全体としての炭素蓄積量も担保することができる(**図1-7**)。伐採量が成長量を上回らないことは持続的な森林利用のベースとなるものである。

1.3.2　森林の吸収源機能とカーボンニュートラル

物質生産以外の多面的機能として、地球温暖化の観点から森林の地球環境保

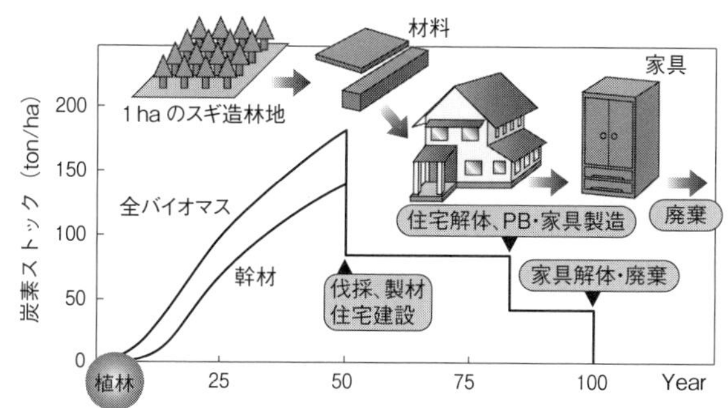

図 1-6　木材の生産とカスケード利用における炭素ストックの変化（大熊 2018）

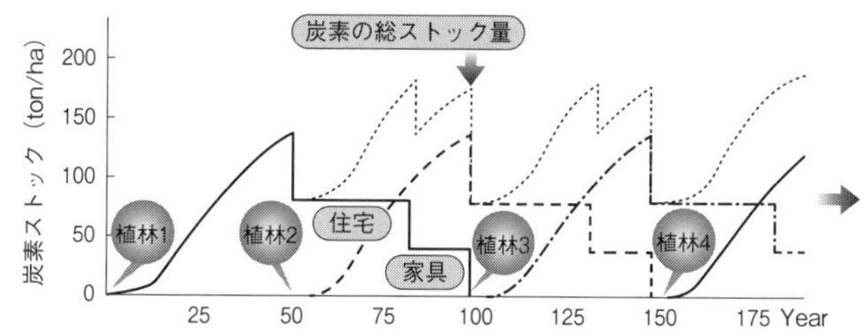

図 1-7　木材の生産とカスケード利用における炭素ストックの変化（大熊 2018）

全機能も大きく注目されている。樹木は二酸化炭素を吸収し、根から吸収した水とあわせて光合成により炭水化物と酸素を生成し、その炭水化物を使って樹体を形成している。これを炭素固定反応といい、樹木のこの性質により森林は吸収源機能を持つことになる。気候変動枠組条約においても温室効果ガスの「吸収源及び貯蔵庫」として「バイオマス、森林、海その他陸上、沿岸及び海洋の生態系」が特記されており、これらの持続可能な管理、保全や強化の促進が謳われている（UNFCCC 1992）。

2015 年に採択されたパリ協定は 2020 年以降の地球温暖化対策について定めており、長期目標として「世界的な平均気温上昇を産業革命以前に比べて 2℃より十分低く保つともに、1.5℃に抑える努力を追求する」ことを掲げている。これとともに「今世紀後半に人為的な温室効果ガスの排出と吸収源による除去の均衡を達成する」ことにも触れられており、これを受けて日本を含む多くの

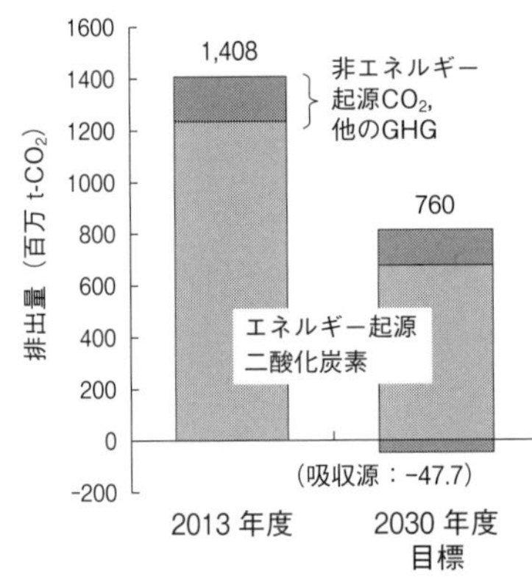

図 1-8　2013 年度排出量をベースとした 2030 年度の各種温室効果ガスの排出削減・吸収の計画（地球温暖化対策計画（2021）を元に作図）
（注）図中に描かれていない要素として二国間クレジット制度によるクレジットを適切にカウントするとされている。

国が2050年までにカーボンニュートラルを実現すると表明している。カーボンニュートラルとは排出する二酸化炭素から吸収・除去する二酸化炭素量を差し引きしてゼロとする、すなわち正味の排出量をゼロとするということであるが、広義には二酸化炭素のみではなく温室効果ガスすべてについて正味の排出量をゼロとすることも指す。日本は削減目標として「2030年度に温室効果ガスを2013年度から46％削減することを目指し、さらに、50％の高みに向けて挑戦を続けていく」と2021年に表明しており、政府の計画では2030年度における排出量は760百万 t-CO_2、一方吸収量は47.7百万 t-CO_2とされている（**図 1-8**）。カーボンニュートラルを実現するには排出量を大幅に削減するとともに、森林を中心とした吸収源の機能をさらに活用することが不可欠である。また二国間クレジット制度といった排出権取引や、加えて二酸化炭素回収・貯留（Carbon dioxide Capture and Storage：CCS）技術、回収・有効活用・貯留（Carbon dioxide Capture、Utilization and Storage：CCUS）技術などの新たな技術も検討されている。

樹木は成長が旺盛なときには多くの二酸化炭素を吸収する。したがって森林は若齢段階では植生による二酸化炭素の吸収速度が速く、成熟段階になると吸収速度が低下し、老齢段階では吸収と排出（呼吸による二酸化炭素排出や、枯死木、リターによる）がバランスして見かけ上は収支ゼロとなる（藤森 2003）。二酸化炭素の吸収量を維持するためには、木材生産を目的として持続的に経営を行っている森林において適切な時期に伐採し、その後には必ず再造林をして森林を若返らせることが必要であるということになる。木材利用には成熟した森林の若返りを促進し、吸収源機能を復活させる意義があるともいえる。

1.3.3　地球温暖化防止と木材利用

森林の吸収源機能への影響だけではなく、木材利用自体にも二酸化炭素吸収や排出削減の機能があると考えられている。二酸化炭素吸収にあたるものとして木材による「炭素貯蔵効果」、排出削減として「材料代替効果(省エネルギー効果)」、「化石燃料代替効果」が挙げられる。なおこのような木材の持つ効果については1990年ごろから指摘されるようになった(例えばBuchanan 1990)。当時は熱帯雨林の破壊などが問題となっており、木材利用は森林や環境の破壊に繋がる行為であるとの一般的な認識が強かった。日本においてもこの頃から木材利用は地球環境保全に貢献するとの報告が発表され(例えば大熊 1990；中島ら 1991；有馬 1991)、徐々に木材利用のイメージが変わっていったと考えられる。

(1)　木材の炭素貯蔵効果

1.3.2で述べたように、樹木などの植物は、光合成により二酸化炭素を炭素の形で樹木中に固定する。この炭素は樹木が伐採されて木材として使用される間も木材内に貯蔵され続ける。木材は主にセルロース、ヘミセルロース、リグニンから構成されており、全体の化学組成から見ると炭素が重量の約半分を占めている(**表1-5**)。このことから、ある木材の全乾重量が分かれば、貯蔵されている炭素量はその半分であると考えることができる。

建築物に利用した木材に係る炭素貯蔵量の表示に関するガイドライン(林野

表1-5　木材の化学組成(辺材)(Browning 1963より作成)

(単位：%)

	カラマツ	マツ	スプルース	ナラ	カバ
炭素	49.6	50.2	50.0	49.2	48.9
水素	5.8	6.1	6.0	5.8	5.9
窒素	0.2	0.2	0.2	0.4	0.2
酸素	44.2	43.4	43.5	44.2	44.5
灰分	0.2	0.2	0.3	0.4	0.5

庁 2021）では建築物に使用されている木材中に貯蔵されている炭素量（二酸化炭素換算）計算式が以下のように示されている。

$$C_s = W \times D \times C_f \times 44 \div 12$$

ここで

C_s：建築物に利用した木材（製材のほか、集成材や合板、木質ボード等の木質資材を含む）に係る炭素貯蔵量（CO_2 換算量）（t-CO_2）

W：建築物に利用した木材の量（m^3）（気乾状態の材積）

D：木材の密度（t/m^3）（気乾状態の材積に対する全乾状態の質量の比）

C_f：木材の炭素含有率（木材の全乾状態の質量における炭素含有率）

W（建築物に利用した木材量）は直接実績値が分かればその値を使用すれば良いが、分からない場合は建築物の単位面積当たりに使用される平均的な木材量（木材使用量原単位）から推計する方法がある。これまでに行われた調査例では木造住宅で 0.15～0.2 m^3/m^2 程度の値を報告しているものが多い（日本木造住宅産業協会 2022；日本木材総合情報センター 2014；森ら 2014；松本ら 2021）。数値の小さいものは構造材のみを対象としているという傾向もあり、全量では概ね 0.2 m^3/m^2 前後と考えてよいと思われる。また非住宅木造建築物については公共木造建築物で平均して 0.195 m^3/m^2（渡邉ら 2018）、純木造と混構造の学校施設の平均値として 0.21 m^3/m^2（筒井ら 2015）といった報告があり、木造住宅と概ね同程度となっている。また非木造建築物については 0.01～0.03 m^3/m^2 程度との報告がある（野瀬ら 2012）。非住宅分野の建築物についてはいわゆるマスティンバーの利用や内装木質化の動きが活発化していることから、様々な事例で原単位を継続的に調査する必要がある。

D（木材の密度）は一般的に文献から得られる気乾密度、全乾密度ではなく、気乾材積あたりの全乾質量を使うこととなっており、気乾状態を含水率 15 % と仮定して、気乾密度に 0.87（= 100/115）を乗じる変換方法が提案されている。

仮に木材使用量原単位を 0.2 m^3/m^2 とし、100 m^2 の建物を気乾密度 0.4 m^3/m^2 の木材で建てたとすると、約 3.5 t-C の炭素貯蔵量となる。35 年生のスギ 1 本あたりの炭素貯蔵量が 68 kg-C との試算例（森林総合研究所）があるので、こ

表 1-6 建築構造種別使用材料の製造に由来する炭素排出量の比較(酒井ら 1997より作成)

(単位:kg-C/m²)

	木材	セメント	鉄	その他	運輸
木造	5	24	12	6	24
SRC造	5	42	46	10	42
RC造	6	36	44	9	36
S造	2	19	33	6	25

れはスギ50本以上に相当することとなる。今後都市部において中大規模木造建築物が増えた場合、相当量の木材および木材中炭素が都市に存在するようになると考えることができる。このようなことから、木造建築物は「都市の森林」(有馬 2003)とも呼ばれる。

(2) 材料の代替による削減効果

木材は材料製造に伴うエネルギー消費量が他の主要材料に比較して少なく、これに伴って製造時の排出量が少ない。したがって同程度の機能を持つものを他材料製とするより木製とした方が排出量を抑制することができる。これを材料代替効果(省エネルギー効果)と呼ぶ。例えば産業連関表を用いて建築物への投入資源の製造に伴う排出量を構造別に比較した事例では、床面積あたりの排出量が木造で他の構造よりも少なかった(**表 1-6**)(酒井ら 1997)。したがって1棟の建物を建てるときに木造を選択した方が使用材料の製造に伴う排出量を抑制することができるといえる。なお**表 1-6**に示す研究事例はあくまでもある年に建てられた各構造建築物の平均的な排出量の比較であり、同機能、同面積の建物を異なる構造で建てた場合を比較したものではない。木製家具などでも同様の比較をすることができる。

(3) 化石燃料代替効果

木材を燃焼させると木材中に貯蔵された炭素は二酸化炭素となって大気中に戻っていく。しかしこの炭素は樹木が成長し、成熟し、最後には枯れて分解されるというプロセスにおける大きな循環の中にあるものと同等であると考えれば、大気中の二酸化炭素濃度を上昇させておらず、カーボンニュートラルであるとみなすことができる。これにより、化石燃料の代わりに木質燃料を使用すれば、化石燃料由来の排出量を削減することができると考えられ、これを化石燃料代替効果と呼ぶ。前述のように持続性を考慮すると木材の消費速度は森林の成長速度を超えないことが肝要であり、消費速度の速いエネルギー利用については未利用材等の利用を優先するなど、材料利用とのバランスを考えるべきである。

(4) 京都議定書と木材利用

森林は二酸化炭素を吸収して成長する。これは逆に言うと成長した分だけ二酸化炭素を吸収しているということである。したがって森林が吸収源である条件は蓄積量(成長量－伐出や枯死により森林系外に出る量)が増加していることとなり、蓄積量が減少する場合には森林は排出源となる。

木材の伐出は森林の蓄積量を減少させるため、森林にとっては二酸化炭素の排出とみなすことができる。しかし木材中には樹木が固定した二酸化炭素が炭素として貯蔵されていると考えられ、その炭素は木材が燃焼したり腐朽したりしない限りは大気に放出されることはない。また炭素量の観点から考えると、都市部に木造建築物や家具などの形で木材が蓄積していくということは、森林蓄積量が増えていくことと同じである。したがって木材生産を単なる森林からの炭素排出とすることには違和感がある。

このような問題意識から京都議定書において木材製品(Harvested Wood Products：HWP)を森林吸収源の一環として扱うことが検討された。地球温暖化に対しては世界のほぼ全ての国が気候変動枠組条約に参加して対策を行っている。京都議定書はその中でも(当時の)先進国に排出削減の取り組みを行わせる枠組であり、各国にそれぞれの排出削減目標を達成することが義務付けられた。各国は目標達成のため最大限の削減努力を行うが、それでも削減目標に届かない場合には国内にある森林等による吸収量を削減量に足し合わせて目標達成に使って良いというルールが設定された。さらに他国と共同実施した温暖化対策プロジェクトから削減量を得たり、他国から排出権を購入するなどして目標を達成することも認められている。このように吸収量やプロジェクト実施による排出削減量で排出量を「オフセット」する仕組みは京都議定書からパリ協定に移行してからも形を変えながら維持されている(**図1-9**)。

京都議定書第一約束期間(2008～2012年)においてはHWPの扱いに関する議論が収束せず、社会に蓄積されている木材量は増えることも減ることもな

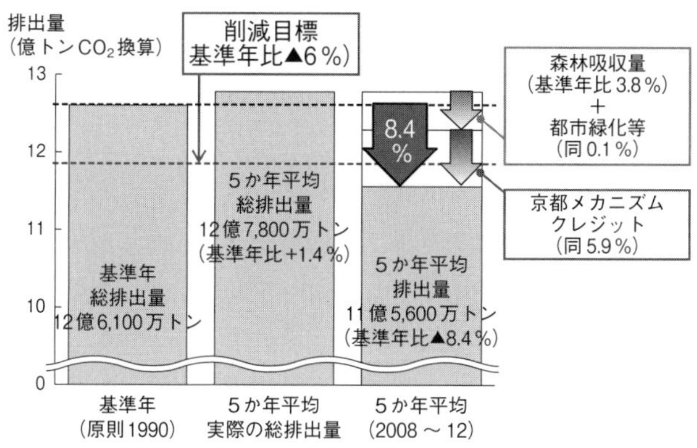

図1-9　森林吸収源，京都メカニズムによる削減目標達成の考え方（第1約束期間の例）（資料：林野庁、平成26年度 森林・林業白書）

い（一定量である）との仮定のもと、森林からの伐出は即時排出（instantaneous oxidation）とみなすというルールとなった。その後検討が続けられ、第二約束期間（2013～2020年）ではHWPが正式に森林吸収源の一環として位置付けられた。各国において、木材蓄積量が増えた場合は増加量分を吸収とみなす。逆に蓄積量が減少した場合は排出となることは森林と同様である。

ここで「各国における木材蓄積量」にはいくつかの考え方（アプローチ）があり得る。1つめは国内にある全HWPを対象とするというもので、この場合は国内で利用している国産材と輸入材を対象とすることになる（蓄積変化法（Stock Change Approach））。2つめは自国の森林に由来するHWPを対象とするもので、この場合国内で利用している国産材と輸出して海外で利用されている国産材を対象とする（生産法（Production Approach））。3つめは化石燃料と同様に扱う考え方で、HWPが廃棄された際に排出とみなすというアプローチである（大気フロー法（Atmospheric Approach））。これに第一約束期間の扱いであった即時排出の考え方を加えた4アプローチについて検討が進められた。このような検討が必要であったのは、統一ルールを作る必要があるものの、どのルールになるかによって各国の吸収量が変わってしまうためである。またアプローチによって木材利用に対してどのようなインセンティブが働くかも異なる。さらに実際の推計の難易度や捕捉性が異なることも検討の対象となったと思われる。議論の結果、京都議定書第二約束期間の木材製品の取り扱いは、各国が自国森林から産出された木材を算定・計上する生産法とすることが2011年にダーバンで開催された気候変動枠組条約第17回締約国会議/京都議定書第7回締約国会合(COP17/CMP7)で決定された。

HWPの算定は統計を用いて行うが、その詳細な方法は気候変動枠組条約事務局から依頼を受けて気候変動に関する国際パネル国連気候変動に関する政府間パネル(Intergovernmental Panel on Climate Change)が作成し、ガイドラインまたはガイダンスと呼ばれる文書として公表している。吸収(排出量)は年毎の木材蓄積量の変化であるので、計算法としては毎年の木材蓄積量を算出して差を取る方法と、毎年の投入量と廃棄量の差を取る方法が考えられる。多くの国では木材の生産量の統計のみが整備されているので、生産量から蓄積量や廃棄量を算出する必要があるが、各国が共通で持っているFAOの木材生産量統計を用いて推計する方法がデフォルト法としてIPCCにより与えられている。また国内で詳細な統計が整備されている国は国独自の統計を使用して計算を行ったり、さらに国独自の計算法を使っても良いというルールになっており、日本はHWPのうち建築利用分を国独自の方法で算定している。各国の報告値は国別温室効果ガスインベントリ(National Inventory Report：NIR)にまとめて公表されている。

(5)　パリ協定と木材利用

世界各国は2020年からパリ協定に基づいて気候変動対策に取り組むこととなった。パリ協定の大きな特徴は京都議定書がいわゆる当時の先進国を対象としていたことに対し、気候変動枠組条約に参加するすべての国を対象としていることである。また京都議定書が排出削減量を目標として先進国に課していたのに対し、パリ協定は産業革命以降の気温上昇を2℃以内に抑えることを目標とし、削減量の目標は各国が自主的に定めることとなっている。日本の「2030年度に温室効果ガスを2013年度から46％削減することを目指すこと、さらに50％の高みに向け挑戦を続けること」を目標として表明している。一方で現在の各国の目標値の総和は2℃目標を達成するための削減量に届かないことも指摘されている(**図1-10**)。パリ協定では5年ごとに世界的な実施状況の評価と目標の見直しを行うことが定められており、各国がより高い目標に向けて努力を

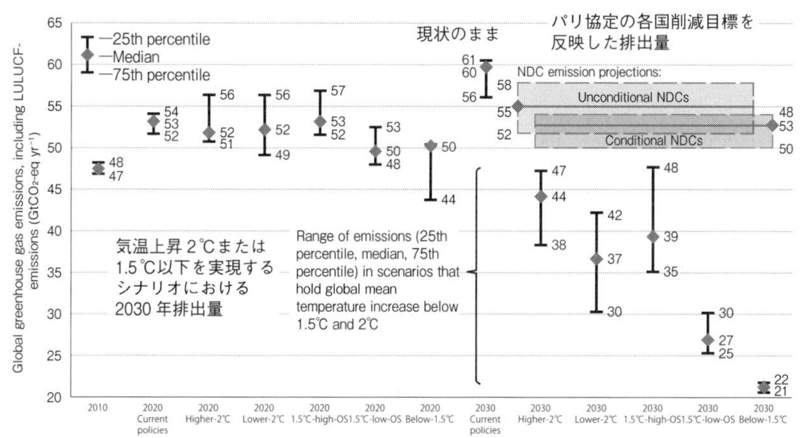

図1-10　パリ協定による排出量への影響(資料：IPCC, 2018: Global Warming of 1.5℃)

(注) グラフは各年における排出量を示しており、「2010」は実績値、「2020」および「2030」はシナリオに沿った計算値。「Current policies」は現状がそのまま続く場合、Higher-2℃～Below-1.5℃はそれぞれ気温上昇2℃または1.5℃以下を様々な経路で実現するシナリオにおける2020年、2030年の排出量。NDC emission projectionsはパリ協定の各国削減目標を反映した排出量(途上国は支援が提供されない場合(unconditional)と提供される場合(conditional)の削減目標を併記している国が多いため、ここでも2種類の排出予測値が示されている)。全ての国がNDCを達成しても、2℃または1.5℃目標を達成するための排出(削減)量にはまだ遠いことが示されている。

することが必須となると思われる。

パリ協定において、木材製品(伐採木材製品：Harvested Wood Products (HWP))は基本的には京都議定書における扱いを踏襲する形で扱われることとなったが、京都議定書と異なりより多くの国が参加していることから、アプローチの選択などにある程度の幅を持たせたルールとなっている。その他パリ協定におけるHWPの扱いについては文献に詳しい(佐藤 2021)。

(6)　木材利用による炭素吸収・排出削減効果

京都議定書、パリ協定では木材の炭素貯蔵効果が吸収源として扱われ、日本を含めて世界各国はHWPによる吸収・排出量を報告することとなっている。一方材料代替効果、化石燃料代替効果は排出削減効果であり明示的な扱いはされていない。しかしこれら3つの効果はいずれも木材利用に伴って発生するものであり、適切に評価して「見える化」することが木材利用による影響を考えるときには重要であろう。また二酸化炭素だけではなく、水資源や接着剤、塗料、薬剤といったものの使用についてもライフサイクルアセスメント（Life Cycle Assessment：LCA）等の手法により正しく環境影響を評価し、なるべく影響を低下させることが必要である。

日本を3地域に分けて木材利用をモデル化しシミュレーションを行った研究例では、生産法による炭素貯蔵効果と材料代替効果は同程度の効果、化石燃料代替効果がやや大きい効果を持つとの推計結果が出ている（Kayo *et al.* 2015）。また森林と木材を一つのモデルとして扱った例では、木材利用と森林吸収はトレードオフ（木材利用を増やすと森林吸収が減少する）の関係にあるが、補完的な関係にもあり、木材を適切に利用することにより森林吸収量の減少分をカバーできることが示されている（Matsumoto *et al.* 2016）。人間は材料を使わずに生きていくことはできない。材料選択をはじめ全ての行動に対し環境調和性を求められる時代にあって、代表的な生物材料であり再生可能資源である木材をどのように利用していくかは、森林や地球環境の保全に直結する問題であるといえる。

●参考図書

林野庁（各年度版）：『森林・林業白書』．

森林投資研究会（編）（2019）：『諸外国の森林投資と林業経営 ── 世界の育林経営が問うもの ──』．海青社．

馬駿ら（2018）：『東アジアにおける森林・木材資源の持続的利用 ── 経済学からのアプローチ ──』．農林統計協会．

柿澤宏昭ら（2018）：『保持林業 ── 木を伐りながら生き物を守る ──』．築地書館．

永田 信（2015）：『林政学講義』．東京大学出版会．

岡 裕泰，石崎涼子（編著）（2015）：『森林経営をめぐる組織イノベーション ── 諸外国の動きと日本 ──』．広報ブレイス．

森林総合研究所（編）（2012）：『改訂森林・林業・木材産業の将来予測 ── データ・理論・シミュレーション ──』．日本林業調査会．

大熊幹章（2018）：『木材時代の到来に向けて』．海青社．

有馬孝禮（2003）：『木材の住科学 ── 木造建築を考える』．東京大学出版．

日本木材加工技術協会（2019）：『最新木材工業事典』．

日本木材学会（編）（2015）：『「木の時代」は甦る　未来への道標』．講談社．

2章 木材の概観

2.1 木材について

日本は国土の約7割が森林という世界有数の森林国である。国土は北緯25度から45度の間、南北に3000 kmに細長く分布し、太平洋と日本海に囲まれ、豊かな海流にも挟まれている。また、狭い国土ながらも3000 m級の山々を有し、山脈により太平洋側と日本海側に分けられるなど、気候のことなる多様な環境を産む。海上に湧き上がる水蒸気が、季節風によって山脈に吹き付けられることにより、一年を通して十分な降水量が確保され、全国的に樹木が育つ環境に恵まれている。それゆえに、日本には、1000種にも及ぶ多くの樹木が、各々の環境に適合して生育している。

そのような森林の恵みに支えられた、木材の利用の歴史は縄文時代から現代に至るまで脈々と継承され、独特の木の文化をもたらした。木材として利用してきた木本植物(2.2以降に解説)とは、植物の分類においては、種子植物の裸子植物と被子植物に属する群であり、針葉樹材が裸子植物(gymnosperm)の球果植物(Pinophyta)に属する針葉樹類(conifer)に、広葉樹材が被子植物(angiosperm)のうちの双子葉植物(dicotyledons/略してdicots)に属する。イチョウとタケは、上述の範疇には含まれず、前者は裸子植物の独立したイチョウ類に属し、後者は単子葉植物(monocotyledon/略してmonocots)の木本に分類される。つまり、街路樹や公共施設の植栽によく見かけるイチョウは、特徴的な広葉を持っているが広葉樹ではなく、裸子植物ではあるが針葉樹ではない。ところが市場などにおいては、見た目や解剖学的特徴(4章参照)がよく似るために、材としては針葉樹材として扱われる。

2.1.1 学名の意義

系統的に近縁の樹木の組織構造には、類似する点が多いため、材質上でも大きな差のないものが少なくない。このような分類体系を最初に立ち上げたのは、言うまでもなくリンネである。植物分類学の父といわれる彼は、ストックホルムの北66 kmのウプサラの地に居を構え、自然物を整理して、1735年に動物・植物・鉱物の三界を扱った「自然の体系(1735)」や、命名法の基準となる「植物の種(1753)」を出版した。この分類に用いた方法は、属と種小名の2つをラテン語で列記し、さらに、これに命名者の名前を記載する二名法(binomial nomenclature)である。例えば、カツラは*Cercidiphyllum japonicum* Sieb. & Zucc.で、*Cercidiphyllum*が属名(genus)、*japonicum*が種小名(specific name)、Sieb. & Zucc.(シーボルトとツッカリーニの省略形)が命名者名である。この二名法が、国際植物命名規約の基準となり、世界中の植物の知識が体系化された結果、植物の種に関する知識を多くの人々が共有することとなった。

わが国で普通にみられる樹木、たとえばイチョウ*Ginkgo biloba* Linnaeus (省略形はL.やLinn.)など、リンネの命名になる植物は、枚挙にいとまがない。またリンネ以降、今日に至るまで、多くの研究者が詳細な検討を繰り返しつつ、人材を育て上げてきた足跡を、その学名から想像することすらできる。分類のくくりはたえず検討され続けており、その概念が変化することや、学名が変更されることもある。ヒノキやアスナロ(地域によりヒバやアテと呼ばれる)、といった和名や俗名、地方名などに対して、分類学的あるいは生物学的な意味をもつ学名を与えることの意義は、科学や産業の対象材料として、誰もが間違いなく実体を認識できる名前が必要であるという、基本的な考えにほかならない。

例えば、市場に出回るイエローポプラは、ヤナギ科ヤマナラシ属の樹種で、材色が黄色みを帯びたもの(黄色いポプラ材)ではなく、モクレン科ユリノキ属の外来種である。また、北米から輸入される米マツはマツ属ではないし、米ヒバもアスナロ属ではない。さらに、隣国中国から輸入される針葉樹の中国名はほとんど○○スギという俗名である。例えば、雲杉は、トウヒ属の1種なので、北海道に生育するエゾマツと同属である。ヨーロッパではドイツトウヒやノルウェースプルースと呼ばれ、建材はもとより、ピアノやバイオリンの響板として利用される有用材もトウヒ属に属する。俗名や商用名があてにならないことが理解できるであろう。

2.1.2　分類から系統

リンネの植物の分類は、雄しべの形態的な特徴をもとにした分類学であり、今日では誰もが知る「系統」という概念を基盤とするものではなかった。その約100年の後、ダーウィンやウォーレスの進化論が世の中に認められることにより，系統という観念が，分類学の重要な基盤のひとつとなるのである。1990年以降、DNA解析による，分子進化を基盤とする分子系統学という分野がめざましい発展をみせ，植物の分類体系が議論されるようになった。1998年に初めて報告されたAPG体系(Angiosperm Phylogeny Group：APGとは被子植物系統グループという数十人の専門家グループ)を皮切りに、改訂が積み重ねられ、2016年に出版されたAPG IV(APG 2016)が最新版となっている。

リンネの分類体系は、その後も、新エングラー体系やクロンキスト体系など、より総合的な形態的な特徴による分類に引き継がれてきたが、ここにいたって、分類学と系統進化が融合した分子系統学が主流となり、これまでの形態に基づく分類と矛盾も生じ始めている(米倉 2019)。

APG体系の登場によって、単子葉植物が被子植物の中の一つのグループでしかないことや、1科1属1種の日本のスギが、ヒノキ科の下に位置することなど、多くの研究者らが驚かされたところである。ブナ科のコナラ属(世界に約390種が分布)についても、筆者の世代が教わったことが大きく変わりつつある。コナラ属は、コナラ亜属(Subgenus *Quercus*)とアカガシ亜属(Subgenus *Cyclobranopsis*)という二つの亜属に分けられ、コナラ亜属には、いくつかの節が知られ、例えばコナラやミズナラはコナラ亜属シロナラ節*(Sect. *Quercus* 旧コナラ節)に属する。それらは、落葉性樹木で、木材は環孔材、孔圏外道管の配列が放射状、かつ集合するタイプである(口絵ix頁参照)。それに対してクヌギやアベマキはケリス節(Section *Cerris* 旧クヌギ節)に属し、これも落葉性樹木で、木材は環孔材、孔圏外道管の配列が放射状であるが、小道管は集合せずに単独で現れるタイプである(口絵x頁参照)。一方、コナラ属アカガシ亜属には、アカガシ、アラカシ、イチイガシなど常緑のカシ類が属している。木材は、

* 従来のコナラ属の分類上の節には、コナラ節、クヌギ節、ウバメガシ節などの和名が当てられているが、新しい分類体系の説明では、それぞれシロナラ節、ケリス節、イレックス節という呼称とした。

道管が放射方向に列をなすタイプで、放射孔材(口絵x頁)である。このように、コナラ亜属シロナラ節やケリス節、アカガシ亜属の木材には顕著な解剖学的な特徴があり、また遺跡から出土する農機具や道具に利用されるものが多いため、考古学分野でも識別・同定をする知識は役に立ってきた。

一方、**表2-1**にまとめたように、生育する地域も反映した分子進化系統に基づく新しい分類体系では、コナラ属をコナラ亜属とアカガシ亜属に分ける従来の分類は廃止され、新たなコナラ亜属とケリス亜属(Subgenus *Cerris*)に分類している。そして、ケリス亜属には3つの節、アカガシ節(Sect. *Cyclobalanopsis*: 旧アカガシ亜属)、ケリス節、イレックス節(旧ウバメガシ節：Sect. *Ilex*)が含まれるとしている(Denk *et al.* 2017)。この新しい分類は一見解剖学的に矛盾があるかに思えるが、形態的には大きな特徴である環孔材と放射孔材の差よりも、孔圏外道管の配列、つまり孤立した道管が放射状に並ぶという特徴が類縁の印と考えれば十分理解できる(Kobayashi *et al.* 2017)。口絵のブナからウバメガシを見比べて考えてみてほしい。今後、解剖学的な階層構造を、APG体系と関連付けてみることで、思いもよらない発見があるかもしれない。

表2-1　コナラ属の分類体系の新旧比較(Denk *et al.* 2017)

旧体系		新体系		樹種例
亜属 *Subgenus*	節 *Section*	亜属 *Subgenus*	節 *Section*	
コナラ *Quercus*	コナラ	コナラ *Quercus*	シロナラ *Quercus*	コナラ、ミズナラ、ホワイトオーク
コナラ *Quercus*	クヌギ	ケリス *Cerris*	ケリス *Cerris*	アベマキ、クヌギ、コルクガシ
コナラ *Quercus*	ウバメガシ	ケリス *Cerris*	イレックス *Ilex*	ウバメガシ
アカガシ *Cyclobalanopsis*		ケリス *Cerris*	アカガシ *Cyclobalanopsis*	アラカシ、アカガシ、イチイガシ

2.1.3　適材適所と木材サイエンス

さて、木材のサイエンスにおいても、自分の扱う木材の分類学上の位置を知っておくことは意味がある。素材として利用する場合は、植物の持つ個性は材質の多様性を生み、適材適所の利用において選択の基準となるからである。学名はその基本であることは、すでに述べてきたところである。

研究者らの長年の努力により、針葉樹・広葉樹共に組織構造の特徴が体系的にまとめられ、樹種をみわけるための手引き書が出版されている(IAWA 1998; IAWA 2006)。また、インターネットを介して、木材の諸情報を検索するシステムも提供され、顕微鏡観察に基づく樹種同定の道筋が提供されている(森林総合研究所 木材データベース: https://db.ffpri.go.jp/WoodDB/index.html)。意欲があれば、誰もが属のレベルで樹種の同定に挑戦できる環境が整っているのである。まずは、学名を知識として使えれば、上述のサービスも大いに利用が可能である。

さて、ヒノキ、サワラ、アスナロ、スギなどに代表されるヒノキ科の樹木は、耐久性にすぐれるため、八世紀以降、中世の社寺等の歴史的な木造建造物にも多く使用されている。木構造や耐久性については、2.2で取り上げる心材化や、9章で取り上げる抽出成分、応用編で取り上げる、生物劣化、木構造が参考になるであろう。一般に、針葉樹は割裂性がよく、割り矧ぎにより薄い板を作ることができるが、特にサワラは水に強いとされ、薄い板材として瓦の下地として屋根にふく土居葺にも利用されてきた。また、金閣や銀閣の屋根に代表されるように、こけら葺の材料としても利用される。通常、こけら板にはまさ目取りの板を利用するが、曲面部には追まさ板を利用する。それは、曲面を作るために板材を曲げる必要があるからである。この技術は宮大工の常識として伝わるものだが、実は細胞構造に由来する針葉樹固有の特性なのである。木口面において整然と並ぶ仮道管の配置は、格子状のセル構造と近似でき、年輪が板面に対して45度になる場合,格子がパンタグラフのように伸びたり縮んだりできることによると理解できる。曲がりやすいということの理由は、実は細胞の形と配列によるものであった(Hwang *et al.* 2022)。

個々の木材の持つ、構成成分、細胞壁、細胞、組織構造、年輪構造、心材、辺材、丸太の部位や材の木取りなど、ナノからマクロまで様々なレベルの構造が、材料としての木材の多様性を生むことを想像してもらえるだろうか。2章で取り上げる木材の様々なレベルの階層的な組織構造は、木材科学の根底にある部分であり、他章との関連を常に意識して読んでいただきたいと思う。

2.2 木材の巨視的およびミクロな特徴

2.2.1 木材のマクロ的な特徴(目視レベル)

(1) 樹幹の構成

樹木は樹冠(crown)、樹幹(stem)及び根(root)の3つの部分から構成されている(**図2-1**)。樹冠は複数のシュートから構成されており、二酸化炭素と酸素の交換や水分の蒸発などを行うとともに、光合成により成長に必要な同化産物を生産する。また、オーキシンなどの植物ホルモンの主要な生産場所として機能している。根は土壌中から水や栄養塩類の吸収を担う組織であり、地下部に根を張り巡らすことにより地上部の樹冠および樹幹を支持する役割も担っている。樹幹は樹冠で生産されて光合成同化産物や根で吸収された水や栄養塩類を輸送する役割を有しており、同時に光合成同化産物の貯蔵や風などの外力や重力に耐えて樹木自体を支える役割も担っている。

樹幹を輪切りにすると最外部には樹皮があり、内側に向かって形成層、辺材と心材からなる二次木部が存在しており、樹幹の中心には髄がある。樹皮は周皮を境として、外側の外樹皮と内側の二次師部が存在する内樹皮に分かれている。樹皮の内側には形成層があり、この組織が細胞分裂活動を行うことで、放射方向や円周方向に細胞を増やし、樹幹を肥大させている。形成層の内側には二次木部が蓄積している。我々が木材として利用する部分は樹幹の大部分を構成する二次木部である。

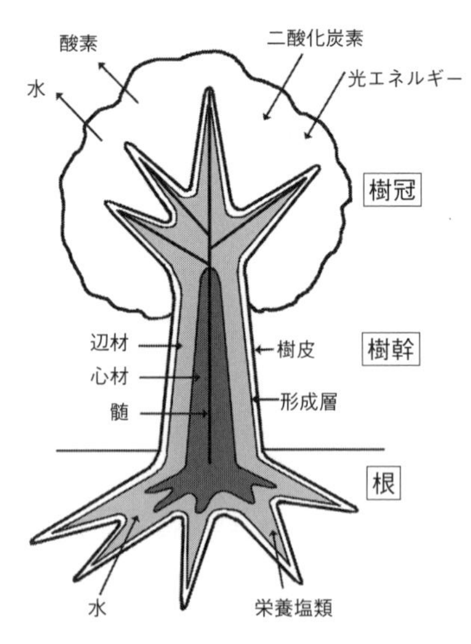

図2-1　樹木の外観図(福島ら 2011 を改変)

(2) 心材と辺材

スギの樹幹を輪切りにすると、木部の外側と内側で材色が明らかに異なっている。白っぽい色を呈している外側の部分を辺材

(sapwood)、内側の赤みを帯びている部分を心材(heartwood)とよんで区別している。特にスギの場合、両者の境目が白い帯となるため、白線帯と呼ぶ(**図 2-2**)。

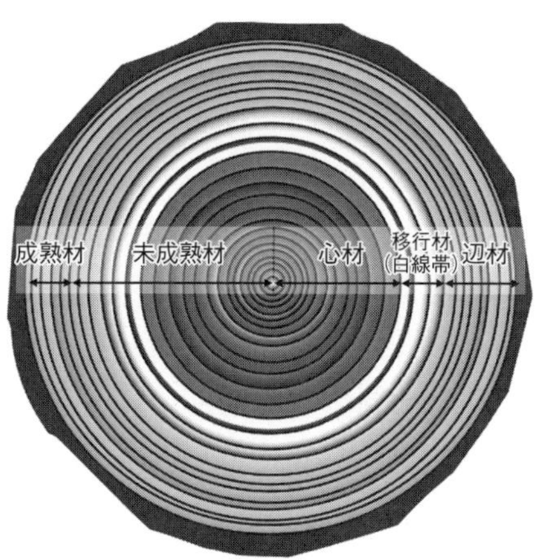

図 2-2　心材・辺材と未成熟材・成熟材

心材の着色は全ての樹種に共通する現象ではなく、心材の色は樹種によって異なる。樹種による辺材との色調差について、以下の3つに分けることができる。

辺材/心材の区別が明瞭な樹種：針葉樹ではスギ、カラマツ、カラマツ、イチイ、広葉樹ではクリ、ケヤキ、ミズナラ、ヤマザクラなど。

辺材/心材の区別がやや不明瞭な樹種：針葉樹ではヒノキ、アカマツ、コウヤマキ、ヒメコマツ、広葉樹ではマカンバ、シナノキ、ハリギリ、クスノキなど

辺材/心材の区別ができない樹種：針葉樹ではトドマツ、エゾマツ、ツガ、広葉樹ではシラカシ、トチノキ、イタヤカエデ、キリなど。

樹木は毎年成長するが、ある時点から過去に形成した樹幹の内側の木部が辺材から心材に変化する。心材の形成は樹木の加齢と樹幹の成長に伴って起きる全ての樹種に共通する生理現象であり、樹木の加齢に伴い樹幹の直径は大きくなり、心材も徐々に大きくなる。この変化を心材化あるいは心材形成とよぶ。心材化は、辺材では核を有し、生理活性を保ち、デンプンや脂質を貯蔵していた柔細胞やエピセリウム細胞が細胞死することで起こる現象である(Nakaba *et al.* 2006)。心材にはその形成過程において合成されたポリフェノールや耐腐朽性の化学成分等が多量に含まれていることから、樹種によって心材色が異なるだけでなく、腐朽菌や虫害に対する抵抗性を有している。なお、心材化に伴って、水の通道機能は失われるため、針葉樹では、一部の多湿化した心材をもつ系統や個体を除いて、辺材に比べて心材は含水率が低下する。一方、広葉樹で

は針葉樹と同様に辺材＞心材の樹種(例えば、カツラ、ハリギリ)の他、辺材＝心材の樹種(例えば、ミズナラ)や辺材＜心材(例えば、ヤチダモ、ドロノキ)の樹種など様々なパターンが存在している(Yazawa *at al.* 1965)。

一般的な心材とは異なり、外傷などに起因して通常の心材形成では淡色心材を形成する樹種に特異的に着色した心材が形成されることがある。これを偽心材といい、ブナなどで認められる。また、着色心材を形成する樹種でも通常とは異なる材色の心材(変色材)が出現することがある。これらの偽心材や変色材は木材の利用上の欠点となることもあるので注意が必要である。なお、スギ心材色は通常は淡赤褐色とされているが、傷害や暗色枝枯病菌が原因で黒色になることがある。また、遺伝的に黒色の心材を形成する系統な個体も存在している。このような黒心材は木材の人工乾燥において障害になる高含水率心材との関連が深いとされている(中田 2007) (2.3.1(3)参照)。

(3) 木材の３断面

樹木は成長点において伸長成長しながら、形成層の分裂によって同心円状に肥大成長するという独特の成長様式を有している。そのため、樹幹の木部には樹幹軸方向に配列する細胞のほかに、樹幹軸に直交して(放射方向に)配列する組織があり、切断する面によって異なった組織構造の特徴を観察できる。

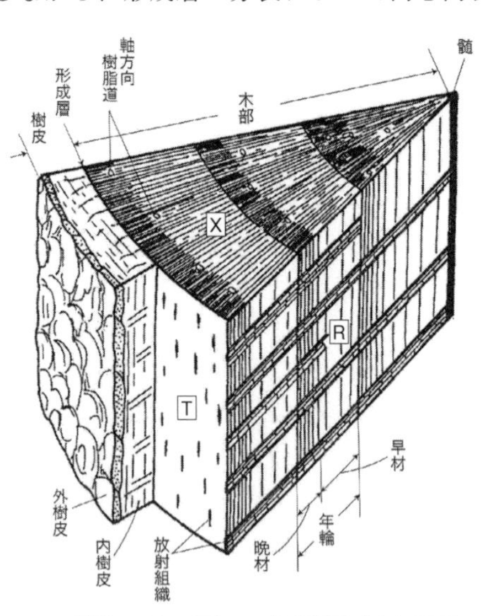

X：横断面（木口面） R：放射断面（まさ目面）
T：接線断面（板目面）

図2-3 木材の３断面(日本木材学会 2011：21を改変)

木材の基本的な断面として、横断面(transverse section)、放射断面(radial section)、接線断面(tangential section)の３断面がある(**図2-3**)。横断面は樹幹軸に対して垂直な断面、放射断面は樹幹軸に対して平行で髄を通る放射方向の断面、接線断面は樹幹軸に対して平行で樹幹の円周に対して接線方向の断面である。横断面では針葉樹における仮道管などの軸方向要素は垂直な切断面が、放射柔細胞などの放射方向要素は水平の縦断面が現れる。また、放射断面では軸方向要素、放射方向要素ともに縦断面が見られ、接線断面では軸方向要素は縦断面、放射方向要素は垂直の切断面が見られる。このように3断面に現れる模様は木部を構成する細胞配列によって異なっており、木材では特に横断面を木口面、髄を通る放射断面をまさ目面、接線断面を板目面とよぶこともある(2.3.1(4)参照)。なお、髄を通らない断面においてもまさ目状の模様が現れることがあるが、この場合、木目がまさ目ほど整然としていないことが多く、このような断面を追まさとよぶ。板幅の広いスギ製材品では中央付近の板目と両端のまさ目が混在するものがあるが、そのまさ目部分は追まさである。

(4)　年輪

樹木の形成層細胞の分裂活動には分裂期と休眠期を繰り返す周期性が認められている。季節変化が明らかな地域に生育している樹木には成長に伴って横断面に環状の層、成長輪(growth ring)が形成される。温帯や寒帯に生育する樹木では、通常、一年の一つの環状の層ができることから、その層を年輪(annual ring)とよぶ。一般に形成層が正常に活動している樹木では年輪は樹幹の全周にわたって形成されるが、生育環境の突発的な異常や樹種や個体の特性によって円周上の一部の形成層の活動が阻害され、不連続な環が形成されることがある、このような不完全な年輪を不連続年輪とよぶ。

針葉樹の年輪はおおむね区別しやすい。針葉樹において一成長期間に形成される仮道管の放射径と細胞壁の厚さが規則的に変化する。その結果、色の淡い早材と色の濃い晩材が同心円状に規則正しく配列し、早材と晩材の色調差が視覚的に年輪として認識しやすいからである(2.2.1(1)参照)。

広葉樹の年輪は道管要素の配列状況によって年輪が明瞭な樹種と不明瞭な樹種に分かれる。すなわち、年輪の内層部に他の部位よりも著しく径の大きな道管を形成する樹種(環孔材：例えば、ケヤキやクリ；口絵viii～ix頁)では視覚的にも年輪は明瞭である。一方、一成長期間において道管が散在しており、その直径の変化が小さく、ターミナル柔組織を形成しない散孔材では視覚的に年輪界を明確に区別することが難しい場合もある(2.2.1(2)および4.2.1参照)。

2.2.2 木材のミクロ的な特徴(顕微鏡レベル)

(1) 早材と晩材

日本に生育した針葉樹では年輪は明瞭であり、色の淡い部分と色の濃い部分に分けられる。色の淡い部分は、半径方向の細胞直径が大きく、細胞壁は薄い細胞(仮道管)によって構成されており、密度が小さく、早材(earlywood)とよばれる。一方、色が濃い部分は、半径方向の細胞直径が小さく、細胞壁が厚い細胞(仮道管)から構成されており、密度が大きく、晩材(latewood)とよばれる。早材と晩材の境界にはモルクの定義(Mork 1928)が知られている。この定義では、仮道管の内腔径をL、隣接する仮道管の接線壁の厚さをMとすると、2M=Lを早材と晩材の境界として、2M>Lを満たしている部分を晩材としている。晩材が一年輪内に占める割合(晩材率)は木材の比重と正の相関関係を持つことから、重要な木材の材質指標の一つ考えられている。晩材率は樹種によって異なり、一般に、カラマツやアカマツ(口絵iv頁)では高く、スギ、ヒノキ(口絵vi頁)、トドマツでは低い。

早材から晩材への移行は樹種による特徴が認められることから、樹種識別や木材性質の推定において重要な手がかりとなる。晩材への移行が急な樹種は、カラマツ、アカマツ、クロマツ、トガサワラ、ツガなどであり、緩やかな樹種はヒノキ、サワラ、ヒバなどのヒノキ科の樹種の他、カヤやイヌマキなどがある。日本を代表する針葉樹であるスギはやや急に移行する特徴を有しているが、系統や品種など遺伝的な起源の違いによっても異なることが知られている。

(2) 環孔材と散孔材(口絵、4.2.1参照)

広葉樹の構成要素の種類は針葉樹のそれに比較して多く、各構成要素の形状、分布、集合状態は変化に富んでいる。針葉樹には見られない特徴は、ヤマグルマなどのいくつかの樹種(無孔材)を除いて、道管という通水に特化した組織が形成されることである。

無道管材を除く広葉樹は道管の管孔性の観点から以下の3種に分けられる(IAWA committee 1964, 1989、日本木材学会 1975)。

環孔材(ring-porous wood):年輪の内層部に他の領域よりも著しく大径の道管が存在する。大径の道管が存在する領域を孔圏といい、それら

を孔圏道管という。(ケヤキ、クリ、ミズナラ)

半環孔材(semi-ring-porous wood):年輪の内層から外層にかけて道管径が明らかに減じるが、その変化は環孔材よりも漸進的。あるいは道管系の変化が年輪内において小さいが、年輪の内層に道管が密集する。(オニグルミ、クスノキ)

散孔材(diffuse-porous wood):年輪内において、道管が散在し、その直径の変化が小さい。(イタヤカエデ、ホオノキ)

環孔材において孔圏外にある比較的小さい道管の配列は樹種や属ごとに異なり、トネリコ属で認められる散在状、コナラ属で認められる放射状または紋様状、ケヤキ属やニレ属で認められる接線状の3つに分類される。また、木口面で単独で存在している道管を孤立管孔、2個以上道管が集まって接触しているものを複合管孔といい、特に放射方向に連なっているものを放射複合管孔という。木口面で観察される道管の管孔性、配列、集合状態は樹種識別において重要な手掛かりとなる。

(3) 木材細胞の種類と形状(4章4.1および4.2参照)

形成層には、紡錘形始原細胞と放射組織始原細胞という形態の異なる2種類の細胞が存在する**。紡錘形始原細胞は樹幹の樹軸方向に細長く両端がとがった紡錘形の細胞である。一方、放射組織始原細胞は樹幹の水平方向に若干長いかほとんど等直径の細胞である。木部を構成する木材細胞は針葉樹と広葉樹で大きく異なっているが、いずれもこれらの2種類の形成層細胞に由来する(**図2-4**)。

針葉樹の軸方向の木部細胞には紡錘形始原細胞から分化した仮道管と軸方向柔細胞があり、水平方向の木部細胞には放射組織始原細胞から分化した放射仮道管、放射柔細胞などがある。仮道管は針葉樹において樹体の支持と水分通道を担う。また、材の体積の約90%以上を占めることから、その構造や配列が針葉樹材の力学的特性や物性に大きな影響を及ぼす(2.3.1(1)参照)。軸方向柔

** 本書において、全ての細胞の起源となる細胞を表す用語を、形成層始原細胞(cambial initial、紡錘形と放射組織の2タイプ)としているが、形成層にあって分裂する細胞には始原細胞とそれに派生する母細胞も含まれるため、形成層帯を形成する分裂能力を要する形成層の細胞群という意味で、形成層細胞(cambial cells)をもちい、区別している。特に、形成(3章)と組織構造(4章)では表記が異なるのでご留意願いたい。

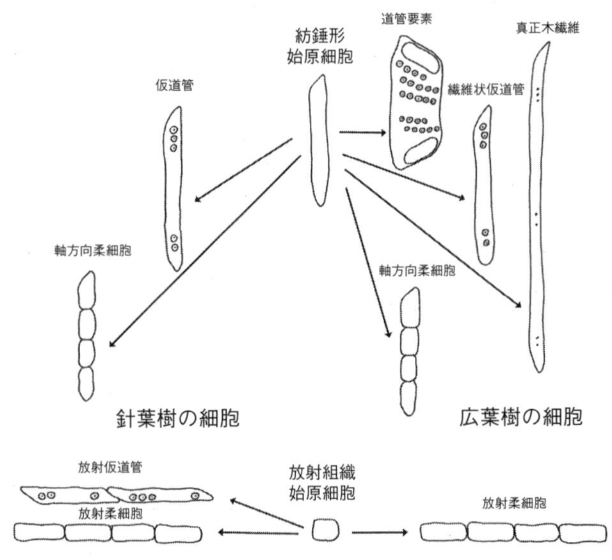

図 2-4　形成層の細胞とそれに由来する木部細胞（福島ら 2011：46 を改変）

組織には樹脂細胞、異形細胞などがある。樹脂細胞の有無は樹種（群）に特徴的な指標であることから、樹種識別において重要な手がかりになる。放射仮道管と放射柔細胞はいずれも放射組織始原細胞から分化した組織であるが、後者は分化後も原形質を保持し、辺材部では生細胞として存在している。放射柔細胞と仮道管が接する矩形の領域を分野（cross field）とよび、分野に存在する壁孔（分野壁孔）は樹種ごとに特徴的な形状を示す。

広葉樹では、同様に軸方向の木部細胞として道管要素、繊維状仮道管、真正木繊維、軸方向柔細胞があり、水平方向の木部細胞として放射柔細胞がある。道管要素は広葉樹において水分通道を担う道管を構成する重要な組織である。針葉樹と異なり広葉樹の放射柔細胞は形状、大きさ、集合状態などが極めて多様である。これらは樹種識別において利用されるほか、材面で特徴的な木目（杢）を呈することから、木材に工芸的な価値を付与している（2.3.1（4）参照）。

(4)　細胞壁構造

木材は細胞壁で囲まれた中空のパイプ構造をもつ木部細胞の集合体である。個々の木材の比重は細胞壁と細胞内こう及び細胞間の空隙の比率で決定される。**図2-5**に針葉樹仮道管の壁層構造を示す。細胞壁は一次壁（primary wall）と二次壁（secondary wall）で構成されているが、それぞれの厚さは前者が0.1～0.2 μm、後者が1～6 μmと大きく異なる。すなわち、二次壁が木材の細胞壁に占める割合は極めて大きい。したがって、二次壁の特性は比重等への影響を通して木材の物理的諸性質の変動に大きく寄与する。

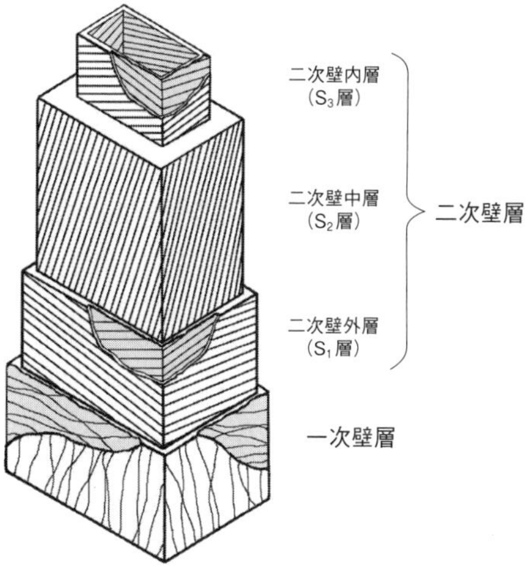

図2-5　針葉樹仮道管の壁層構造
（福島ら 2011：88を改変）

細胞壁はセルロース（cellulose）、ヘミセルロース（hemicellulose）、リグニン（lignin）と少量のペクチンで構成される。二次壁はセルロースミクロフィブリルの配向の違いから、細胞の外側から二次壁外層（S_1層）、二次壁中層（S_2層）、二次壁内層（S_3層）に別れている。S_1及びS_3層ではセルロースミクロフィブリルが細胞の長軸方向に対してほぼ直角に巻きつき、一方、S_2層では5～20°傾斜してらせん状に配向している。このように、二次壁はセルロースミクロフィブリルがらせん状に幾層にも堆積したヘリカルワインディング構造となっており、この構造が木材の基本的な物性を決定している（2.2.2(4)参照）。さらに細胞壁はヘミセルロースを介してリグニンが充填されている。リグニンはいわば接着剤のような成分で、細胞壁を強固に固めている（3.3参照）。

2.3　木材利用の視点

2.3.1　木材性質の変動

(1)　未成熟材と成熟材

紡錘形始原細胞の長さは樹種によって異なるが、針葉樹においては1～5 mmの範囲、広葉樹では0.17～0.94 mmの範囲である（Larson 1994）。紡錘形始原細胞の長さは形成層齢の増加に伴って増加し、形成層齢が15～20年でほぼ一定になる。形成層齢が若い時期に形成された髄に近い部分の木部を未成熟材(juvenile wood)とよび、形成層細胞の長さが一定になった以降に形成された木部を成熟材(mature wood)とよんで区別している(**図2-2**参照)。針葉樹では紡錘形形成層細胞の長さが増加する期間と未成熟材が形成される期間が一致することから、未成熟材と成熟材の区分に仮道管長を用いる。広葉樹では形成層が成熟する時期を定義することが難しいことから、便宜的に木部繊維の長さで両者を区分する。なお、同じ年に形成された木部であっても、樹幹の上部と下部で形成層齢が異なることから、樹幹下部が成熟材でも上部は常に未成熟材であることに注意する必要である。

未成熟材と成熟材は、それぞれの材質が異なることから、木材利用においては重要な指標となる。未成熟材では細胞長や細胞径、繊維傾斜度、S_2層の平均ミクロフィブリル傾角といった木材性質の変動性が大きい。一方、成熟材ではこれらの木材性質が安定している。未成熟材を利用する際は、力学的性質や物理的性質、乾燥による寸法安定性などが成熟材に比べて劣ることに留意すべきである。

(2)　年輪幅

樹木の成長速度は樹種にとって異なる。アカマツやカラマツ、キリやシラカンバなどは成長の早い樹種であり、ヒバやエゴノキなどは成長の遅い樹種といえる。また、同一樹種であっても生育環境や系統や個体といった遺伝的差異によって成長が異なる。これらの影響を受けた結果として現れる年輪幅の広狭は木材の利用において問題になることがある。**図2-6**に天然林由来のスギ材と人工林由来のスギ材の木口面写真を示す。

針葉樹材では、ある年輪幅以上は晩材幅がほぼ一定であることが多く、年輪幅が広くなると相対的に晩材率が小さくなることから、密度が小さく、力学的性質が低下する傾向が認められる。しかしながら、劣悪な生育環境で生育することで年輪幅が極端に狭くなった木材は、細胞壁の肥厚が不十分なことが多く、密度も小さく、力学的性質も低下することがあるので注意が必要である。銘木産業では年輪幅の広狭ではなく、年輪幅の均一性が重要視されることがある。天然秋田杉のまさ目板では整然と並んだ年輪が、板目板では早材と晩材の絶妙なコントラストが、それぞれ材としての工芸的価値を高める一因となる。

広葉樹材における年輪幅の広狭の力学的性質への影響は、年輪内の道管の配列によって異なる。年輪に内層部に大径の道管が存在する環孔材では、年輪幅の狭くなると年輪内で道管が占める割合が高くなり脆くなる。このような材はぬか目とよばれる(口絵viii頁)。一方、年輪内において、道管が散在し、その直径の変化が小さい散孔材では、年輪幅の極端に狭い場合を除いて力学的性質に影響を与えない。

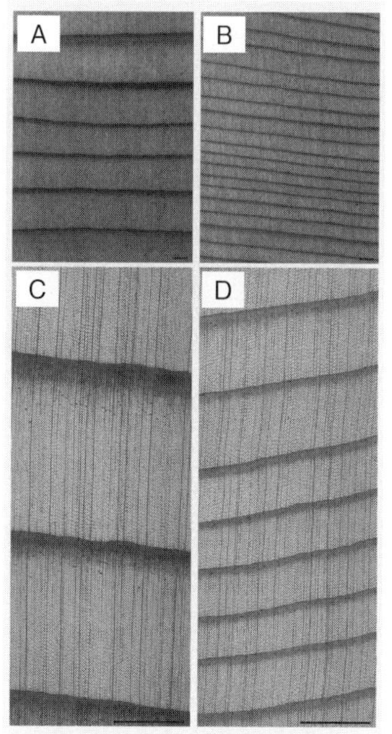

図2-6　スギの木口面写真
(写真提供：工藤佳世氏)
A、C：人工林材、
B、D：天然林材

(3)　材色

木材利用の観点から、材色は装飾的価値を高めたり或いは損なったりすることから重要な指標となる。マホガニーやウォルナットは、元々、樹種(樹種群)を表す言葉であるが、これらの木材の利用上の価値が高いことから、今では材色そのものを示す言葉としても用いられている。木材の天然の材色を利用する際には、それぞれの樹種で特徴的な心材色を好んで利用する場合と、辺材も含めた白色系の材を用いる場合とがある。

樹種に特徴的な心材色を好んで利用する場合、それらが有する耐腐性や光沢等の木材性質を考慮して用いられることが多い。建築用材の土台には耐朽性の高いヒノキやヒバの着色心材が好んで用いられる。また、象牙の代替材料としてツゲが用いられたり、彫刻用材としてサクラやイチイが用いられるのは、その材色とともに独特の光沢や心・辺材のコントラストが好まれることによる。一方、白色系の木材利用としては、ヒノキの白木作りによる神社建築や葬祭用具が代表的な例である。また、箸や爪楊枝などの食事に際に利用される木材には、清潔感が好まれて白色系の木材が用いられることが多い。

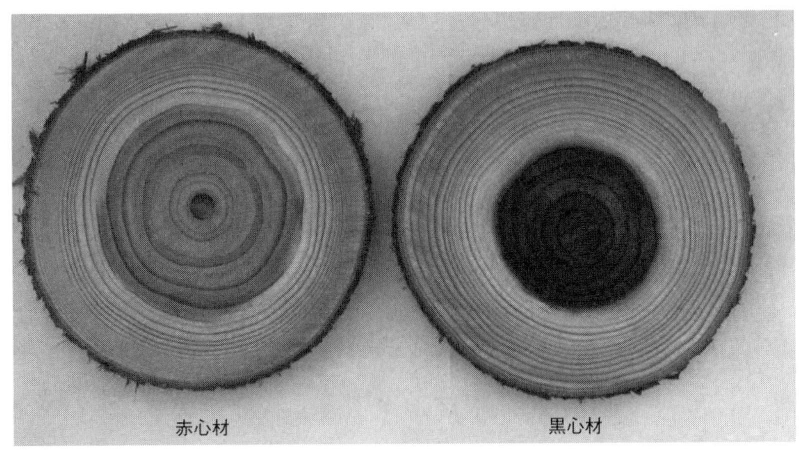

図 2-7　スギの心材色（写真提供：平川泰彦氏）

材色は樹種内の変異も大きい。**図 2-7** にスギの心材を示す。一般的なスギの心材色は淡桃色から赤褐色を呈するが、黒色系を呈する個体（個体群）があり、前者を赤心、後者を黒心と区別する。黒心材は一般に含水率が高く、木材利用上、乾燥性に劣ることが指摘されている。黒心の発生要因は、個体や系統の違いといった遺伝的要因の他、土壌等の生育環境要因、傷害や暗色枝枯病などの後天的な病虫害等が指摘されており、これを避ける為には種苗の系統管理、植栽環境、植栽後の施業に注意が必要である。

(4)　木理と木目

仮道管や木部繊維などの軸方向の木部細胞の配向は、樹幹軸の方向に対して一定の方向性があり、その配列状態を木理（grain）という。細胞の配列が軸方向と平行な場合は通直木理といい、平行でない場合は交走木理という。交走木理の種類を以下に示す。

らせん木理：軸方向に対してある角度でらせん状に配列する場合で、多くの樹種で認められる。

交錯木理：熱帯産の樹木で多く認められ、軸方向に対しらせん状の配列（らせん木理）が周期的に反転して木理が交錯する。

波状木理：カエデやカバノキなどで認められ、軸方向の要素が波状に配列され、放射断面に凹凸が現れる。

斜走木理：製材品において、材の長軸方向に対して軸方向要素や年輪の配列が平行でない状態で、材縁部において材の欠点とされる目切れが現れる。

早晩材の配列や道管、放射組織、柔細胞の分布といった年輪を構成する細胞の特徴によって材面に現れる模様を木目(figure)という。木目は樹種や切削方向によって異なり、髄を通る放射断面のまさ目、接線断面の板目、工芸的な要素をもつもく(杢)目などがある。

針葉樹の場合、早晩材の配列や晩材幅の違いによってまさ目板や板目板で様々なコントラストが出現する。銘木産業ではその特徴が材の価値を決定することから、原木の段階から年輪の配列等に注意が払われる。広葉樹の場合、特徴的な木理や細胞の特異な配列によって材面に工芸的な価値を持った模様が現れる。これを特にもく(杢)とよび、その模様によって様々な名前がつけられている。

リボンもく：マホガニーやラワン類などの熱帯樹種に多く見られる交錯木理によって放射断面に現れる凹凸の模様。

波状もく：カエデなどの樹種で見られる波状木理によって放射断面に現れる凹凸の模様。バイオリンの背板で見られるものを特に虎目もくと呼ぶことがある。

鳥眼もく：カエデなどの接線断面に現れる鳥の眼の形をした輪状の模様。模様の形や大きさによって、トチノキなどの泡もく、ケヤキなどの玉もくなどがある。

銀もく：ブナやナラ類で見られる広放射組織によって放射断面に現れる帯状の模様。ミズナラでは特にとらふ(虎斑)と呼ばれる。

2.3.2　異常木材

(1)　あて材

あて材(reaction wood)とは、「幹や枝を元来の正しい位置に保持しようとするために、その正しい位置が乱された場合に、傾斜あるいは湾曲した部分にできる多少ともに特異な解剖学的性質を示す木部」と定義される(島地 1983)。あて材には圧縮あて材(compression wood)と引張あて材(tension wood)があるが、いずれも正常材と比較してその材質が異なることから木材利用上の注意が必要である(**表2-2**)。一般にあて材を形成する側の形成層活動は活発になり、その結果、年輪幅は反対側のそれよりも相対的に広くなり、偏心成長を示す。

圧縮あて材は全ての針葉樹種及びクチナシやツゲなどの限られた広葉樹種において形成される。圧縮あて材では形成する部位において圧縮の応力が発生し、他の部分より伸びようとする。圧縮あて材は、放射方向や接線方向の収縮率が小さいのに対して、軸方向の収縮率が正常材と比較して大きいため、材の反り、狂い、割れの原因になる。また、比重や縦圧縮強度は大きいが、引張強度は著しく低下する。また、針葉樹の圧縮あて材では仮道管の横断面の形状が丸みを帯び、細胞間隙が多くなる。さらに、仮道管の特徴として、長さが正常材に比べて10～40％短くなること、二次壁内層(S_3層)を欠くこと、二次壁中層(S_2層)ミクロフィブリル傾角が正常材に比べて著しく大きくなることがあげられる。二次壁中層(S_2層)ミクロフィブリル傾角が大きいことは圧縮あて材において軸方向の収縮率が大きくなる原因と考えられている。また、化学的な特徴として、セルロース量が減少し、リグニン量が増加する。

ほとんどの広葉樹では引張あて材を形成する。引張あて材ではその形成部位において引張の応力が発生し、縮もうとする。引張あて材は切削部位に特有の毛羽立ちがあり、乾燥材では絹糸状の光沢が認められることがある。収縮率については軸方向の収縮率が正常材に比べて小さく、強度的性質では乾燥状態で正常材より引張強度が高いが、生材では正常材より小さいという特徴を有している。典型的な引張あて材の解剖学的特徴は、二次壁にG層(ゼラチン層)を持つG繊維が形成されることである。G層はリグニンをほとんど含まない細胞壁層で、その成分はセルロースとヘミセルロースである。化学的な特徴として、セルロース量が増加し、リグニン量が減少する。

(2)　枝と節

樹木は若齢期では樹冠全体に生きている枝がついているが、成長するに伴って陽光不足等が原因で次第に樹冠の下部から枯れ上がる。生きていた枝の基部と枯れた枝は、その後、樹幹内部に巻き込まれて節(knot)となる。

枝が生きている間は幹と枝の形成層は連続しており組織的な連続性があるが、枝が枯れるとその連続性はなくなる。その結果、樹幹内の節には木部と組織的

表 2-2 圧縮あて材と引張あて材の特徴(福島ら 2011 を改変)

	圧縮あて材	引張あて材
巨視的特徴 及び 物理的性質	・傾斜下側に偏心成長する。 ・光沢は無い。 ・正常材より色が濃い。 ・長軸方向に6～7%収縮する。 ・正常材より脆く、衝撃強度、引張強度に劣る	・斜面上側に偏心成長する。 ・生材の鋸断面が毛羽立つ。 ・乾燥後、多くの樹種で絹糸状の光沢が認められる ・長軸方向には1%強しか収縮しない。 ・引張強度は、正常材に比べて乾燥状態では非常に高く、生材では弱い
解剖学的特徴	・仮道管の横断面形状が丸くなる。 ・細胞間隙がある、或いは広い。 ・晩材への移行が正常材より緩やか。	・G 繊維があるが、いくつかの樹種には存在しない。 ・道管の径が小さくなり、数も少なくなる
微細構造	・仮道管の長さが10～40%短い。 ・細胞内腔側に開口するらせん状裂目が見られる。	・G 繊維は通常の繊維より細長く、壁孔が少ない ・G 繊維には G 層があるが、明確な層として判別できない場合もある。 ・繊維壁に剥離や脱離が認められる。 ・G 繊維中の二次壁での G 層の形態には、3つの対応がある。 $S_1+S_2+S_3+G$ S_1+S_2+G S_1+G
極微構造	・S_3 層を欠く。 ・S_2 層のミクロフィブリル配向は45°に近い ・S_1 層は正常材より厚いことがある。	・S_1 層は正常材より薄いことがある。 ・G 層のミクロフィブリル配向は細胞長軸にほぼ平行で、配向性が高い。
化学組成	・S_1～S_2 層間に正常材では見られないリグニンの蓄積がある。 ・セルロース含量が通常より低い。 ・リグニン含量が通常より高い。 ・リグニンの構成単位に4-ヒドロキシフェニルプロパン構造が多い。 ・ガラクタンに富み、ガラクトグルコマンナンが少ない	・G 層の木化度は様々で、木化していないか、わずかに木化している。 ・セルロース含量が通常より高い。 ・リグニン含量が通常より低い。 ・ガラクタンに富み、キシランが少ない。 ・正常材よりキシログルカンが多い。

な連続性をもつ生節と連続性のない死節の2種類が存在しており、これらはいずれも木材利用上の欠点となる。特に死節は幹との組織的な連続性がないため、製材時に抜け落ちたり、径の大きい死節や節を斜めに切削してできる流れ節が製材品において断面の欠損になることから、木材の強度上、重大な欠点となる。

枯れて落枝した部位から腐朽菌が侵入し、それが原因となって樹幹内部の腐朽や変色が発生、拡大することがある。例えば、スギの黒心の原因にもなる暗色枝枯病はヒノキやカラマツにも発生する樹病であり、枝の付け根部分を中心に紡錘形の胴枯病斑を形成し、その後、枝枯症状や樹幹の陥没、材の変色を引き起こす。

(3) 木材利用上の問題となる立木での異常

立木状態の樹幹内部では、成長の過程で生来的に生じる内部応力(成長応力)や自重、生育する場所での風や低温などの外的ストレスが原因となって様々な破壊が生じることがある。これらは製材原木としての価値を大きく損なう可能性があることから注意が必要である。

樹木は肥大成長に伴って樹幹木部にひずみを生じ、それに相応する応力が発生する。この応力が年々累積されて、樹幹の内部に生じる応力を成長応力(growth stress)という。ユーカリやニセアカシアなどを伐採すると、髄から放射状に裂ける心割れという現象が起こることがあるが、これは成長応力と関連している。また、主に熱帯の大木の樹心部の木材組織が圧縮の成長応力によって圧縮破壊された部位を脆心材とよぶ。脆心材の強度的性質は正常材のそれに比べて著しく劣る。

凍裂は、冬季に氷点下の温度が続くような寒冷地において、著しい低温により樹幹内部の水分が凍結して樹幹表面に裂け目ができる現象である。冬季に発生した凍裂は春には閉塞し、その後の成長期に形成される木材組織に巻き込まれる。しかし、凍裂が発生した部位では、その後も冬の凍裂と成長期の巻き込みを繰り返すことがあり、その場合、樹幹表面に樹軸方向の長い亀裂が発達する。凍裂が発生すると、発生部位が製材時に利用できない、立木での腐朽が進行する等、木材利用上の大きな欠点となる。凍裂は心材に多量の水分を集積する樹種で発生することが知られており、高含水率心材をもつスギ、水喰い材をもつトドマツ、多湿心材をもつヤチダモ、ハルニレ、ポプラなどがある。

もめは樹幹内部に見られる圧縮破壊痕で、強風や着雪などに起因する樹幹の過度のたわみが原因と考えられ、当該部位の樹幹樹皮部分に水平方向の線状痕を確認できる場合もある。

●参考図書

原　正利 (2019):『どんぐりの生物学』. 京都大学学術出版会.

佐伯　浩 (1993):『この木なんの木』. 海青社.

3章　木部の形成

3.1　維管束の発達と樹幹の構築

樹木は、伸長成長と肥大成長により樹幹の大きさを増加させる。伸長成長は、シュートの頂端分裂組織で活発な細胞分裂が行われ、シュート頂が上方に押し上げられることにより行われる(**図3-1**)。広葉樹の頂端分裂組織には、1～数層の外皮という細胞層が認められ、植物体の表面に対して垂直な方向に分裂面を作る垂層分裂のみを繰り返す。一方、外皮の内方には色々な方向に分裂面を作る内体という細胞層が認められる。しかしながら、針葉樹などでは、外皮においても植物体の表面に対して平行な分裂面を作る並層分裂が認められ、外皮と内体の区分は不明瞭である。シュート頂の少し下方の部分には、頂端分裂組織が分裂して増殖した細胞から分化した前表皮、基本分裂組織、前形成層、が認められる。これらの細胞群は次第に分裂能力を失い、前表皮は表皮に分化し、基本分裂組織は基本組織である髄または皮層に分化する。前形成層は、樹木の縦方向に細長い細胞の束であり、維管束に分化する。個々の維管束は樹幹の横断面において内側と外側に区別され、樹幹の中心に近い組織が一次木部、外側の組織が一次師部とよばれ、頂端分裂組織に起源をもつ組織が一次組織である。樹木において、すべての

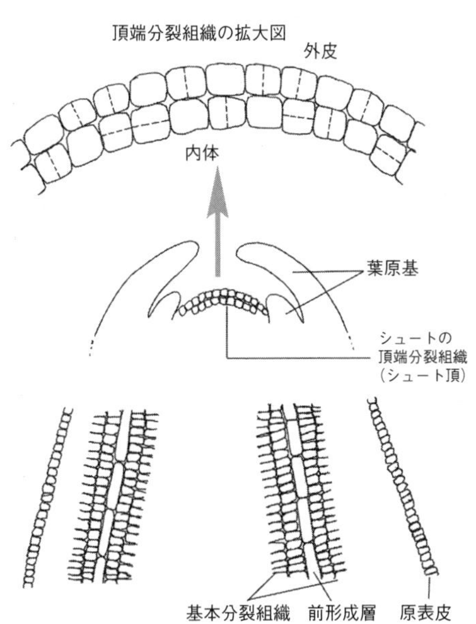

図3-1　頂端分裂組織と一次組織の模式図(船田 2021)
外皮と内体における破線は分裂面

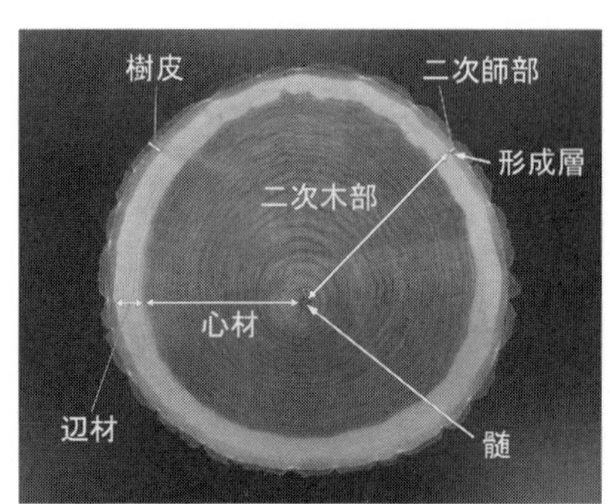

図 3-2　オニグルミ樹幹の横断面
（船田・半 2021）

前形成層が維管束に分化するわけではなく、一次木部と一次師部の境界には分裂能力を維持した細胞が若干残され、束内形成層となる。束内形成層は並層分裂（接線面分裂）を行い、一次木部と一次師部を形成する。さらに、隣接する束内形成層をつなぐ束間形成層とよばれる分裂組織の層が基本組織中にできる。束内形成層と束間形成層が完全に連続すると、髄および一次木部を環状に包囲する維管束形成層とよばれる二次分裂組織（単に形成層とよばれることが多い）が完成する。形成層が形成する木部と師部を二次木部と二次師部とよび、形成層に起源をもつ組織が二次組織である（**図 3-2**）。

一次木部の形成初期段階の髄に近い部分に位置する木部は、原生木部とよばれる。原生木部を構成する道管要素や仮道管などの管状要素においては、薄い一次壁の内側に厚い二次壁が部分的に堆積し、二次壁が環状に肥厚した部分としない部分が繰り返される環紋肥厚型管状要素と二次壁が部分的にらせん状に肥厚するらせん紋肥厚型管状要素が出現する。原生木部が形成される段階では、シュートは伸長中であるため、管状要素の二次壁が肥厚していなく、一次壁だけの強度的に弱い部分はシュートの伸長成長にともなってスプリングのように引き伸ばされる。一方、一次木部形成の後期段階の木部は、後生木部とよばれる。後生木部には、二次壁が部分的にはしご状に肥厚する階紋肥厚型、階紋肥厚型よりも不規則に二次壁が肥厚する網紋肥厚型、壁孔を形成し壁孔以外の部分は二次壁が肥厚する孔紋肥厚型の管状要素が形成される。後生木部が形成される段階では、シュートの伸長成長がほぼ停止しているため、原生木部のように引き伸ばされることはほとんどない。

形成層は、並層分裂により内側に二次木部細胞を生産しながら形成層自体は外側に押し出され、外側には二次師部細胞を生産する（**図 3-3**）。形成層が分裂することにより、樹幹が横方向に太る成長が肥大成長である。樹木の特徴は、発達した形成層により、時には1000年を超える長期間にわたり肥大成長を続

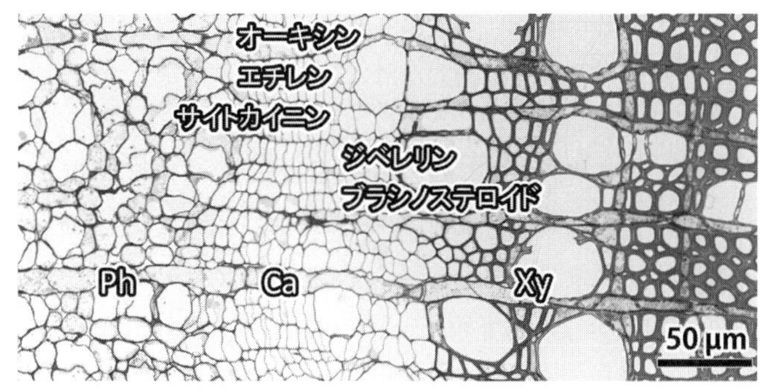

図3-3　交雑ヤマナラシにおける分裂中の形成層細胞および分化中二次師部・二次木部と植物ホルモンの局在(船田 2016)
オーキシン、ジベレリン、サイトカイニンの内生レベルの局在は、Uggla, C. *et al.*(1996)、Israelsson, M. *et al.*(2005)、Immanen, J. *et al.*(2016)を基に作成し、エチレンとブラシノステロイドは想定図である。Ph：二次師部、Ca：形成層細胞、Xy：二次木部
(写真提供: Shahanara Begum氏)

けることである。その結果、巨大な樹幹が構築される。一般に、二次木部の量は二次師部に比べ著しく多いため、二次木部が樹幹の大部分を占め、二次木部が蓄積した部分を木材として利用できる。また形成層は、垂層分裂(放射面分裂、偽横分裂、ラテラルディビジョン)を行い形成層細胞の数を増加させ、形成層自体の円周が拡大する。放射面分裂を行うのは、カキノキなど層階状構造の形成層をもつ進化の程度の高い広葉樹のみであり、その他の広葉樹や針葉樹では偽横分裂を行う。放射面分裂を行う場合は、放射面に沿って縦に真二つに分裂するため、分裂後に新生した2つの形成層細胞は分裂前と同じ長さのままで平行して並ぶ。一方、偽横分裂を行う場合は、紡錘形形成層細胞を接線面からみた場合、斜めに分裂面をつくる。また、一部の針葉樹では、頻度は少ないがラテラルディビジョンにより垂層分裂を行う。

樹幹の接線方向に並んだ形成層細胞は、並層分裂により2個の細胞に分割される。理論的には、2個の細胞のうち1個の細胞は形成層始原細胞として残り、もう片方の細胞が内側の細胞の場合は木部母細胞となり、外側の細胞の場合は師部母細胞となる。しかしながら、形成層始原細胞と同様な分裂能力をもつ木部または師部母細胞を、形態や細胞学的な違いで始原細胞と区別することはできない。したがって、形成層始原細胞、木部母細胞、師部母細胞の層を一括して形成層帯とよぶことが多い。形成層という用語が形成層始原細胞のみを指すのか、それとも形成層帯の分裂能力がほぼ等しい複数の細胞全体を指すのかは、依然議論が分かれている。

温帯や冷温帯など気温や日長時間の季節的な違いが明確な地域に生育する樹木の形成層の分裂活動には、分裂期と休眠期を繰り返す周期性が認められ、成長輪が形成される。温帯や冷温帯では、その周期が1年であるため、年輪が形成される。しかしながら、気象条件の急激な変化などにより、1年間に2つ以上の成長輪が形成される場合も認められ、偽年輪とよばれる。

日本では、晩冬から初春にかけて樹幹の形成層細胞の分裂活動が始まり、活発な分裂活動が行われ、多くの二次木部細胞が生産される。その後、分裂活動は夏から初秋にかけて低下し、最終的には細胞分裂が停止して休眠期を迎える。休眠した形成層細胞は、翌年の晩冬から初春にかけて再び分裂活動を開始（形成層活動の再開）する。形成層帯の細胞数は、季節や樹木の生育状態で異なり、休眠期には半径方向に2から5層であり、分裂活動が活発な時期には10層以上にもなる。また、形成層細胞の分裂速度にも季節的な違いが認められ、初春から初夏にかけてピークを迎え、その後徐々に低下する。一方、劣勢木においては、分裂活動が活発な時期における形成層帯の細胞数が、優勢木に比べ少ない。さらに劣勢木の形成層細胞の分裂停止は、優勢木に比べ早い時期に起こるため、二次木部細胞の生産速度が低く生産期間が短い。その結果、樹冠量が少ない劣勢木の肥大成長量が減少する。枝打ちや間伐などの施業は、樹冠の活性の制御を通して、形成層細胞の分裂期間や分裂速度を制御し、肥大成長量を変化させることができる。

形成層細胞は分裂能力を失うと、二次木部または二次師部細胞に分化する。形成層細胞は、自らとは異なる形態や機能をもつ細胞に分化する能力をもち、また細胞分裂を行っても同様の分化能力を維持することができる細胞であり、幹細胞（stem cell）の性質をもつといえる。形成層には、紡錘形形成層細胞と放射組織形成層細胞という形態の異なった2種類の細胞が存在する。紡錘形始原細胞は、樹幹の軸方向に細長く両端がとがった紡錘形の細胞で、横断面では半径方向に扁平しており、半径方向の径は10 μm以下である。紡錘形形成層細胞の平均の長さは樹種により異なるが、針葉樹においては1 mmから5 mmの範囲で、広葉樹では0.17 mmから0.94 mmの範囲である。紡錘形形成層細胞の長さは形成層齢の増加に伴い増加し、形成層齢が15年から20年に達するとほぼ一定になり始める。形成層齢が若い時期に形成された髄に近い二次木部を未成熟材とよび、紡錘形形成層細胞の長さがほぼ一定になった後に形成された二次木部を成熟材とよぶ。未成熟材は成熟材に比べ、細胞の長さが短く、平均ミクロフィブリル傾角が大きいなどの特徴がある。紡錘形形成層細胞は、仮道管、道管要素、木部繊維、師細胞、師管など軸方向の細胞に分化する。一方、放射組織始原細胞は樹幹の水平方向に若干長いか、ほとんど等直径の細胞であり、木部放射柔細胞、木部放射仮道管、師部放射柔細胞など水平方向の細胞に分化する。形成層細胞の細胞壁(薄い一次壁)は、セルロース、ヘミセルロース、ペクチンなどで構成され、リグニンは存在しない。形成層細胞の放射壁と接線壁では、細胞壁の構造や成分が異なる。また、細胞分裂が始まる際には細胞壁の部分的な自己分解や細胞壁に結合したカルシウムイオンの局在の変化が起こり、細胞分裂や拡大が容易になる。

仮道管や道管要素などに分化した二次木部細胞は、細胞の伸長や拡大(一次壁の面積成長)、厚く多層構造をもつ二次壁の肥厚、壁孔やせん孔などの修飾構造の形成、リグニンの沈着等の分化過程を経ると直ちに核や液胞など細胞小器官の分解と消失が起こり、死細胞となる。分化が終了し死細胞となった仮道管や道管要素は、根から樹木先端の葉までの水分通道や樹幹の力学的な支持などの機能を担う。一方、木部放射柔細胞に分化した細胞は、成熟が完了しても細胞小器官を数年以上保持し、生細胞として養分の貯蔵・供給や心材物質の生成などの機能を担う。

3.2　形成層活動の季節的変化の制御機構

形成層活動は、植物ホルモンなどの成長調整物質により内的に制御される。樹木の生育環境の変化が植物ホルモンの量的・質的な変化を引き起こし、形成層活動を制御すると考えられる。また、形成層の植物ホルモンに対する反応性も季節的に変化し、形成層活動に影響を及ぼす。植物ホルモンは、植物体内に極微量に存在し、植物体内を移動する。植物ホルモンとしては、オーキシン、ジベレリン、サイトカイニン、アブシシン酸、エチレン、ブラシノステロイド、ジャスモン酸などが知られており、さまざまな特異的な生理作用をもつ。また、植物ホルモンは単独ではなく、複数の植物ホルモンが相互作用して形成層活動を制御している可能性が高い。形成層領域(形成層帯と形成層帯に隣接した分化中木部と師部細胞)における植物ホルモンは、それぞれ異なる量的な局在を示す(**図3-3**)。植物ホルモンのなかでも、成長を促進する働きのあるオーキシンが、形成層活動の制御に重要な役割を担っている。主要なオーキシンであるインドール酢酸(indole-3-acetic acid；以下IAAと略する)は、シュートなどで主に生成され、樹幹の形成層細胞を通って求底的に極性移動する。IAAの極性移動には、PINなどオーキシンの排出を行う膜タンパク質の局在が関与している。したがって、樹木の生育条件が悪く樹冠量が減ると、IAAの生成量は減少し、形成層領域に含まれるIAAレベルは低下する。初春、形成層活動が始まる前に、IAAの生成場所であるシュート頂を取り除くと形成層活動は阻害されるが、シュート頂の代わりにIAAを供与すると形成層活動は維持される。一方、N-1-ナフチルフタラミン酸(NPA)などIAAの極性移動阻害剤を樹幹に供与すると、供与部より下側では内生IAAレベルが低下し、形成層活動が阻害される。したがって、IAAの連続的な供給は、形成層活動の維持にとり不可欠といえる。

形成層領域に含まれる内生IAAレベルは、明らかな季節的変化を示す。IAAレベルは、春から初夏にかけて増加しピークを迎え、秋にかけて急激に減少し春とほぼ同じレベルとなる。冬期においても内生IAAは低レベルながら形成層領域に存在し、量的な変化はほとんど示さない。内生IAAレベルが急激に増加する時期と形成層細胞の分裂が活発になる時期がよく一致することから、IAAが形成層細胞の分裂速度を制御する主要因であると考えられる。内生IAAレベルは形成層帯でピークを示し、師部と木部に向けて急激に減少するという、半径方向への勾配を示す。ある一定量以上のIAAを受け取った形成層細胞が、分裂能力を維持すると考えられる。したがって、樹冠で生成される総IAA量が増加するに伴い形成層帯における内生IAAレベルが高い領域が半径方向に広がり、分裂能力をもつ形成層細胞数は増加し、二次木部細胞の生産活動が活発になると考えられる。

形成層細胞の分裂能力を維持するためにはIAAの連続的な供給が必要であることから、内生IAAレベルの変化が形成層活動の開始時期や停止時期を制御している可能性が考えられる。例えば、枝打ちなどで樹冠量が減少し、IAAの供給が早期に抑制されると、形成層活動は早期に停止する。しかしながら、樹冠が十分に存在する場合は、形成層活動の停止が起こる秋においても、形成層領域に含まれる内生IAAレベルは比較的高い。また、形成層活動の停止時期にIAAを樹幹に外から供与しても、停止を妨げることはできない。したがって、樹冠から形成層に充分にIAAが供給されていても、ある時期になると形成層活動は必然的に停止することを示しており、内生IAAレベル以外の要因が形成層活動の停止、すなわち休眠誘導を制御していると考えられる。

形成層細胞の休眠には、自発休眠と他発休眠の二つのステージがある。分裂活動停止直後の形成層は、樹木を生育に適した環境下におきIAAを外から供与しても細胞分裂が誘導されないことから、自発休眠中である。自発休眠は、形成層の耐寒性を高める上で重要である。自発休眠中では、形成層のIAAに対する反応性が著しく低下していると考えられる。形成層のIAAへの反応性の変化は、気温や日長時間など気象要因の変化により誘導され、特定の遺伝子の発現で制御されている。一方、休眠中の樹木をある一定期間の低温環境下におくと、形成層はIAAへの反応性を回復する。しかしながら、この時期の形成層は、気温が低いなど生育環境が形成層活動に適していないため分裂活動を休止しており、他発休眠中である。他発休眠中の形成層は、やがて晩冬から初春になると分裂活動を再開する。形成層活動の再開時期と形成層領域の内生IAAレベルの変化との間に明確な関連性は認められない。したがって、IAAの連続的な供給は形成層細胞の分裂再開には不可欠であるが、春における他発休眠から形成層再活動への誘導は内生IAAレベルの増加によるものではなく、樹木の生育環境など他の要因に制御されているといえる。

形成層が他発休眠中である冬期に、トドマツ、スギ、サワラなどの常緑針葉樹の樹幹に対して22℃から25℃の局部的な加温処理を行うと、数日から10日後に形成層細胞は加温した樹幹のみ局部的に分裂を開始する。また、落葉針葉樹であるカラマツや落葉広葉樹である交雑ポプラやコナラの樹幹に同様な加温処理を行うと、カラマツでは2週間、交雑ポプラやコナラでは4から6週間と常緑針葉樹に比べて長い加温期間が必要だが、形成層細胞の分裂が誘導される。したがって、加温処理に対する感受性は常緑針葉樹と落葉樹では異なるが、樹幹温度の上昇が形成層活動の再開の直接的な引き金になっているといえる。

晩冬から初春にかけての気温が高いと、形成層細胞の分裂開始が早く起こる。東京では、晩冬から初春の気温が高かった2007年では、同一の交雑ポプラの形成層活動の再開が2005年や2008年よりも早く起こった。さらに、晩冬から初春にかけての形成層細胞の分裂開始には、ある閾値以上の日最高気温が一定期間以上累積することが必要であることが示されている。閾値には樹種特性があり、交雑ポプラでは15℃以上の日最高気温が、スギでは10℃から11℃以上の日最高気温が、サワラでは13℃以上の日最高気温が一定期間以上続くと形成層活動が再開する。閾値の違いが、形成層活動の再開時期の樹種による違いを生じさせている。したがって、同一環境下では、スギの方が交雑ポプラより形成層活動の再開が早い時期に起こり、各樹種の生存戦略に関係していると考えられる。

最高気温と閾値との差を加算した値は、形成層活動の再開時期と密接な関連性が認められ、気象データから形成層活動の再開時期を予想する上で有効な指標(Cambial reactivation index；CRI)である。東京に生育する交雑ポプラでは、日最高気温と15℃との差を積算した値(CRI)が約90℃になると、形成層活動が再開し、さらに形成層細胞が二次木部か二次師部細胞に分化する。一方スギでは、日最高気温と10℃との差を積算した値(CRI)が約90℃になると形成層活動が再開し、サワラにおいては、13℃を閾値にして計算するとCRIが65℃になると形成層細胞が分裂を再開する。地球温暖化が進行し、晩冬や早春の気温がこれまでよりも上昇した場合、形成層の再開時期が早くなる可能性が高い。形成層活動の再開時期が早くなることにより肥大成長を行う期間は長くなり、より多くの木材が形成されることが予想される。一方、形成層活動が再開し耐寒(凍)性が低下した後の急激な気温低下により、形成層が低温傷害を受ける可能性も充分考えられる。

気温や日長時間が季節的に変動しない熱帯に生育する樹木においては、形成層活動に明確な周期性をもたない場合が多く認められ、成長輪が不明瞭である。また、周期性が認められても1年周期ではなく、降水量の違いによる乾季と雨季に対応する場合が多い。インドネシアのジャワ島に生育する樹木において、雨季では形成層細胞の分裂活動が活発に行われ、乾季では分裂活動は停止する。一方、本来乾季である時期においても降水量が十分にある場合は形成層活動を持続する。したがって熱帯では、温帯や冷温帯とは異なり、降水量のパターンの違いが形成層活動の変化を制御している。

開芽や開葉などが認められない冬季においても、交雑ポプラの樹幹に加温処理を行うと形成層活動が人為的に誘導される。樹幹の形成層活動の再開には、開芽や開葉に伴う何らかのシグナルは必要ではないといえる。さらに、形成層細胞の分裂の分裂には、エネルギーや細胞壁成分の生成のためのショ糖を必要とするが、交雑ポプラのような落葉樹の場合、冬季においては光合成同化産物の生産と樹幹への供給を行うことができない。しかしながら、形成層再活動に伴い形成層に近い二次師部に含まれる貯蔵デンプン量が減少することから、樹幹温度の上昇に伴いデンプンからショ糖への変換が起き、形成層に供給されているといえる。また、常緑樹のトドマツやスギにおいても、形成層活動の再開に伴い形成層や二次師部に貯蔵されたデンプンや脂質の量が急激に減少する。晩冬から初春に起こる形成層細胞の分裂再開と引き続いて起こる細胞分化には、前年の光合成活動により蓄積した貯蔵物質が重要といえる。

3.3 細胞壁の形成と有用成分

木材細胞壁の主要成分はセルロース、ヘミセルロース、リグニンである。針葉樹ではセルロースがおよそ50％、ヘミセルロースが15～20％、リグニンが25～30％の組成であるのに対し、広葉樹ではセルロースがおよそ50％、ヘミセルロースが20～25％、リグニンが20～25％で、わずかではあるが針葉樹ではリグニン含量が高く、広葉樹ではヘミセルロース含量が高い。このほかに抽出成分をおよそ5％含んでいる。セルロースの化学構造は、針葉樹と広葉樹で違いはない。一方、ヘミセルロースとリグニンは、針葉樹と広葉樹で異なっている。針葉樹のヘミセルロースはグルコマンナン（ガラクトースの比率の高いものはガラクトグルコマンナンと呼ばれている）と4-*O*-メチルグルクロノアラビノキシランで前者の含有量が多く、広葉樹のそれは4-*O*-メチルグルクロノキシランとグルコマンナンで前者がヘミセルロースの80～90％を占める。針葉樹ではグルコマンナンのマンノース残基中のヒドロキシ基が部分的にアセチル化され、広葉樹では4-*O*-メチルグルクロノキシランのキシロース残基のヒドロキシ基が部分的にアセチル化されている。またリグニンは、針葉樹ではほとんどがコニフェリルアルコールが脱水素重合したグアイアシルリグニンであるのに対し、広葉樹ではコニフェリルアルコールとシナピルアルコールが脱水素(共)重合したグアイアシル/シリンギルリグニンからなる。両者とも若干の*p*-クマリルアルコールが脱水素重合した*p*-ヒドロキシフェニルリグニンを含んでいる。

3.3.1　セルロース

(1)　セルロースの生合成

セルロースの生合成は、長い間植物学者の間で議論されてきた。1970年代になり凍結割断法で調整された単細胞緑藻*Oocystis apiculate*の細胞膜が観察され、初めて直線状に配列したセルロース合成酵素複合体と考えられる顆粒群が発見された(Montezinos *et al.* 1976)。続いて、酢酸菌(*Gluconacetobacter xylinus*)の外側糖脂質膜上に一列に並ぶ顆粒群が発見され(Brown Jr. *et al.* 1976)、さらに高等植物のトウモロコシ根端細胞の細胞膜で顆粒が6角形状に配列したロゼットが報告された(Mueller *et al.* 1980)。さらに単細胞緑藻類のミクラステリアス(*Micrasterias denticulate*)では6角形状に配列した顆粒群(Giddings *et al.* 1980)、単細胞緑藻類のバロニア(*Valonia macrophysa* Kutz.)では合成中のセルロースミクロフィブリルと思われる鋳型の末端に3列に並んだ顆粒群が観察された(Itoh *et al.* 1984)。これら顆粒群はターミナルコンプレックス(TC)と呼ばれセルロース合成酵素複合体と考えられたが、まだTCがセルロース合成に直接的に関与する証拠は得られていなかった。その後、凍結割断法と免疫標識法を組み合わせてアズキ(*Vigna angularis*)の細胞膜を観察した研究が行われ、セルロース合成酵素タンパク質に対する抗体がTCを標識することが示された(Kimura *et al.* 1999)。この研究により、高等植物ではTCがセルロース合成酵素複合体であり、セルロースは細胞膜上のTCで合成されることが確実となった。

セルロース生合成に関する分子生物学的研究も進展し、最初に酢酸菌のセ

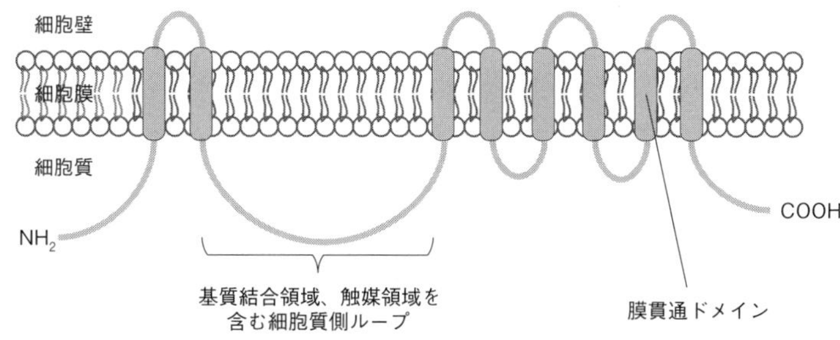

図 3-4　セルロース合成酵素(CesA)のドメイン構造

ルロース合成に関与する4種類の酵素遺伝子(*axcesA-D*)が同定された(Wong *et al.* 1990；Saxena *et al.* 1990)。続いてセルロース生合成の触媒作用を持つ*axcesA*のホモログ(類似した塩基配列を持つ遺伝子)としてワタ(Pear *et al.* 1996)およびシロイヌナズナのセルロース合成酵素遺伝子(*CesA*)が特定された(Arioli *et al.* 1998)。遺伝子配列から推定されるアミノ酸配列を調べると、CesAタンパク質には8カ所の膜貫通ドメインが存在することから、CesAタンパク質は4往復して細胞膜に組み込まれていることが推定された。そして細胞質側にはUDP-グルコース結合ドメインとUDP-グルコースからグルコースを切り出し合成中のセルロース末端に結合させる触媒領域が存在していることが明らかになった(Sethaphong *et al.* 2013)(**図3-4**)。

細胞質内で合成されたUDP-グルコースはCesAのUDP-グルコース結合ドメインに結合し、近接する触媒領域でUDPが切り離され、グルコースは合成中のセルロース非還元末端に結合する(Koyama *et al.* 1997)。そして、合成中のセルロースは膜貫通ドメインが集合して作られた小さな穴を通って細胞外に押し出される。これら一連の反応が無数に繰り返されて、高分子のセルロースが合成され、細胞外に送り出される。

高等植物のセルロースミクロフィブリルは、電子顕微鏡を用いた初期の研究で幅がおよそ3.5～4 nmであったことから、36～40本のセルロース分子が集合し結晶化して1本のミクロフィブリルを形成していると信じられてきた。そのため、6分子のCesAタンパク質が集合してTCの1つの顆粒を形成し、6個の顆粒が集合して1つのTCを形成していると考えられていた(Mutwil

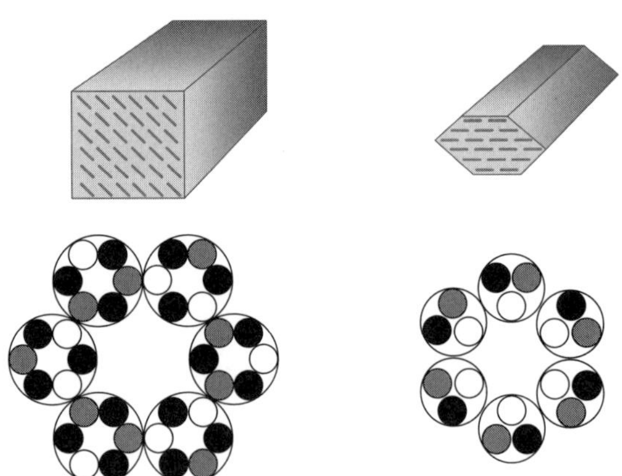

図3-5　セルロース合成酵素複合体(TC)の構造とそれから予測されるセルロースミクロフィブリル
左：CesAが36個の場合。右：CesAが18個の場合。
(Mutwil *et al.* 2008, Vandavasi *et al.* 2016, Daicho *et al.* 2018を改変)

et al. 2008)。しかしながら、CesAが12～36個複合したTCの推定される直径と、実際に観察されるTCの直径を比較すると、18個のCesAが複合した構造が最も相応しいとの報告が出された(Nixon *et al.* 2016)。すなわち、3個のCesAが複合して一つの顆粒を形成し、顆粒が6個集合して一つのTCを形成している。さらに、引張りあて材形成中のポプラ(*Populus tremula* × *tremuloides*)で強く発現している*CesA8*の組換えタンパク質をクライオ電子顕微鏡法で解析した結果、PttCesA8タンパク質は三量体を形成することが明らかとなった(Purushotham *et al.* 2020)。このことから、一つのTCで合成されるセルロースは18本で、それらが結晶化して1本のセルロースミクロフィブリルを形成しているとする説が極めて有力になっている(**図3-5**)。このほかにも1本のセルロースミクロフィブリルは24本のセルロースからなるとする説もあり、研究が続けられている。

(2)　セルロースミクロフィブリルの配向制御

セルロースミクロフィブリルの配向制御には微小管が関与している。微小管はα-チューブリンとβ-チューブリンという球状ポリペプチドが固く結合したダイマーが直線上に並んでプロトフィラメントを形成し、それが環状に13本程度結合した直径24 nmほどの管のことを指す。この微小管には微小管結合タ

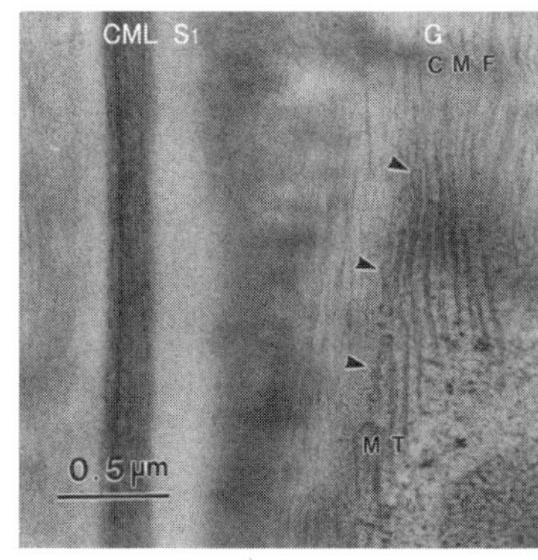

図3-6　G層形成中のユーカリ引張りあて材木部繊維の電子顕微鏡写真
切片は細胞膜を斜めに削ぐように切削されている。微小管（矢頭）が木部繊維の軸方向に平行に配向し、ミクロフィブリルも軸方向に配向している。（写真提供：川村規世枝氏）
CMF：セルロースミクロフィブリル、CML：複合細胞間層、G：ゼラチン層、MT：微小管、S_1：S_1層

ンパク質(MAP)が存在し、微小管の安定化や微小管と他の細胞成分との相互作用を仲介している。微小管は常にチューブリンダイマーがその一端に付加し他端で遊離することで、伸長と収縮を繰り返している。伸長側を＋端、収縮側を－端と呼んでいる。電子顕微鏡で細胞壁を形成している細胞を観察すると、細胞膜のすぐ下(細胞質側)に多数の微小管が観察される(Inomata *et al.* 1992)。一次壁形成中の細胞では微小管はランダムな配向を示し、二次壁形成中では細胞壁内表面に堆積中のセルロースミクロフィブリルと平行に配向している(Abe *et al.* 1995)(**図3-6**)。細胞壁形成中の細胞にコルヒチンなどの微小管重合阻害剤を加えて微小管を破壊すると、セルロースミクロフィブリルの配向が乱れることが知られている(Takeda *et al.* 1981)。蛍光タンパク質を融合させたTCをシロイヌナズナ(*Arabidopsis thaliana*)に発現させ蛍光顕微鏡で観察すると、TCが微小管に沿って移動することが観察された(Paredez *et al.* 2006)。近年、微小管とTCを結びつけるリンカー分子(Cellulose Synthase Interactive 1: CSI1)が同定されている(Li *et al.* 2012)。これらのことから、TCが微小管に沿うように移動してセルロースミクロフィブリルを細胞壁に送り出すことで、セルロースミクロフィブリルの配向が制御されているものと考えられている。

3.3.2　ヘミセルロース

(1)　ヘミセルロースの生合成

ヘミセルロースはゴルジ装置で合成される。植物のゴルジ装置は直径1 μm

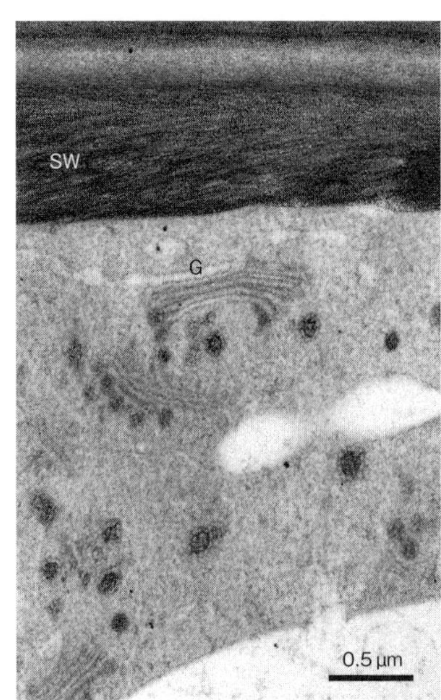

図3-7　PATAg染色された二次壁生成中のスギ圧縮あて材仮道管の電子顕微鏡写真
二次壁が強く染色されるとともに、ゴルジ装置、ゴルジ小胞が強く染色されている。
G：ゴルジ装置、SW：二次壁
（写真提供：猪股書恵氏）

ほどの円盤状のゴルジ層板が数枚重なり、その周囲には直径0.1 µmほどのゴルジ小胞が多数存在している。ゴルジ装置には極性が存在し、新しく形成された層板側を形成面、成熟した層板側を成熟面と呼んでいる。成熟面の層板の外側にはチューブ状の網目構造が存在し、トランスゴルジ網と呼ばれている。

二次壁形成中の仮道管を樹脂に包埋し、そこから超薄切片を作製して多糖類を選択的に染色すると、仮道管の細胞壁が染色されるとともにゴルジ装置も染色される。ゴルジ層板は形成面から成熟面に向かうにつれ染色性は強まっている。また、ゴルジ層板周辺のゴルジ小胞もよく染色される（**図3-7**）。これらのことから、ヘミセルロースはゴルジ装置で合成され、ゴルジ小胞に梱包されるものと考えられている（Pickett-Heaps 1968; Fowke *et al.* 1972; Takabe *et al.* 1986; Inomata *et al.* 1992）。

(2)　ヘミセルロースの堆積

ゴルジ小胞に梱包されたヘミセルロースは、小胞が細胞膜に融合することで細胞外（細胞膜の外側）に輸送され、細胞壁に堆積する。このゴルジ小胞が細胞膜へ融合しその内容物を細胞外に輸送することをエキソサイトーシスと呼んでいる。二次壁形成中の細胞壁をグルコマンナンやキシランに対する抗体で免疫標識すると、グルコマンナンの細胞壁単位面積あたりの標識数は細胞壁の形成が進むにつれ減少するのに対し（Maeda *et al.* 2000）、キシランのそれは増加した（Awano *et al.* 1998）。グルコマンナンの標識数の減少はリグニンの沈着によりグルコマンナンが覆われた結果と考えられ、キシランの標識数の増加はキシランの挿入的堆積の結果と考えられている。未木化の細胞壁は無数の隙間のある構造と考えられており、キシランの一部はその隙間を通過して細胞壁の外側まで到達し堆積するものと考えられる。すなわち、グルコマンナンは形成中の細胞壁内表面に層状に堆積していく付加的堆積に対し、キシランの一部は細胞壁内部に染み込むように堆積していく挿入的堆積が行われている。

3.3.3　リグニン

(1)　リグニンの生合成

リグニンの生合成は3段階で進行する。第1段階は、細胞内で*p*-クマリルアルコール、コニフェリルアルコール、シナピルアルコールといったモノリグノール類の合成である。第2段階は、モノリグノール類の細胞内から細胞外(細胞壁)への輸送で、第3段階はそれらの細胞壁中で重合である。

モノリグノール類の生合成は細胞内で行われる。光合成によって合成された炭水化物の一部は、ペントースリン酸経路、シキミ酸経路を経てフェニルアラニンに変換される。フェニルアラニンは、フェニルアラニンアンモニアリアーゼ(PAL)によってケイヒ酸に変換される。その後、芳香核3位、4位、5位(**図3-9**参照)の水酸化や、芳香核3位、5位のメチル化、側鎖γ位の還元が組み合わされて進行し、モノリグノール類(**図3-8**)が合成される(堤 2003)。

モノリグノール類の輸送は、まだ不明な点が多い。シロイヌナズナの葉から*p*-クマリルアルコールの細胞内から細胞外への輸送能をもつABC(ATP Binding Cassette)トランスポーターが報告されている(Miao *et al.* 2010)。しかしながら樹木において同じようなトランスポーターは見つかっていない。樹木においては*p*-グルコクマリルアルコールやコニフェリンといった配糖体がATP存在下で液胞内や小胞内に輸送されることが示されている(Tsuyama *et al.* 2013, Tsuyama *et al.* 2019)。もし小胞が細胞膜に融合して*p*-グルコクマリルアルコールやコニフェリンを細胞壁に輸送するな

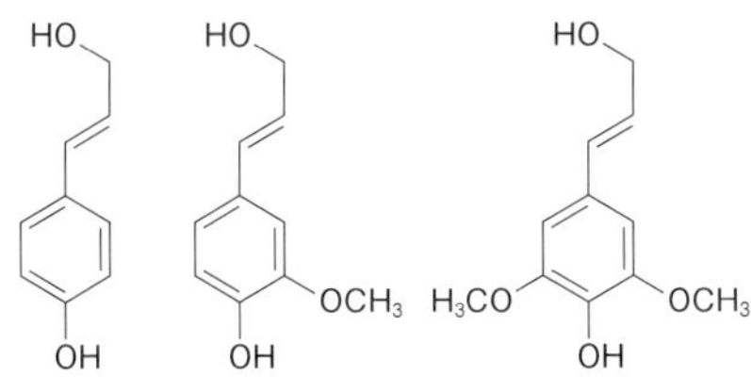

図3-8　モノリグノール類
左から*p*-クマリルアルコール、コニフェリルアルコール、シナピルアルコール

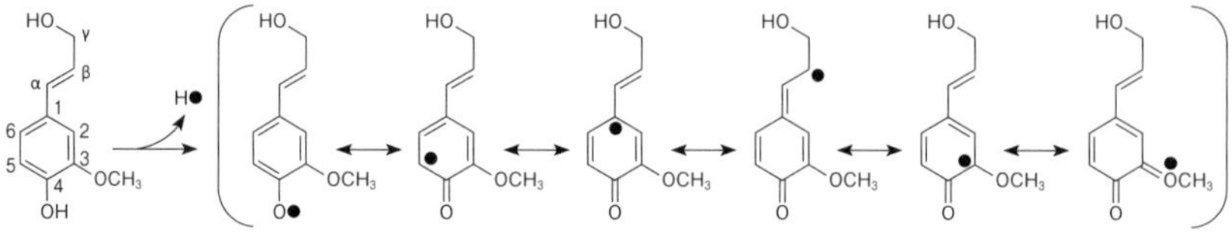

図3-9　ラジカル共鳴体の形成

らば、細胞壁中に存在するβグルコシダーゼによってグルコースが切り離され、*p*-クマリルアルコールやコニフェリルアルコールが細胞壁中に遊離されることになる。シナピルアルコールの輸送に関しては、まだ未解明である。

モノリグノール類は細胞壁で脱水素重合され高分子化される。細胞壁にはセルロースやヘミセルロースが堆積しているとともに、ペルオキシダーゼやラッカーゼが輸送されている(Takeuchi *et al.* 2005; Hiraide *et al.* 2021)。細胞壁に送られたモノリグノール類は過酸化水素が存在する環境下でペルオキシダーゼにより、あるいは酸素が存在する環境下でラッカーゼにより一電子酸化されてフェノキシルラジカルとなる。フェノキシルラジカルは5位炭素、1位炭素、8位炭素、3位炭素などに転移してラジカル共鳴体を形成し(**図3-9**)、ラジカル化したモノリグノール類はラジカルカップリングして二量体を形成する(**図3-10**)。二量体はいずれもフェノール性ヒドロキシ基を持っているため同じメカニズムでラジカル化され、カップリング反応が進行して高分子化される。

(2)　リグニンの沈着過程

細胞壁へのリグニンの沈着を木化と呼んでいる、針葉樹仮道管の木化はS_1形成開始期の仮道管コーナー部の一次壁外表面で開始される。その後コーナー部細胞間層に進行するとともに、コーナー部を起点として未木化の複合細胞間層に進行する。二次壁の木化はS_1形成中仮道管のコーナー部S_1外側部分で開始され、未木化のS_1外側部位へと進行し、その後内腔側へと進行する。S_1、S_2、S_3形成中仮道管では細胞壁の肥厚に遅れて木化が求心的に進行し、S_3形成後には二次壁全体で木化が進行し、最終的に二次壁でほぼ均一なリグニン分布となる(Wardrop 1957; 今川ら 1976; 高部ら 1981)(**図3-11**)。放射柔細胞に接する部分では、一次壁外表面、コーナー部細胞間層、S_1外側部分の木化が、放射柔細胞に接していない部分より早く進行する(Takabe *et al.* 1986)。

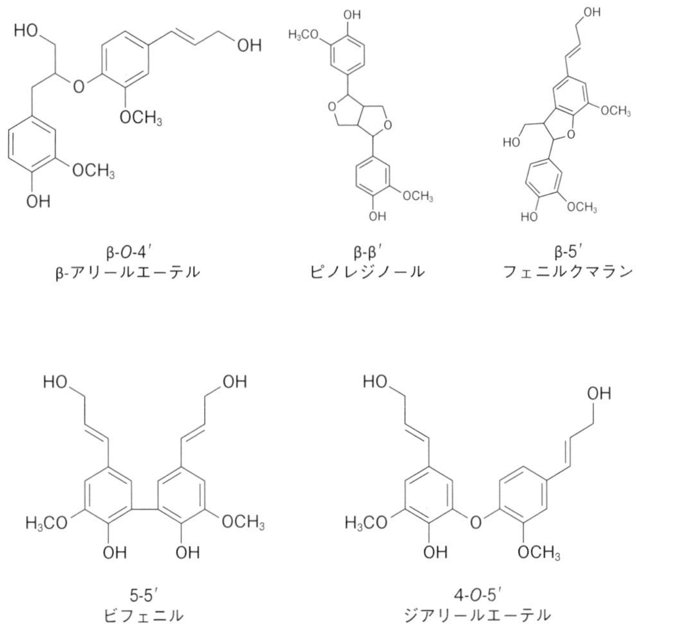

β-*O*-4′
β-アリールエーテル

β-β′
ピノレジノール

β-5′
フェニルクマラン

5-5′
ビフェニル

4-*O*-5′
ジアリールエーテル

図 3-10　コニフェリルアルコールの二量体

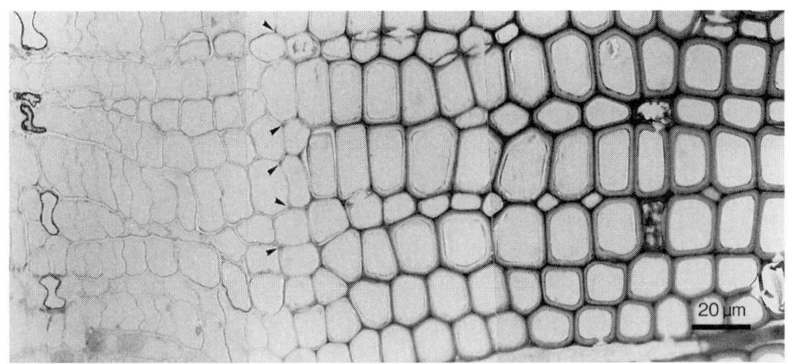

図 3-11　スギ分化中木部の紫外線顕微鏡写真
紫外線吸収は、まず二次壁形成開始期の仮道管のコーナー部細胞間層（矢頭）に認められる。その後、複合細胞間層に吸収が認められ、続いて二次壁外側から内側へと吸収部位が進行している。

広葉樹の道管要素や木部繊維におけるリグニンの沈着も、針葉樹の仮道管と同様に進行する。道管要素の木化は木部繊維のそれに比べ早く進行する。モノリグノール類は、最初は*p*-クマリルアルコール、次にコニフェリルアルコール、その後にシナピルアルコールが供給されるようになるため、木化が最初に進行する細胞間層では*p*-ヒドロキシフェニルリグニンが多くなり、次に木化が進行する道管二次壁でグアイアシルリグニンに富み、最後に木化が進行する木部繊維二次壁でシリンギルリグニンが多く含まれるようになる(Terashima *et al.* 1993)。

3.3.4　主要３成分の堆積機序

木材の細胞壁形成において主要３成分の生合成は同時進行的に行われる。しかしながらそれぞれの成分の堆積・沈着する部位は異なっている。急速凍結・凍結置換法で瞬間的に凍結固定された二次壁形成中の細胞壁を観察すると、細胞壁内表面は薄くヘミセルロースが覆っていることが分かる(**図3-12**)。これは、ゴルジ装置で合成されゴルジ小胞のエキソサイトーシスで輸送されたヘミセルロースが細胞壁内表面に堆積した結果と思われる。この薄い層は緩慢凍結した試料では氷晶が生じている。そのため、細胞壁内表面はヘミセルロースと水で

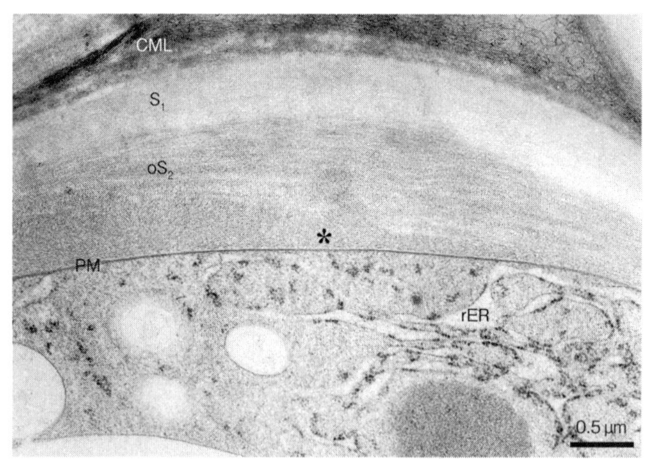

図3-12　急速凍結置換固定された二次壁形成中スギ圧縮あて材仮道管の電子顕微鏡写真
細胞膜の外側に不定形な薄い層(＊)が観察される。この層はPAPAg染色で強く染色される。
CML：複合細胞間層、PM：細胞膜、rER：粗面小胞体、S_1：二次壁外層、oS_2：二次壁中層外側部分(写真提供：猪股書恵氏)

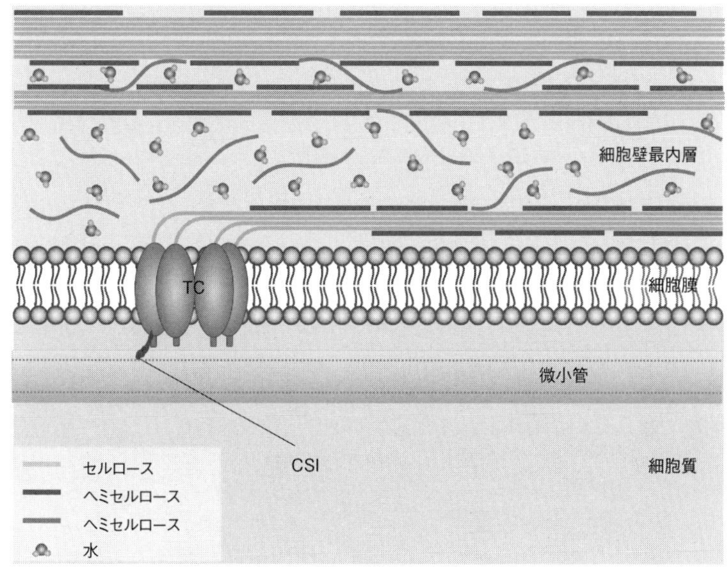

図3-13　細胞壁形成のモデル図
TC：セルロース合成酵素複合体（ターミナルコンプレックス）、CSI：リンカー分子

構成されたゾル状の薄い層で覆われているものと思われる（Inomata *et al.* 1992）。

セルロースは細胞膜中に存在するTCによって合成される（**図3-13**）。合成されたセルロースはヘミセルロースと水で構成されたゾル状の層に吐き出される。セルロース合成直後に結晶化するのか、あるいは合成に少し遅れて結晶化するのかは不明だが、細胞壁内表面の環境はセルロースミクロフィブリルの結晶化度に影響を与えるものと思われる。

このようにして形成された細胞壁は、セルロースミクロフィブリルとヘミセルロースで構築された水を含む隙間の多いネットワーク構造になっている。この細胞壁にはすでにペルオキシダーゼやラッカーゼも供給されていて、細胞壁に輸送されたモノリグノール類はそれら酵素の働きによりラジカル化され重合が進行する。木化中の細胞壁では、セルロースミクロフィブリルとヘミセルロースで構成されたネットワーク構造の中に無数の小球が存在している。木化のほぼ終了した細胞壁では、空隙が小球状の構造物で埋め尽くされている（**図3-14**）。これらの小球は重合中のリグニンと思われ、木化の進行とともに細胞

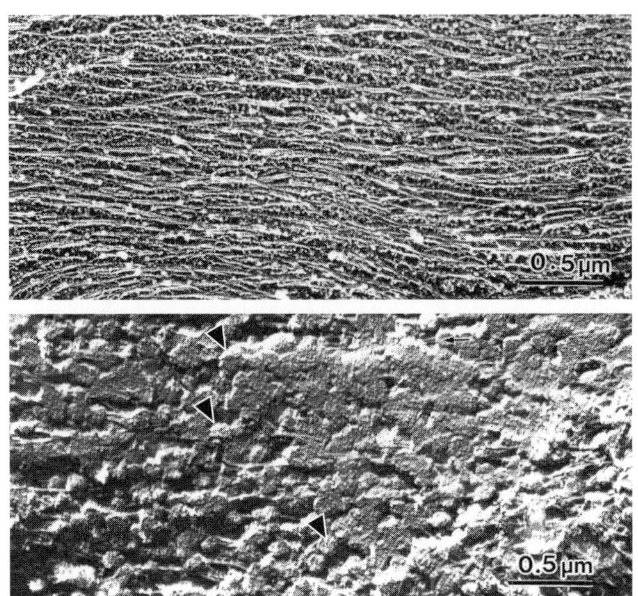

図 3-14　急速凍結ディープエッチング法で調整されたヒャクニチソウ管状要素二次肥厚部の電子顕微鏡写真
未木化と思われる細胞壁ではほぼ平行に配向したセルロースミクロフィブリルが間隔を保って堆積され、フィブリル間は糸状や球状の構造物で架橋されている。
木化の進行した細胞壁では球状の構造物(矢頭)がフィブリル間やフィブリル上に形成され、フィブリル間に存在した無数のスペースが埋められている。
(写真提供：中島 仁 博士、水野隆夫氏)

壁を隙間なく埋め、水が含まれていた未木化細胞壁を疎水性の性質を持つ細胞壁へと変換している(Nakashima *et al.* 1997)。

3.3.5　心材成分の生合成と沈着・充填

年輪が形成されて数年から20数年が経過すると、樹種によって濃淡の差はあるが、幹の中心部は濃色を呈するようになる。年輪外側の淡い色の部分を辺材、年輪中心部の濃色の部分を心材と呼んでいる。辺材と心材の間には2～3年輪分の幅で移行材と呼ばれる部分があり、スギやヒノキなどでは白いリングとして現れることがあり白線帯と呼ばれている。

心材化に伴う組織構造上の変化として、針葉樹では仮道管有縁壁孔対の閉塞、広葉樹の多くの樹種でチロースによる道管の閉塞が挙げられる。そのため、水分通道が阻害され、心材は一般的に含水率が低下する。スギやヒノキで白線帯が現れるのは、仮道管内腔に空気が入るためと言われている。また、マツ属の一部樹種では放射柔細胞壁で二次壁が形成される（Fujikawa *et al.* 1975; 山本 1982）。

心材化に伴う最も大きな変化は、柔細胞での心材成分の合成と周辺組織への輸送・充填である。このことによって、心材部には樹種特有の色と香りが木部に付与される。放射柔細胞は、樹種により生存率の減少パターンは様々だが、心材に向けて生存率は減少し、心材では全ての柔細胞が死んでいる（野渕ら 1979; Nakaba *et al.* 2012）。心材成分の合成は辺材から心材へ移行する際に柔細胞で行われる。スギではアガサレジノールやセクイリンCといったノルリグナン類が主要な心材成分であるが、それらが移行材部の辺材側から心材側に向けて増加することが明らかとなり、それら生合成に関与する酵素活性が移行材部で増加することが示されている（Imai *et al.* 2005）。これら心材成分の生合成には、柔細胞中に貯蔵されたデンプンや放射柔細胞を介して輸送される光合成産物が使われる。

心材成分は移行材部で増加した後、心材外側から内側に向かって減少する傾向がある。これは心材成分が共重合することにより二量体から数量体が形成されることによると考えられている（Yanase *et al.* 2015）。

柔細胞中で合成された心材成分が、どのようなメカニズムで周辺組織に輸送・充填されるのかは不明である。心材成分の移動経路としては、針葉樹では柔細胞と仮道管の間にある分野壁孔が考えられる。また広葉樹では、柔細胞と道管要素や木部繊維間に存在する壁孔対や、放射柔細胞に多数存在する盲壁孔とそれに連なる細胞間隙ネットワークが有力である（Zhang *et al.* 2004; Zhang *et al.* 2009）。

心材成分は樹種により異なっているため、材の色や香りは材特有の特徴となる。一般的に心材成分には防腐・防黴・防蟻効果があることから、心材は辺材に比べ腐朽しにくく、カビにくく、シロアリの食害を受けにくい性質が付与されている。

●参考図書

福島和彦ら(編) (2011):『木質の形成　第2版』. 海青社.

池内昌彦ら(監訳) (2018):『キャンベル生物学　原書11版』. 丸善.

4章 木質の基本構造

4.1 針葉樹材

針葉樹材の構成細胞の種類を**表4-1**に示す。軸方向要素というのは、形成層を構成する2種の始原細胞(2.2.1を参照)のうち、紡錘形始原細胞から生じる細胞である。一方の放射方向要素は、放射組織始原細胞から生じる細胞である。放射方向要素が集合して構成される、放射方向に直線的に伸びる組織は、放射組織(ray)という。以下、各構成細胞の構造と特徴について記す。

表4-1 針葉樹材の構成細胞

軸方向要素	仮道管、ストランド仮道管、軸方向柔細胞、エピセリウム細胞
放射方向要素	放射柔細胞、放射仮道管、エピセリウム細胞

4.1.1 仮道管

仮道管(tracheid)は針葉樹材の主要構成要素で、体積率にして90%以上を占める(**表4-2**)。樹体を力学的に支える機能とともに、通水も担う。その構造と配列が針葉樹材の物理的性質を決定づけているといっても過言ではない。

(1) 形状

仮道管の長さは数mm、直径は数十μmである(**表4-2**)。このような非常に細長い細胞の全体像を見るのには、解繊が有効である。仮道管の横断面形は四

表4-2 日本産主要針葉樹材の組織・細胞の構成率(%)と仮道管長(括弧内)

樹種(科名)	仮道管	軸方向柔組織	放射組織	軸方向樹脂道
カヤ(イチイ科)	95.3 (3.1mm)	—	4.7	—
スギ(ヒノキ科)	97.2 (3.0mm)	0.8	2.0	—
ヒノキ(ヒノキ科)	97.1 (3.5mm)	0.6	2.3	—
アカマツ(マツ科)	95.9 (4.0mm)	—	3.4	0.7
カラマツ(マツ科)	95.1 (3.5mm)	—	4.6	0.3
トドマツ(マツ科)	95.8 (3.8mm)	—	4.2	—

資料:木材工業編集委員会編(1966)

図 4-1　針葉樹材の概観
(A)横断面と接線断面(トドマツ；写真：大谷諄)、(B)解繊された仮道管(スギ)、矢印：年輪界、矢尻：放射組織

〜六角形で、両端は細る。同一の紡錘形始原細胞から生じた仮道管は、放射方向に整然と配列する(**図 4-1**)。

ひとつの年輪内において、年輪の内〜中層に比べて外層では仮道管の放射径が減じ、細胞壁は厚くなる(**図 4-1**)。針葉樹材では、この変化により早材と晩材が区分される(2.2.2 を参照)。1 年輪内における早材から晩材への移行の緩急は、樹種・植物群ごとに特徴的である(口絵：針葉樹を参照)。

(2)　有縁壁孔

a. 壁孔

木材を構成する細胞の細胞壁には、壁孔(pit)という、細胞壁最外層の薄い部分のみを残し、二次壁が局所的に堆積しないことにより生じる小さな孔が随所に存在する。壁孔は、その孔隙を囲む二次壁の形状から、有縁壁孔(bordered pit)と単壁孔(simple pit)に大別される。有縁壁孔とは、孔隙を二次壁がドーム状に覆う壁孔、言い換えると細胞壁の外層から内層に進むにつれて孔隙が絞ら

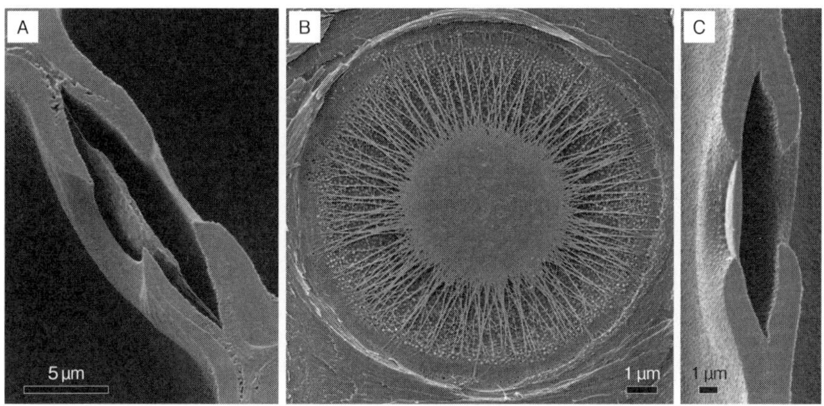

図 4-2 仮道管間の有縁壁孔
(A)有縁壁孔対の断面像(横断面、アカマツ)、(B)壁孔壁(放射断面、スギ；写真：日本木材学会編(2011))、(C)孔口を閉塞するトールス(接線断面、スギ)

れたように細くなっている壁孔である(**図 4-2** A)。単壁孔は、そのようなドーム状の細胞壁の張り出しが未発達で、細胞壁の外～内層にわたり孔隙の径がほぼ一定している壁孔である。

両タイプの壁孔とも、一般には隣接する細胞相互間で一対になって形成される(**図 4-2** A)。このような対になった複数の壁孔は壁孔対(pit pair)と呼ばれ、有縁壁孔どうしの場合には有縁壁孔対(**図 4-2** A)、単壁孔どうしの場合には単壁孔対、有縁壁孔・単壁孔の場合には半縁壁孔対と呼ばれる。また、対となる壁孔を欠く単独の壁孔は、盲壁孔(blind pit)と呼ばれる。

b. 針葉樹材の有縁壁孔の特徴

針葉樹材の仮道管の側壁には、有縁壁孔対が数多く存在する。各部位には下記のような呼称が付されている(**図 4-2** を参照)。

壁孔縁(pit border)：孔隙を覆う二次壁の張り出した部分。

壁孔腔(pit cavity)：壁孔の孔隙。壁孔縁で覆われている部分は壁孔室(pit chamber)という。

孔口(pit aperture)：仮道管の内腔に面した孔隙幅の狭まった部分。

壁孔壁／膜(pit membrane)：壁孔対をなす 2 つの壁孔を仕切る薄い細胞壁。

トールス(torus)：壁孔壁中央部の密な円盤状の部分。孔口よりも直径が大きい。

マルゴ(margo)：壁孔壁においてトールスよりも外側の網状の部分。

有縁壁孔対は、一般に年輪境界およびその晩材側の近傍では接線壁にも存在するが、それ以外の領域では放射壁にのみ頻出する。その直径は早材で10～25μm程度で、仮道管径が大きな樹種ほど大きい傾向がある。晩材では径が減少するとともにトールスの輪郭が不規則になる傾向があり、年輪ターミナル部ではトールス・マルゴの区別が見られないものも見られる。

c. 機能と二次的な変化

仮道管の有縁壁孔対は、根から幹、枝葉に到るまで、水を運ぶのに欠かせない構造である。針葉樹材内において、水が有縁壁孔対を介して流動する際には、トールスを迂回してマルゴの網目間の空隙を通過する。心材化や外傷により立木内で脱水が進行、あるいは採材した生材を乾燥する過程で、水の表面張力の大きさとマルゴの柔軟さが原因となり、有縁壁孔対の壁孔壁が一方の壁孔縁へ吸い寄せられるように位置変化を起こす。孔口よりもトールスの方が大径であるため、これにより孔口はトールスで密封されてしまう(**図4-2**C)。この現象は壁孔閉塞(pit aspiration)と呼ばれ、生立木では通水障害が木部組織の広範に一気に拡大するのを抑止する有益な仕組みである。木材加工においては、乾燥された針葉樹材へ水や防腐剤を注入するのが困難になる要因となる。

(3)　らせん肥厚、いぼ状層

らせん肥厚(helical/spiral thickening)とは、二次壁の内腔に面した表面に生じる螺旋状の隆起線である(**図4-3**A)。針葉樹材の仮道管での存否・分布に関しては、年輪全域で現れる樹種(イチイ属、カヤ属、トガサワラ属など)、晩材でのみ現れる樹種(トウヒ属など)がある。

いぼ状層(warty layer)とは、二次壁の内面を覆う薄層で、主にヘミセルロースとリグニンで構成され、直径・高さとも1μm足らずの微細な突起が密生することが特徴である(**図4-3**B)。個々の突起は、いぼ状突起(wart)と呼ばれる。針葉樹材の仮道管では、特定の樹種・分類群(モミ属、スギなど)に現れる。らせん肥厚とともに、その存否や分布が分類群により明確に異なるため、木材の樹種識別の有力な手掛かりになる。

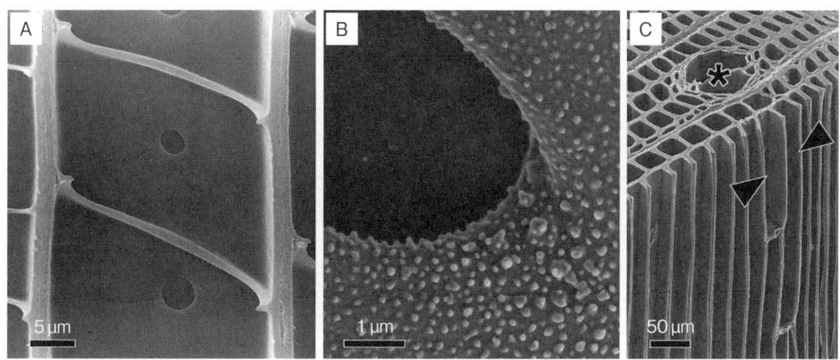

図4-3　針葉樹材に見られる特徴的な構造、細胞
(A)らせん肥厚(放射断面、イチイ；写真：大谷諄)、(B)分野壁孔付近に見られるいぼ状突起(放射断面、スギ)、(C)樹脂道(星印)とストランド仮道管(矢尻：横断面と放射断面、エゾマツ；写真：大谷諄)

4.1.2　ストランド仮道管

樹脂道の周りに散発的に現れる特殊な仮道管である(**図4-3**C)。紡錘形始原細胞から派生して分化中の細長い細胞の内部で、隔壁(末端壁)が生じて形成される。軸方向柔細胞に類似するが、側壁・末端壁とも有縁壁孔が存在し、形成完了後に内容物を消失する点で、軸方向柔細胞とは異なる。

4.1.3　軸方向柔細胞

前述のストランド仮道管と同様な経過で形成される。単壁孔をもち、形成完了後も内容物が残存することが特徴である(**図4-4**A、B)。ヒノキ科、マキ科など一部の分類群にのみ存在し、年輪全域に散在、あるいは年輪後半部で接線状に並ぶなど、分類群ごとに特徴的な分布・配列を示す。樹脂様の着色物質を含有するものは、とくに樹脂細胞(resin cell)と呼ばれる(スギ、ヒノキなど)。

材組織には、異形細胞(idioblast)という、ある組織内の同種の細胞群の中で、周囲の細胞とは形状が著しく異なる細胞が存在することがある。針葉樹材では、イチョウの軸方向柔組織の中に頻出し、その内部にはシュウ酸カルシウムの集晶(druse)が存在する(**図4-4**C)。

4.1.4　放射柔細胞

放射柔細胞(ray parenchyma cell)は放射組織始原細胞由来の角柱～円柱状

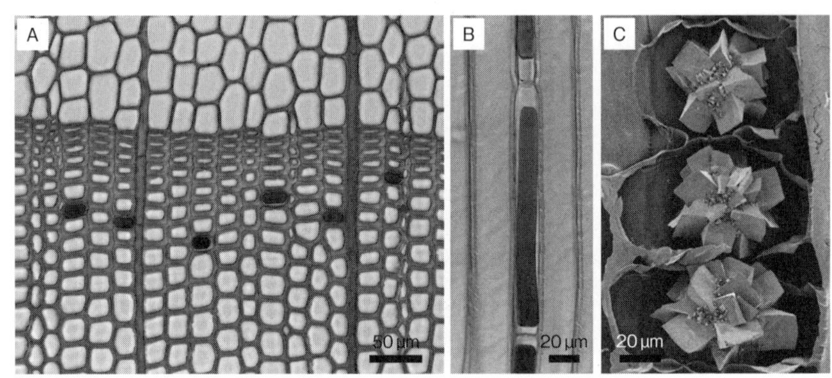

図 4-4 針葉樹材の軸方向柔組織
(A、B)ヒノキの樹脂細胞(A=横断面、B＝放射断面)、(C)イチョウの異形細胞(放射断面)

の細胞で、放射組織の主要構成要素である(**図 4-5**)。細胞壁には単壁孔が生じ、分化～形成完了後も原形質を維持して生残する。主な機能は、貯蔵(デンプンや脂質など)や非常時(外傷など)への対応である。最終的に、心材形成の際に樹種固有の着色成分などの二次代謝物を沈着させて、細胞死に到る。

放射組織と(軸方向の)仮道管が接触して重なる四角形の領域を分野と呼び、ここに存在する仮道管の有縁壁孔と放射柔細胞の単壁孔からなる半縁壁孔対は、分野壁孔(cross-field pitting)と呼ばれる。早材部におけるそのサイズや形状は分類群毎に特徴的で6型に類型化されており(**図 4-6**)、針葉樹材を樹種識別する際の有力な手掛かりになる。以下に各タイプの特徴を記す。

窓状(window-like):大きな壁孔1～2個が分野の全域近くを占め、有縁壁孔の壁孔縁があまり発達しない(マツ属の一部、コウヤマキなど;**図 4-5**A、**4-6**A)。

マツ型(pinoid):窓状壁孔よりも小さめの壁孔が1分野あたり1～6個存在し、各壁孔の形・サイズ、有縁壁孔の壁孔縁の幅が変化に富む(マツ属の一部;**図 4-6**B)。

スギ型(taxodioid):壁孔の輪郭は円～楕円形。有縁壁孔の壁孔縁が、孔口よりも狭く、三日月状を呈する(スギ、モミ属など;**図 4-6**E)。

ヒノキ型(cupressoid):スギ型に似るが、有縁壁孔の孔口の幅が同壁孔縁の幅よりも狭い(ヒノキ科、イチイ科、マキ科など;**図 4-6**D)。

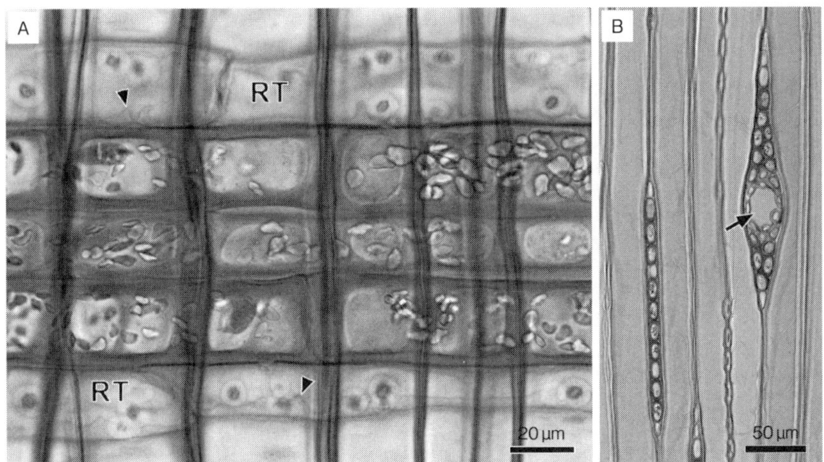

図 4-5　針葉樹材の放射組織

(A)放射仮道管(RT)とその間で3列に並ぶ放射柔細胞(放射断面、アカマツ)、矢尻：鋸歯状肥厚、(B)放射樹脂道(矢印)を含む紡錘形放射組織と単列の放射組織(接線断面、エゾマツ)

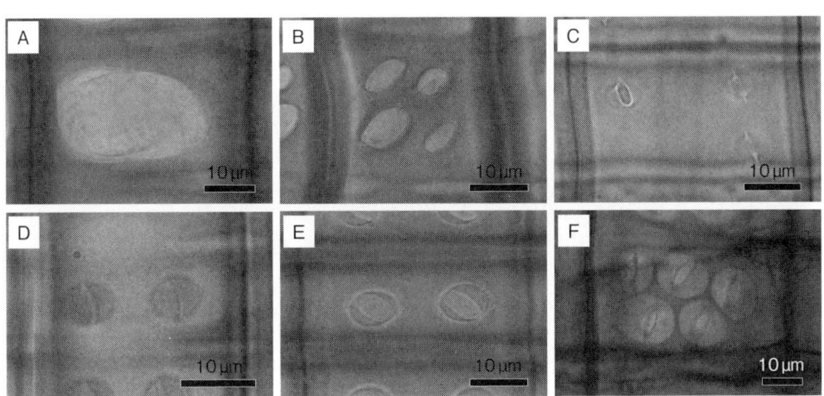

図 4-6　分野壁孔(放射断面)

(A)窓状(アカマツ)、(B)マツ型(リギダマツ)、(C)トウヒ型(エゾマツ)、(D)ヒノキ型(ヒノキ)、(E)スギ型(スギ)、(F)ナンヨウスギ型(*Agathis* sp.)

トウヒ型(piceoid)：ヒノキ型に似るが、有縁壁孔の壁孔縁が発達して孔口幅が狭くなり、さらにその孔口が単壁孔の輪郭をはみ出すものが頻出する(トウヒ属、カラマツ属、トガサワラ属など；**図 4-6**C)。

ナンヨウスギ型(araucarioid)：複数の壁孔が密集し、各壁孔の輪郭は角張る(ナンヨウスギ科；**図4-6**F)。

日本産の針葉樹材には、マツ型とナンヨウスギ型を示すものはない。スギ型、ヒノキ型、トウヒ型は、中間的なタイプが現れることがよくある。圧縮あて材では、各タイプの特徴が不明瞭になる。

4.1.5　放射仮道管

外形は放射柔細胞と似るが、有縁壁孔をもち、形成完了後に内容物を消失する点で、放射柔細胞とは異なる(**図4-5**A)。一部の樹種・植物群(マツ科のトウヒ属、マツ属、カラマツ属など)にのみ存在し、放射組織の上下縁辺部に連なって現れる。一部の樹種・植物群では、細胞壁内表面に鋸歯状肥厚やらせん肥厚などの局所的な隆起が生じる。日本産の針葉樹材では、鋸歯状肥厚が硬松類(アカマツやクロマツ)には存在するが(**図4-5**A)、軟松類(ゴヨウマツ)には存在しない。また、トウヒ属やトガサワラでらせん肥厚が見られることがある。

4.1.6　エピセリウム細胞と樹脂道

エピセリウム細胞(epithelial cell)とは、樹脂道(resin duct/canal)という管状の細胞間隙(細胞外の空間)を鞘状に取り囲む分泌細胞である(**図4-7**；口絵：アカマツなど)。逆に言うと樹脂道はエピセリウム細胞に囲まれた細胞間隙ということになり、両者は不可分の関係にある。軸方向に伸びる軸方向樹脂道(axial/vertical -)と放射組織内に生じる放射樹脂道(radial -；同義語＝水平樹脂道)がある(**図4-5**B；口絵：アカマツ、カラマツなど)。軸方向樹脂道は年輪の外層(晩材および早・晩材の移行部)に頻出し、内層にはあまり見られない。放射樹脂道が存在する放射組織は、紡錘形放射組織(fusiform ray)と呼ばれる。

樹脂道はマツ科の一部(トウヒ属、マツ属、カラマツ属など)に存在する。アブラスギ属(*Keteleeria*)(中国に分布)を除き、軸方向樹脂道をもつ樹種には、必ず放射樹脂道が存在する。また、通常は樹脂道を生じない分類群においても、外傷に応じて形成される傷害樹脂道(traumatic resin canal)が形成されることがある(モミ属、ツガ属など；**図4-7**B；口絵：ツガ)。正常な構造として生じる樹脂道は単独で散在するか、2～3個が集合して現れるが、傷害樹脂道は接線方向に数多く直線的に連なることが特徴である(**図4-7**B)。

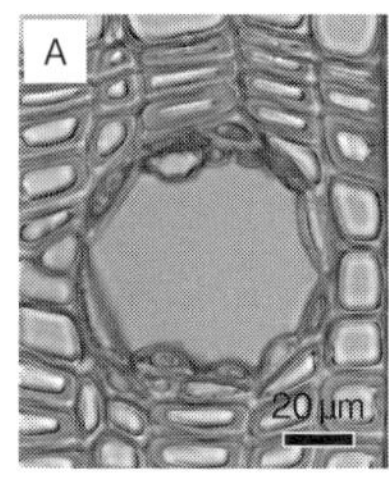

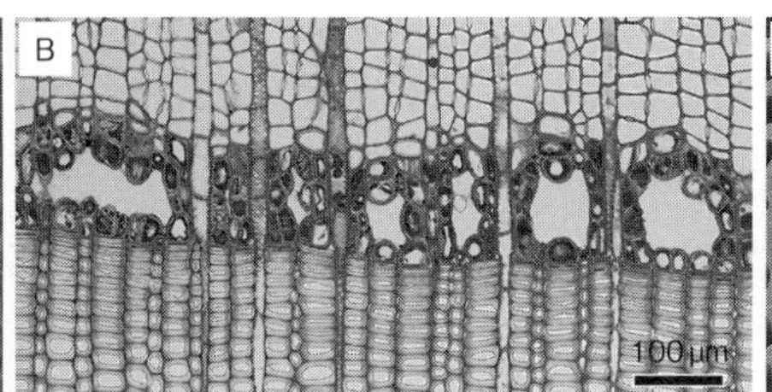

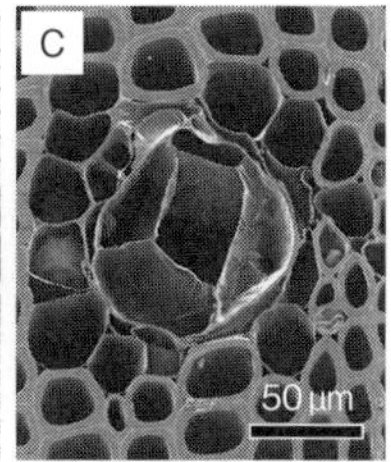

図 4-7　針葉樹材の樹脂道とエピセリウム細胞
(A)樹脂道(横断面、エゾマツ)、(B)傷害樹脂道(横断面、トドマツ)、(C)チロソイド(横断面、アカマツ)

樹脂道の内部には粘液(樹脂、やに)が充満している。この粘液は、エピセリウム細胞から分泌された様々な生理活性物質を含み、病原性の微生物の殺傷など、生立木樹幹内では生体防御の役割を果たすといわれる。心材部では"やにすじ"という濃褐色の条線の成因になる。エピセリウム細胞には薄壁のものと厚壁のものがある。薄壁のものは心材形成の際に拡大し、チロソイド(tylosoid)と呼ばれる樹脂道の充填体に変じる(**図 4-7**C)。

4.2　広葉樹材

広葉樹材の構成細胞の種類は**表 4-3** の通りである。針葉樹材と比べて細胞の種類が多いが、放射仮道管は存在しない。特徴として、ヤマグルマ科と原始的被子植物群の一部を除き、樹体の支持を担う細胞(木部繊維)と通水を担う細胞(道管要素)への特殊化が進んでいることが挙げられる。同じ種類の細胞でも、サイズ(幅、高さ)や集合状態、配列、壁厚が変化に富み、樹種・植物群ごとに特有の特徴を示す。そのため、木目(材面の見た目・様相)や性質が針葉樹材よりも多様である。以下、各構成細胞および組織の構造や特徴について記す。

表 4-3　広葉樹材の主な構成細胞

軸方向要素	道管要素、仮道管、道管状仮道管、周囲仮道管、繊維状仮道管、真正木繊維、軸方向柔細胞、エピセリウム細胞
放射方向要素	放射柔細胞、エピセリウム細胞

4.2.1 道管要素

(1) 道管要素の一般的形状

道管要素(vessel element)は、道管(vessel)という通水のために特殊化した長い細管状の組織を構成する細胞である。道管要素の直径は20～500 µmで、樹種・植物群によって異なり、同一樹種・同一個体内でも大きな変異が見られることがある。長さは0.1～1 mmであるが、両端付近の細胞壁に穿孔(perforation)という完全な孔があり、数多くの道管要素が互いの穿孔を介して縦方向に連結して、単一の細胞よりも桁違いに長い管をなす(**図4-8**)。

穿孔が存在する細胞壁面は穿孔板(perforation plate)と呼ばれ、大型の孔がひとつだけ存在する単穿孔板(simple perforation plate；**図4-8**A、B)と複数の孔が存在する多孔穿孔板(multiple -)に大別される。多孔穿孔板は、細い通直な棒状の細胞壁が等間隔で残存する階段穿孔板(scalariform -；はしご状穿孔板ともいう；**図4-8**C)や細い糸・紐状の細胞壁が網目ないし篩状に残存する網状穿孔板(reticulate -)に分けられる。

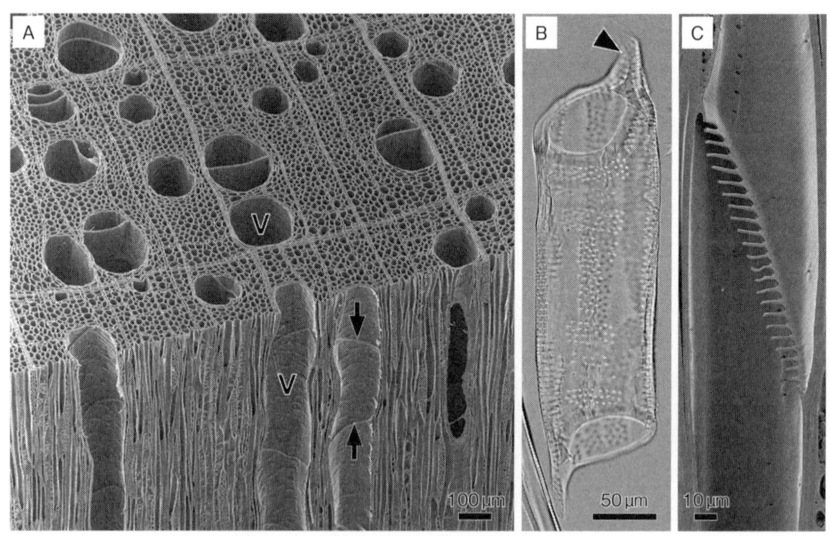

図4-8　広葉樹材の概観と道管要素の特徴

(A)オニグルミの横断面と接線断面(写真：大谷諄)、(B)解繊された道管要素(ヤチダモ)、(C)階段/はしご状穿孔板(接線断面、カツラ)、V：道管、矢印：単穿孔、矢尻：道管要素の尾部

道管要素の中でも、穿孔板よりも先端の尻尾のような細った部分は、便宜的に尾部(tail)などと呼ばれる。これに対して、穿孔板間の太い部分は胴部(body)と呼ばれる(**図4-8**B)。

(2)　道管の管孔性・配列・分布密度／構成要素率

a. 管孔性

道管の管孔性(porosity)とは、一つの成長輪内における道管径の変化の様子のことである。管孔性から、道管をもつ大多数の広葉樹材は、環孔材、半環孔材、散孔材に分けられる(2.2.2および口絵を参照)。ヤマグルマ(**図4-9**C)など、道管を欠く木材は無孔材あるいは無道管広葉樹材と呼ばれる。

b. 複合と配列

他の道管と接触せず、周囲をほかの種類の構成細胞に完全に囲まれている道管を孤立道管(solitary vessel)というのに対して、複数の道管が接触して集団をなしているものを複合道管(multiple vessel)という。複合道管の中でも放射方向に連なるものは放射複合道管(vessels in radial multiple)、3つ以上の道管が特定の方向に偏らずに接触して一団をなすものは集団道管(vessel cluster)という。横断面で見た時の形容として、孤立管孔、複合管孔のように(2.2.2参照)、道管ではなく管孔(pore)という呼び方も一般的である。

道管は特徴的な配列(vessel arrangement)を示すことがあり、横断面で見た

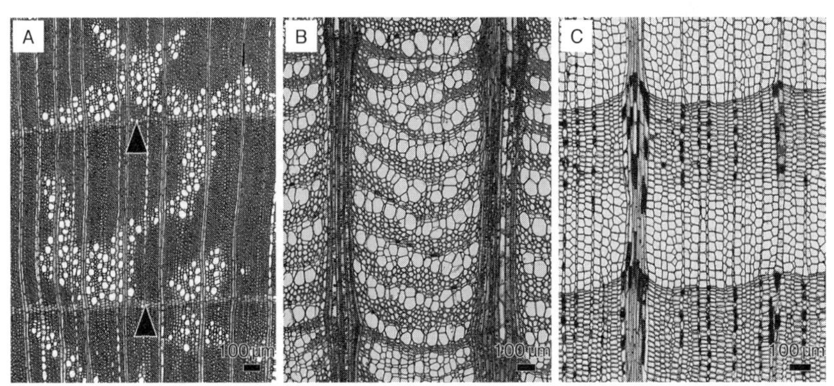

図4-9　特徴的な広葉樹材(横断面)
(A)紋様孔材(ヒイラギ)、(B)花綱状の道管配列(ヤマモガシ)、(C)無孔材(ヤマグルマ)、矢尻：成長輪界状柔組織

時の分布状態に基づく以下の3つの特徴的な型が知られる。

接線状(tangential bands)：接線方向(年輪とおおよそ平行)へ帯状～波状に細長い集団をなす(口絵：ケヤキ、ハリギリ)。

放射状あるいは斜線状(diagonal and/or radial pattern)：放射組織に対して平行～斜め方向に並ぶ(口絵：カシ類、クリ、スダジイ、ナラ類)。

火炎状(dendritic pattern)：道管の分布域が非分布域から明確に隔てられていて、火炎状や樹枝状を呈する(口絵：クリ、ナラ類；**図4-9**A)。

接線状配列のうち、蛇行するものはニレ型(Ulmoid；口絵：ケヤキ)、弧状を呈するものは花綱状(festooned；**図4-9**B)と称される。また、横断面で集団道管を見た時の道管の集合状態は(小)塊状とも形容される。

c. 管孔性と道管の配列に基づく慣用的な呼称

道管の径変化や配列は、木材解剖学的には以上のように整理されているが、中間的でどれかひとつの型に明確に当てはまりにくい場合も多々ある。また、日本では道管の配列の特徴に応じた慣用的な広葉樹材の呼び分けが定着している。環孔材に関しては、孔圏外の小道管の配列が接線状のもの、放射状のものをそれぞれ環孔波状材(口絵：ケヤキなど)、環孔放射材(口絵：クリ、ナラ類)と呼び、孔圏外道管がそのような特徴的な配列を示さず散在するものを環孔散点材(口絵：ヤチダモ)と呼ぶのが一般的である。散孔材に関しては、配列が放射状のものを放射孔材(口絵：カシ類)、顕著な火炎状のものを紋様孔材(**図4-9**A)と呼び、単に散孔材という場合には、そのような特徴的な配列を示さず、全体に均一に散在するものを指すのが一般的である。半環孔材(口絵：オニグルミ、クスノキなど)は散孔材に含めて扱われることが多い。

d. 分布密度と構成率

道管の分布密度は、樹種・分類群によって異なり、木材解剖学分野で木材組織の解剖学的特徴を記録する際に記載すべき特徴のひとつに定められている。材組織での道管の構成率は、分布密度と直径で決まるが、10％に満たない低いものから、半分程度を占めるものまで変異が大きい(**表4-4**)。これらの形質は木材の物性や加工性を大きく左右する。

表 4-4　日本産主要広葉樹材の組織・細胞の構成率(%)と繊維長(括弧内：平均値)

樹種(科名)	道管要素	木部繊維	軸方向柔組織	放射組織
カツラ(カツラ科)	51.9	39.5 (1.5 mm)	0.6	8.0
ウダイカンバ(カバノキ科)	18.3	71.8 (1.5 mm)	1.6	8.3
キリ(キリ科)	17.8	41.2 (0.9 mm)	36.9	4.1
クスノキ(クスノキ科)	12.2	66.9 (1.1 mm)	12.5	8.4
ケヤキ(ニレ科)	14.3	58.5 (1.2 mm)	16.7	10.5
ヤマザクラ(バラ科)	20.3	57.0 (0.9 mm)	3.2	19.5
ブナ(ブナ科)	41.2	32.1 (1.1 mm)	9.2	17.5
ミズナラ(ブナ科)	12.6	65.6 (1.1 mm)	6.8	15.0
イタヤカエデ(ムクロジ科)	14.1	66.9 (0.7 mm)	3.5	15.5
ヤチダモ(モクセイ科)	5.6	72.9 (1.3 mm)	2.9	18.6
ホオノキ(モクレン科)	30.9	59.0 (1.3 mm)	0.5	9.6
ドロノキ(ヤナギ科)	36.6	59.5 (1.3 mm)	0.2	3.7

資料：木材工業編集委員会編(1966)

(3)　道管に見られる様々な特徴的構造

a. 道管相互壁孔

道管要素どうしが接触する共通壁には、穿孔板の部分を除き、道管相互壁孔(intervessel pit)と呼ばれる有縁壁孔対が頻出する。その配列は、(1)水平方向に線形の壁孔が並列する階段状(はしご状ともいう；scalariform)、(2)円形ないし楕円形の壁孔が道管要素の軸に対して垂直方向に並ぶ対列状(opposite)、(3)同じく斜め方向に並ぶ交互状(alternate)に分けられる(**図 4-10** A～C)。交互状の道管相互壁孔では、壁孔が密集すると各壁孔の輪郭が多角形になる。

道管相互壁孔の壁孔壁(膜)には、ごく一部の例外的な分類群を除いて、針葉樹材の仮道管で見られるようなトールス・マルゴの区別はない。一般には、一次壁のみ、または一次壁と細胞間層で構成され、均質なシート状を呈する。この壁孔壁の空隙は、針葉樹材仮道管の有縁壁孔対のマルゴに比べると小さい。その分、より強い毛管力で水が保持される。これにより、広葉樹材では率先的に通水障害を起こして空洞化した道管から、道管相互壁孔を介して隣接する水の詰まった通水中の道管へと通水障害が進展するのが抑止される。

b. 道管放射組織間壁孔

道管要素と放射柔細胞との共通壁にも壁孔対は頻出し、とくに道管放射組織間壁孔(vessel-ray pit)と呼ばれる。その形状や壁面での現れ方(vessel-ray

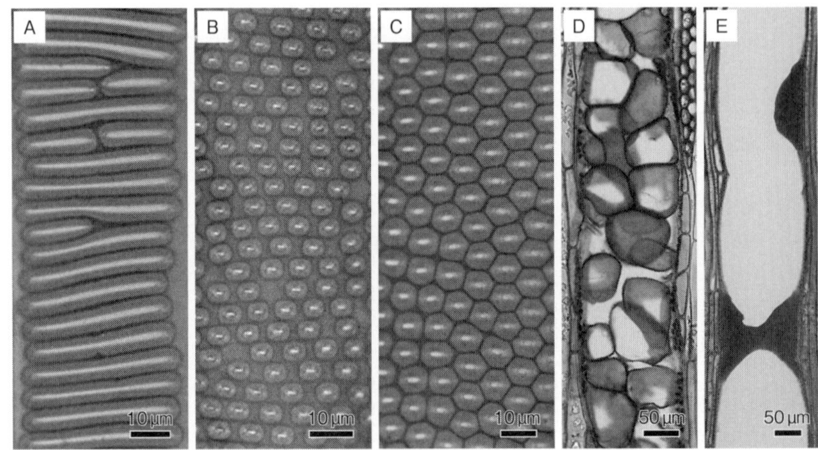

図4-10　道管相互壁孔（A〜C、接線断面）と道管閉塞物（D、接線断面；E、放射断面）
（A）階段状（ホオノキ）、（B）対列状（ミズキ）、（C）交互状（イタヤカエデ）、（D）チロース（クスノキ）、（E）ゴム質（キハダ）

pitting）は多様で、まさ目切片で光学顕微鏡によりその透過像を見た時の特徴から、壁孔縁が発達した道管相互壁孔と同様な形状の壁孔が密集するもの、壁孔縁が未発達で階段状を呈するものなど、数タイプに類型化されている。存否に関しては、すべての放射柔細胞との間に壁孔対を生じることもあれば、放射組織の中でも上下縁辺の細胞列に限って壁孔対を形成することもある。

c. 道管閉塞物

道管が通水機能を失うと、隣接する放射柔細胞や軸方向柔細胞からチロース（tylosis）またはゴム質（gum）と呼ばれる閉塞物が形成される（**図4-10**D、E）。チロースは、母体となる柔細胞の原形質体が道管・柔細胞間の壁孔対を通して膨出し、形成層細胞から木部細胞が形成されるのと同様な過程で完成する。その細胞壁は、一般には木部細胞全般と同じく、セルロースとヘミセルロース、リグニンで構成される。一方のゴム質は、セルロースを欠き、主にヘミセルロースで構成されることが知られていたが、最近になって心材形成に伴ってバニリン酸などのポリフェノールが二次的に沈着することが明らかにされている。

どちらの閉塞物が形成されるかは、それら閉塞物を産生する柔細胞と道管との間の壁孔対のサイズと密接な関係がある。例外もあるが、道管側の孔口の長径がおおよそ4 μmを超えるとチロース、それよりも小さいとゴム質が形成されるという報告例がある。

チロースやゴム質の形成部位は、樹種により異なる。環孔材の孔圏道管は、一般に形成後1年以内に通水機能を失い、間もなくそれら道管閉塞物で閉塞されてしまう。言い換えると、チロースやゴム質は辺材の外層部で形成され始める。これに対して散孔材や環孔材の孔圏外道管では、道管の通水機能の維持期間が長いため、環孔材の孔圏道管よりも道管閉塞物が形成されるのが遅れる傾向がある。中には心材形成時に一斉に閉塞物が生じる樹種もある。

4.2.2　仮道管と木部繊維

(1)　種類と形態的な特徴

仮道管と木部繊維は、道管要素と柔細胞を除く細長いすべての細胞として、まとめて木部繊維(wood fiber)と括られることもある。また、同じく一括りに穿孔を持たない管状要素(imperforate tracheary element)という呼称もある。以下、代表的なタイプの特徴を記す。

道管状仮道管(vascular tracheid)：小径道管の集団内で道管要素に混在し、道管要素と形態が酷似するが、穿孔を持たない。

周囲仮道管(vasicentric tracheid)：道管の周りに現れる径が大きく短めの繊維状の細胞で、有縁壁孔が頻出し、通直にならず屈曲・湾曲が目立つ。

繊維状仮道管(fiber-tracheid)：小径で細長く、有縁壁孔を持つ。

真正木繊維(libriform wood fiber)：繊維状仮道管に似るが、単壁孔を持つ。繊維状仮道管よりも厚壁で短い場合が多い。

以上のほかに、形成完了後も貯蔵物質を保持するliving wood fiber、二次壁堆積後に薄い隔壁を形成して内腔を分室化する隔壁木繊維(septate fiber)などがある。無道管広葉樹材(無孔材)の主要構成要素である繊維状の細胞は、単に仮道管と呼ぶのが一般的である。

(2)　木部繊維の寸法

木部繊維は、針葉樹材の仮道管に比べてかなり短い(**表4-4**)。木部繊維群の密度・性質は壁厚そのものよりも細胞径に大きく左右されるため、木部繊維の厚薄は壁厚の値に対する内腔径の比で評価する。従って、壁厚が同じでも、

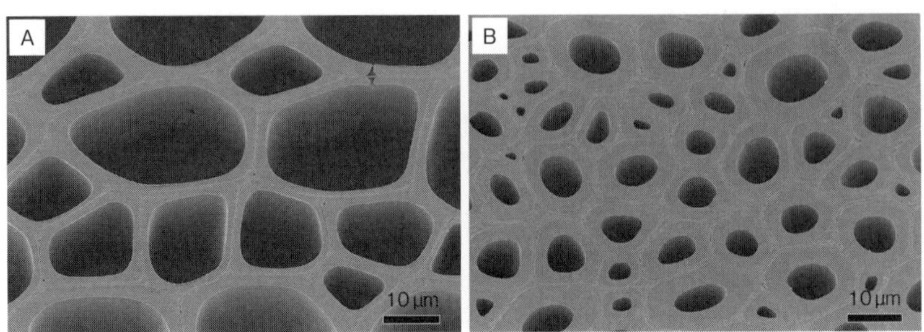

図4-11 木部繊維(横断面)
(A)薄壁(キリ)、(B)厚壁(ミズナラ)

内腔径が小さいと厚壁、内腔径が大きいと薄壁と形容する(**図4-11**)。木部繊維の寸法と細胞壁の厚薄は、木材の物理的性質やこれを原料に製造される紙パルプの性質を大きく左右する。

4.2.3 軸方向柔組織

広葉樹材では、軸方向柔細胞はほぼすべての分類群に存在し、構成比率も変化に富み、さらに分布型・配列も多様である(**図4-12**)。以下、主なタイプについて特徴を記す。

1) 独立柔組織(apotracheal parenchyma):道管と接触せずに分布する軸方向柔組織。

独立散在(diffuse):孤立して散在する(**図4-12**A)。

短接線状(diffuse-in-aggregate):短く不連続な接線状ないし斜線状に分布する(**図4-12**A)。

2) 随伴柔組織(paratracheal parenchyma):道管に随伴する軸方向柔組織。

随伴散在(scanty paratracheal):道管と接触して散発、あるいは道管を不完全な鞘状に取り囲む。

周囲状(vasicentric):道管を鞘状に完全に取り囲み、分布域が部分的に突出せず円形ないし楕円形を呈する(**図4-12**C;口絵:クスノキなど)。

翼状(aliform):周囲柔組織のうち、翼を広げたように接線方向に長いもの(**図4-12**D;口絵:キリ)。道管近くでの分布域のくびれ/膨らみ具合により「まぶた型(lozenge-aliform)」と「かもめ型(winged-aliform)」に細分さ

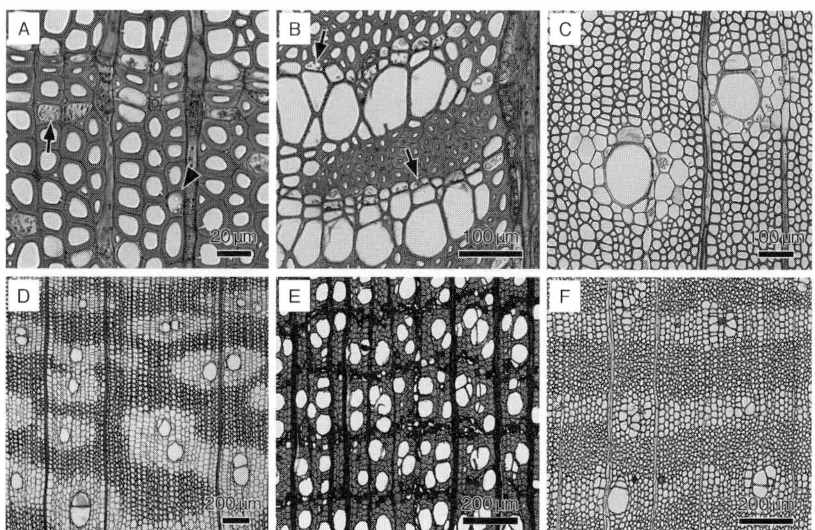

図 4-12　広葉樹材の軸方向柔組織(横断面)
(A)独立(矢尻)、短接線(矢印)(アサダ)、(B)帽状/幅の狭い帯状(矢印)(ヤマモガシ)、(C)周囲(クスノキ)、(D)翼状、連合翼状(キリ)、(E)幅の狭い帯状、部分的に網状(イスノキ)、(F)幅の広い帯状〜連合翼状(ムクロジ)

れる。

連合翼状(confluent):周囲状または翼状の柔組織が複数連結したもの(**図 4-12**D、F;口絵:キリ)。

帽状(unilateral paratracheal):道管の外(樹皮)側または内(髄)側に偏って随伴するもの(**図 4-12**B)。

3) 帯状柔組織(banded parenchyma)道管の配置に影響されず、接線方向に直線状、帯状、波状あるいは斜線状に長く連なる。連合翼状との中間的な特徴を示し、どちらか一方に分類し難いことも多々ある(口絵:ナラ類、カシ類、オニグルミ)。

網状(reticulate):帯状柔組織のうち、互いの間隔が一定し、しかもその間隔が放射組織相互間の間隔とも概ね等しく、両組織がマス目状を呈する(**図 4-12**E)。

階段状/はしご状(scalariform):網状と同様であるが、帯状柔組織の間隔が放射組織の間隔よりも明らかに狭い。

成長輪界状(marginal)：成長輪/年輪の境界部で完全ないし断続的に層をなす(**図4-9**A；口絵：ホオノキ、イタヤカエデ、トチノキなど)。このうち成長輪/年輪の最外層(成長輪/年輪境界のすぐ内側)に分布するものをターミナル(terminal)柔組織、成長輪/年輪の最内層(成長輪/年輪境界のすぐ外側)に存在するものをイニシャル(initial)柔組織に細分することもある。

4.2.4　放射組織

広葉樹材の放射組織は、放射仮道管を欠き、もっぱら放射柔細胞で構成される樹種が多い。しかし、各放射組織のサイズや構成比率は変化に富み、このことは広葉樹材の多様な木目を産み出す要因のひとつになっている。個々の放射柔細胞の形状も変化に富む。各放射組織においてどのような形状の放射柔細胞がどのように集合しているのかは、樹種・分類群ごとに特徴的で、いくつかのタイプに類型化されている。また、特異な機能をもつ細胞も存在する。

(1)　放射組織のタイプ

a. サイズによる分類

幅の違いによる呼び分けと各タイプの特徴を以下に記す。

単列放射組織(uniseriate ray)：1細胞幅の(放射柔細胞が縦方向に1列に並ぶ)放射組織(**図4-13**A～C)。

多列放射組織(multiseriate ray)：幅が2細胞以上(構成細胞が2列以上並んでいる部分がある;**図4-13**B)。2列のものは、特に複列放射組織と呼ばれることもある。

広放射組織(broad ray)：多列放射組織の中でも、10細胞幅を超え、高さ(樹軸方向の長さ)も数mm～数cmに達する特に大きな放射組織(**図4-13**B)。複合放射組織(compound ray)とも呼ばれる。ナラ・カシ類などに見られる虎斑や銀杢と呼ばれる杢の成因になる。

b. 細胞構成、分布による分類

肉眼的に広放射組織と似るが、それとは異なる放射組織のタイプとして、集合放射組織(aggregate ray)がある。これは、小型の放射組織が部分的に密集した一団である(**図4-13**C)。

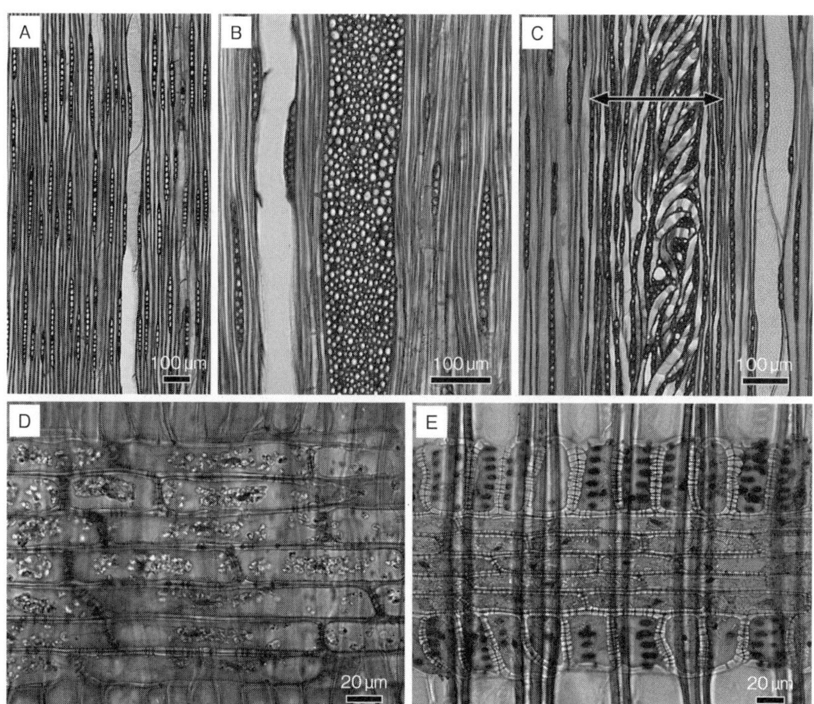

図 4-13　広葉樹材の放射組織（A〜C：接線断面、DとE：放射断面）
（A）層階状に配列する単列放射組織（トチノキ）、（B）広放射組織（ブナ）、（C）集合放射組織（両矢印）（ヤマハンノキ）、（D）平伏細胞からなる同形放射組織（アオダモ）、（E）異形放射組織（マンサク）

放射柔細胞は放射断面で見た時の形状から、以下のように分けられる。

平伏細胞：放射方向に長い放射柔細胞。

方形細胞：ほぼ正方形の細胞。

直立細胞：放射方向よりも軸方向に長い細胞。

これら3種の細胞のうち、1種のみで構成される放射組織は同形放射組織（homocellular ray）、2種以上で構成される放射組織は異形放射組織（heterocellular ray）という（**図 4-13**D、E）。平伏細胞と方形・直立細胞が混在する異形放射組織では、方形・直立細胞は当組織の上下縁辺の細胞列に存在することが多いが、そのような一定の傾向を示さずに当組織内の全域に散在する樹種・植物群もある。

同じく平伏・方形・直立細胞に関連した分類として、以下の2型がある。

同性放射組織型(homogeneous ray tissue)：材内のすべての放射組織が平伏細胞のみで構成される。

異性放射組織型(heterogeneous ray tissue)：材内のすべて、または一部の放射組織が方形細胞または直立細胞を含む。

(2) 特殊な細胞

特定の樹種・植物群にのみ見られる特殊な細胞・組織について、以下に概説する。

a. 鞘細胞

板目面で4列以上の多列放射組織を見た時、大きな細胞(多くは直立細胞)が連続的ないし断続的に組織を縁取るように並ぶことがある(エノキなど)。この大型の放射柔細胞は鞘細胞(sheath cell)と呼ばれる。

b. 乳管、タンニン管

放射組織には、単一の細胞または道管のように複数の細胞の連結により構成される、放射方向に長い管状の構造が見られることがある。このうち内部に乳液と呼ばれる淡色の内容物を含むものを乳管(latex tube/laticifer)、タンニンを含むものをタンニン管(tanniferous tube)という。

c. タイル細胞

放射組織の中心部の平伏細胞列群の中に、内容物をもたない直立細胞が放射方向に連なることがある。この直立細胞をタイル細胞(tile cell)という。これまでタイル細胞が確認されているのは、アオイ目の一部のみである。

4.2.5 特徴的な細胞・構造・含有物

特定の組織に限らず現れる特異な細胞や構造について、以下に代表例を記す。

(1) 異形細胞

広葉樹材では軸方向柔組織や放射組織に、通常の形態の構成細胞に混在または随伴するのがよく見られる。木材の中には特有の香気を放つものがあるが、多くの場合、油細胞(oil cell)と呼ばれる異形細胞に含まれる精油に由来する(**図4-14**A；口絵：クスノキ)。油細胞は、モクレン科、クスノキ科、コショウ科など、特に原始的被子植物や被子植物基幹群(basal angiosperm)に位置づけられる植

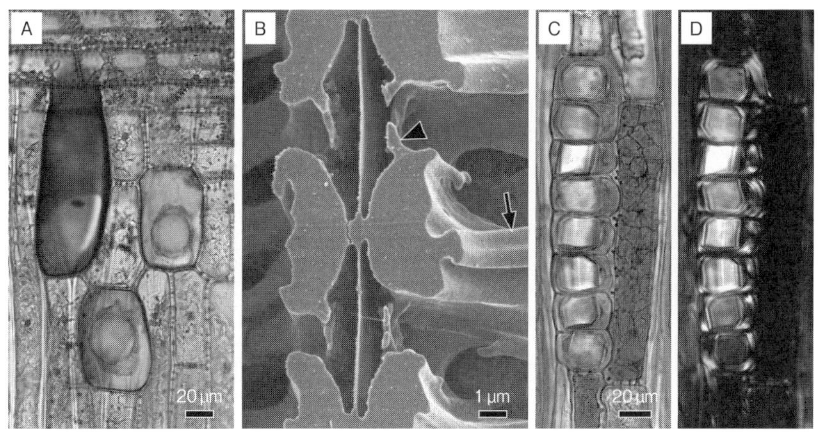

図 4-14　広葉樹に見られる特徴的な細胞、構造（放射断面）
(A)油細胞（クロモジ）、(B)ベスチャー（矢尻）とらせん肥厚（矢印）（ハリエンジュ）、(C、D)多室結晶細胞の通常像(C)と偏光像(D)（イスノキ）

物群に頻出する。

粘液を含む異形細胞は、粘液細胞(mucilage cell)と呼ばれる。無機結晶を含む異形細胞も多くの分類群でよく見られる。いずれの異形細胞も、軸方向柔組織、放射組織のどちらにも生じる。

(2)　樹脂道とエピセリウム細胞

針葉樹材と同様に、エピセリウム細胞と樹脂道が一部の樹種・植物群（日本産木材ではまれ）に正常な構造として存在する（軸方向、放射方向とも）。軸方向樹脂道は、樹種・植物群によって散在あるいは接線状などの特徴的な分布型を示す。樹種・植物群によっては、傷害性の樹脂道を形成するものもある。

(3)　層階状構造

構成細胞や組織が水平方向に整然と並んだ状態を層階状構造(storied structure)という（**図 4-13**A）。層階状構造は特定の樹種・植物群のみに見られる特徴で、層階状構造を示す細胞・組織の種類も樹種・植物群により決まっている。層階状構造は、リップルマーク(ripple mark、さざ波杢とも呼ばれる)という材面の微細な縞模様の成因になる。

(4)　細胞壁の特異構造

一部の針葉樹材の仮道管と同様に、特定の樹種・分類群の広葉樹材にもらせん肥厚が見られる(**図4-14**B)。とくに道管要素のらせん肥厚は、隆起線の長さや配向、分岐の有無・頻度などの形態が変化に富む。出現部位についても、同一の材内で小径の道管要素にのみ存在する、あるいは道管要素の尾部(**図4-8**B)にのみ存在するなど、いくつかのパターンに分かれる。

このほかにも、いぼ状突起とこれに類似したベスチャー(vesture)と呼ばれる突起物がある(**図4-14**B)。両者とも化学成分は同様である。いぼ状突起はサイズが小さく形態が単純であるのに対して、ベスチャーは複雑に分岐するなど形態が複雑である。ベスチャーが存在する壁孔は、ベスチャード壁孔(vestured pit)と呼ばれる。ベスチャード壁孔では、とくに壁孔縁の壁孔室側から孔口にかけて突起が発達する。

これら特異な構造の存否や分布、形状には樹種・植物群ごとに明確な違いがあるため、木材の樹種識別の有効な手掛かりになる。

(5)　無機含有物

広葉樹材では、軸方向柔細胞や放射柔細胞、木部繊維に無機含有物(mineral inclusion)が含まれることが珍しくない。一般的なのはカルシウム塩の結晶で、その多くはシュウ酸カルシウム結晶とされる。その結晶形には、菱形結晶(prismatic crystal；**図4-14**C、D)、集晶(4.1.3を参照)、束晶(raphide)、針晶(acicular crystal)、柱晶(styloid)、砂晶(crystal sand)などがある。広葉樹材で最もよく見られるのは、菱形結晶である。軸方向柔組織と放射組織では、細長い構成細胞の内部に多くの隔壁が生じ、多室結晶細胞(chambered crystalliferous cell)と呼ばれる結晶を含む小部屋が鎖状に連なった構造が見られる場合がある(**図4-14**C、D)。どのような形の結晶がどのような細胞に存在するのかは、樹種ごとの特徴で、樹種識別の有効な手掛かりになることがある。

そのほかにも、シリカ(silica)呼ばれる二酸化ケイ素の粒子が、放射柔細胞や軸方向柔細胞、木部繊維に存在することがある。シリカは、日本をはじめとする温帯産の木材にはまず見られないが、熱帯産の木材には散見される。カルシウム塩の結晶とともに、木材を加工する刃物を痛める原因となる。

4.3 非木材素材

木材以外にも木質材料として多用される植物素材はいくつかあるが、ここでは樹皮とタケ・ササ稈について概説する。なお、樹皮は維管束形成層の発生とともに成立する組織で、一次組織を含む成立後間もない頃と一次組織がすっかり脱離して二次組織で構成される成木時では、構成細胞や構造がかなり異なる。ここで扱うのは、二次組織のみからなる成木の樹皮に限る。

4.3.1 樹皮

樹皮(bark)は維管束形成層よりも外側のすべての組織である。維管束形成層の外側に、木部組織を反映するように、各種の構成細胞が整然と配列した師部組織として形成される。しかし、肥大成長に起因する物理的なストレスにより、やがて構成細胞や組織の変形や破壊が起こることは避けられない。そのうえ、一部の柔細胞が再分化を起こして新たな組織を生じるため、年月の経過とともに形成当初の細胞・組織の形状は原形をとどめないほどに変わり果てる。さらに、もう一つの側生分裂組織であるコルク形成層(phellogen)から生じる周皮(periderm)が加わることで、樹皮組織はなお複雑な様相を呈する。

(1) 周皮、内樹皮、外樹皮

コルク形成層は、外側にコルク組織(phellem)、内側にコルク皮層(phelloderm)を産生する。周皮とは、コルク形成層およびそれに由来する両組織からなる部分である。

コルク形成層の寿命は樹種によって異なる。受傷しない限り生存を続けて周皮形成を年々続けるものから、数細胞程度の薄い周皮を1回だけ形成してすぐに活動停止するものまで、生存・活動期間は多様である。コルク形成層が長寿命な樹種では、カバノキ類やホオノキ、トドマツのように樹皮表面が平滑になるものが多いが、コルクガシ(*Quercus suber*)のように厚く表面が粗いコルク組織を発達させるものもある。短命のコルク形成層を持つ樹種では、二次師部の組織内にコルク形成層が繰り返し発生するため、薄い周皮とその形成により隔離され死んだ師部組織が積層するリチドーム(rhytidome)と呼ばれる構造が発

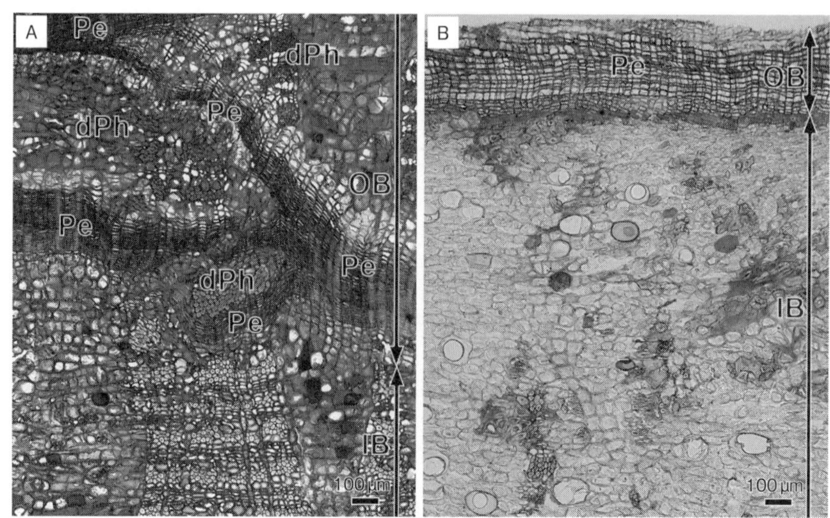

図 4-15　内樹皮と外樹皮の境界付近（横断面；口絵 xiii 頁参照）
（A）リチドームが発達する樹皮（シナノキ）、（B）外樹皮が単一の周皮からなる樹皮（ホオノキ）、IB：内樹皮、OB：外樹皮、Pe：周皮、dPh：周皮で分断され死滅した師部組織

達し（**図 4-15**A）、樹皮の外観は粗くなるのが一般的である。

樹皮は大きく内樹皮（inner bark）と外樹皮（outer bark）の２領域に区切られる。内樹皮は、最も内側に位置する周皮よりも内方の部分で、生きた細胞を多く含む師部組織のみで構成される。外樹皮は、最も内側に位置する周皮から（その周皮を含めて）外側の部分である。上述のコルクガシやカバノキ類など、コルク組織が長寿命の樹種では、外樹皮は単一の周皮で構成される（**図 4-15**B）。コルク形成層が短命で繰り返し再生し、リチドームを発達させる樹種では、外樹皮がリチドームと一致することになる（**図 4-15**A）。

(2)　師部（内樹皮）の構成細胞・組織

師部を構成する組織、および各組織の構成細胞の特徴について、概説する。

a. 通導系の構成細胞

光合成産物を樹体の隅々まで輸送する役割を担う細胞は師要素（sieve element）と総称される。師孔（sieve pore）という小孔がふるい状に密集した師域（sieve area）と呼ばれる領域を細胞壁の随所にもつことが特徴である。師要素は、針葉樹に存在する師細胞（sieve cell）と広葉樹に存在する師管要素（sieve-tube element)の２型に分けられる。両者の違いは、針葉樹の師細胞では師域に存在する師孔のサイズが細胞内の位置に拘わらず一定しているのに対して、広葉樹の師管要素では両端付近の師域が師板(sieve plate)という師孔が大径化した構造になっていることである。師管要素は師板を介して樹軸方向に連結し、師管(sieve tube)を構成する。

師管要素には、伴細胞(companion cell)という柔細胞が随伴する。伴細胞は、師管要素が分化する過程で起こす細胞分裂により副生する。分化完了後の師管要素は、核と液胞、ゴルジ体、細胞骨格、リボソームは失うが、他の細胞小器官と細胞質は保持する。伴細胞は、師管要素では失われた核や細胞小器官などを保持し、母体である師管要素と原形質連絡(plasmodesma)により接続した複合体を構成する。

師細胞、師管要素とも、一般に形成後１～２年で機能を停止し、萎むか潰れる。師部組織は、それら師要素が通導機能を維持している新しい領域、それよりも外側の古い領域に区分けされ、それぞれ“通道している師部(conducting phloem)”、“通道を終えた師部(non-conducting -)”と呼ばれることがある。

b. 師部軸方向柔組織

これを構成する軸方向柔細胞は、紡錘形始原細胞から木部の軸方向柔細胞と同様な過程で形成される。しかし、形成完了後も細胞壁は薄く未木化で、再分裂や再分化を頻繁に起こす。配列や集合状態は、散在(diffuse)、狭い帯状(narrow bands)、周囲状(sieve-tube-centric)などに類型化され、樹種固有の特徴を示す。しかし、年月を経るとその特徴は不明瞭になる。

c. 師部放射組織

放射組織始原細胞に由来する師部放射柔細胞で構成される組織である。構成細胞が完成後も原形質を保持して細胞分裂や再分化を頻繁に起こすこと、年月の経過とともに組織の形状が激変することは、師部軸方向柔細胞と同様である。

針葉樹では、師部放射組織の上下縁辺の細胞列にタンパク細胞(Strasburger cell)と呼ばれる特殊化した直立・方形細胞が並ぶ。このタンパク細胞は、師細胞との間に師孔状の連絡構造をもつこと、隣接する師細胞が死ぬのに伴って死ぬことから、広葉樹の師管要素に随伴する伴細胞と同様な役割を担うとみなされている。

d. 厚壁組織

厚壁組織(sclerenchyma)は、様々な形状の著しく厚壁化した細胞で構成される組織で、針・広葉樹いずれにも存在する。構成細胞として、師部繊維(phloem fiber)、スクレレイド(sclereid、厚壁異形細胞ともいう)、ファイバースクレレイド(fiber-sclereid、繊維状厚壁異形細胞ともいう)の3型がある(**図4-16**A、B；口絵xiii頁)。師部繊維は維管束形成層の紡錘形始原細胞から直接的に形成されるのに対して、スクレレイドとファイバースクレレイドは軸方向・放射柔細胞などの生残した細胞が再分化して生じる。

師部繊維は細長く通直で、両端が尖ることが特徴である。スクレレイドは一般に細長くはならず、形態やサイズが変化に富み、塊状や複雑に分岐するなど奇態な形状を示すものもある(**図4-16**；口絵xiii頁)。その二次壁は木化して多層構造をもち、壁孔が頻出することも特徴である。ファイバースクレレイドは師部繊維とスクレレイドの中間的な細胞で、師部繊維と見分け難い場合がある。

これらの厚壁細胞は、接線方向の帯状(tangential band；**図4-16**A)、放射方向の列状(radial row)など、樹種によって特徴的な配列を示す。ひとつの組織内には、同タイプの厚壁細胞のみが集合する場合もあれば、別タイプの厚壁細胞が混在する場合もある。

シナノキなど、樹皮が繊維利用される樹木はいくつか知られるが、その繊維は師部繊維に由来するものが多い。スクレレイドは樹皮組織に硬さを付与するが、脆くぼろぼろに断片化しやすいため、繊維利用には使えない。樹皮付きのカラマツを素手で扱ったことがある人は、肉眼でかろうじて見えるくらいの微細な棘が指先に刺さって不快な痛みを覚えた経験があるに違いない。この棘の正体は、ファイバースクレレイドである。

e. 分泌構造

師部組織には、樹脂道、ゴム道(gum duct)、乳管、タンニン管、粘液細胞など、木部組織以上に多様で発達した分泌構造と総称される細胞間隙や管、細胞(多くは異形細胞)が見られる(**図4-15**B；**図4-16**C；口絵xiii頁)。産業的に利用価値の高い成分を含むものも多々知られる。漆塗りに使われる樹液は、ウルシ(*Toxicodendron vernicifluum*)師部の樹脂道の滲出物である。天然ゴムは、パラゴムノキ(*Hevea brasiliensis*)師部の乳管由来の乳液から生産される。和紙を漉

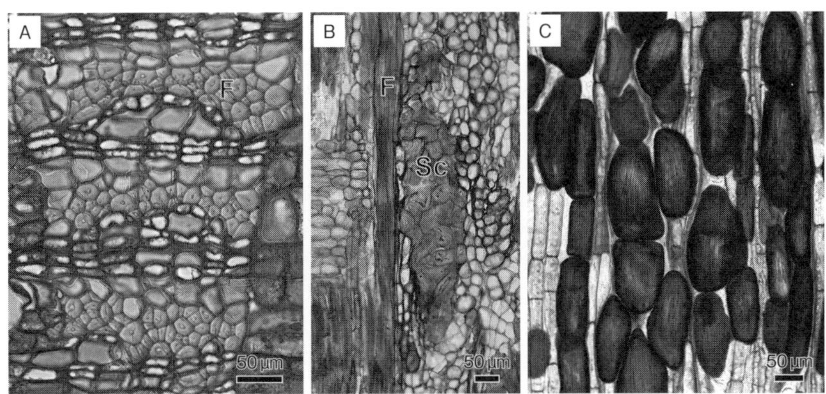

図4-16　師部組織の特徴的な細胞、組織（口絵xiii頁参照）
(A)３つの師部繊集団（シナノキ、横断面）、(B)師部繊維とスクレレイド（アオダモ、放射断面）、(C)粘液細胞群維（ノリウツギ、放射断面）、F：師部繊維の集団、Sc：スクレレイド

くのに使われるノリウツギ(*Hydrangea paniculata*)の粘液は、師部の粘液細胞由来である（**図4-16**C；口絵xiii頁）。

f. 二次的な変化

維管束形成層の内側に形成される木部組織では、一旦完成すると細胞や組織の配置が固定的なのに対して、維管束形成層の外側に位置する樹皮の組織では、肥大成長によって生じる物理的ストレスにより次第に変形し、やがて破壊してしまうことが避けられない。その破壊自体、それにおそらくはその破壊への対応として盛んに起こる師部軸方向柔細胞や師部放射柔細胞の再分化や細胞分裂により、樹皮の組織では常に二次的な構造の変化が生じる。その代表的な現象のひとつが、拡張(dilatation)である（**図4-17**A、C）。

主に拡張を起こすのは、師部軸方向柔組織、師部放射組織である。樹種によってどちらか一方の拡張が目立つ場合もあれば、両組織とも盛んに拡張を起こす場合もある。また、細胞の拡大のみによる場合もあれば、柔細胞の細胞分裂による組織の増殖を伴う場合もある。著しく拡張した師部放射組織は、くさび型(wedge-shaped)とも形容される。どの組織がどの程度の拡張を起こすのかは、樹種によって異なる。

このほかにも、スクレレイドの形成、師部放射組織の厚壁化、三次組織ともいえるコルク形成層由来のコルク皮層細胞の再分化など、樹皮では様々な二次的変化が生じる。これにより、古い樹皮組織は維管束形成層から生じて間もない頃とは全く異なる様相となる(**図4-15〜17**；口絵xiii頁)。

(3)　コルク組織と皮目

コルク組織の主な構成要素は、コルク細胞である。その特徴は細胞壁にスベリンが沈着していることである。スベリン化しない細胞壁をもつ細胞が混成することもあるが、そのような特徴を示すコルク組織細胞はフェロイド細胞(phelloid cell)と呼ばれる。

コルク細胞の形状や配列は多様である。接線径と軸方向径が同程度で放射方向に扁平な細胞で構成されるものが一般的であるが(コルクガシなど)、細長い細胞が接線方向に向いて配列しているもの(カバノキ類など)、あるいは放射方向に長い細胞で構成されるものもある。細胞壁の厚さは多様で、樹種によって異なる。個々の細胞における細胞壁の厚さは必ずしも均一ではなく、外側あるいは内側の接線壁のみが著しく偏って肥厚しているものもある。コルク形成層が長命な樹種では、コルク組織に成長輪を形成する樹種もある(**図4-17**B)。

周皮の内部には、細胞間隙に富むことでコルク組織とは明確に区別される皮目(lenticel)と呼ばれる特異な組織が存在する(**図4-17**C)。皮目は、生きた樹木にとっては樹体内の生命活動に必要不可欠の換気路であるが、コルク組織を利

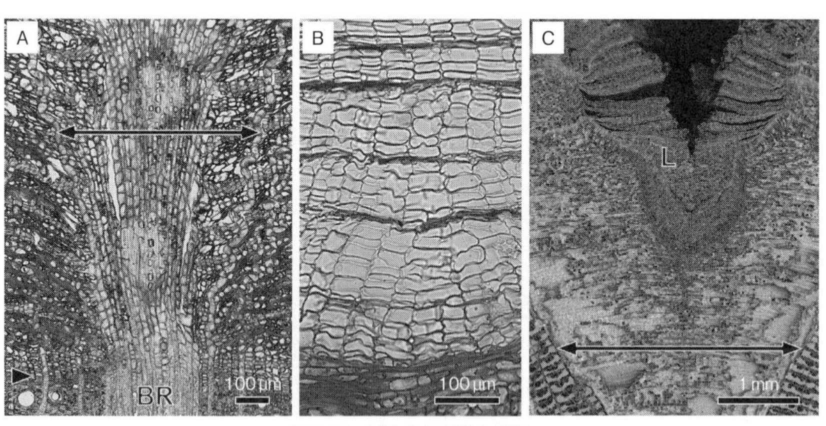

図4-17　樹皮の特徴的な構造

(A)師部放射組織付近の拡張(ミズナラ、横断面)、(B)成長輪が認められるコルク組織(キハダ、横断面)、(C)皮目の内部(シナノキ、横断面、写真提供：関野一喜氏)、BR：広放射組織、L：皮目、矢尻：形成層、両矢印：拡張した組織

用する際には液漏れの原因となる欠点と見なされることがある。

洋酒瓶の栓に使われるコルクは、南欧に分布するコルクガシのコルク組織で、皮目の少ないものが好まれる。日本において伝統建築の屋根葺きに使われる檜皮(ひわだ)(ヒノキの樹皮)、工芸品の保護材や締め具に使われる桜皮(ヤマザクラなど一部サクラ類の樹皮)、先史時代に竪穴住居の屋根葺きなどに多用され、現代では編み細工など工芸に使われる樺皮(カバノキ類の樹皮)は、コルク組織の利用例である。

4.3.2　タケ・ササ

タケ・ササ類を含むイネ科植物の多くで見られる、内部が中空で節の部分に隔壁を持つ茎は稈(culm)と呼ばれる。タケとササは、伸長成長の後に葉鞘が落ちるのか、それとも残るのかで呼び分けられるが、稈の構造は同様である。

(1)　節間

a. 組織構成

内部は髄腔(pith cavity)という大きな空洞になっている(**図4-18**A)。稈組織の最外層は1細胞層の表皮細胞(epidermal cell)からなる表皮(epidermis)で覆われる。表皮にはシリカが頻出し、硬さを付与している。その内側は、下皮(hypodermis)、皮層(cortex)と続く。ここから内方へ広範にわたり柔細胞で構成される基礎組織が存在し、その内部には維管束が散在する。この部分が稈の主体である。髄腔に面した最内層の部分は、10細胞層くらいまでの扁平な柔細胞で構成され、髄冠と呼ばれる。

とくにモウソウチクなど大型のタケ類では、稈組織の髄腔に面して竹紙と呼ばれる薄膜ないし綿くず状の構造物が存在することがある。これは、稈形成の初期段階には詰まっていたが、成長が進むと崩壊した髄組織の遺物である。

b. 維管束

各維管束の中心部の内寄りには、原生道管(protoxylem vessel)と呼ばれる小径の道管が存在し、これを挟んで後生道管(metaxylem vessel)と呼ばれる大径の道管が2つ並列する。その外寄りには、薄壁の師管・伴細胞からなる後生師部が存在する。これら通導組織の間には小径の柔細胞が介在するが、周囲には維管束鞘繊維(bundle sheath fiber)と呼ばれる繊維群が発達する(**図4-18**B)。こ

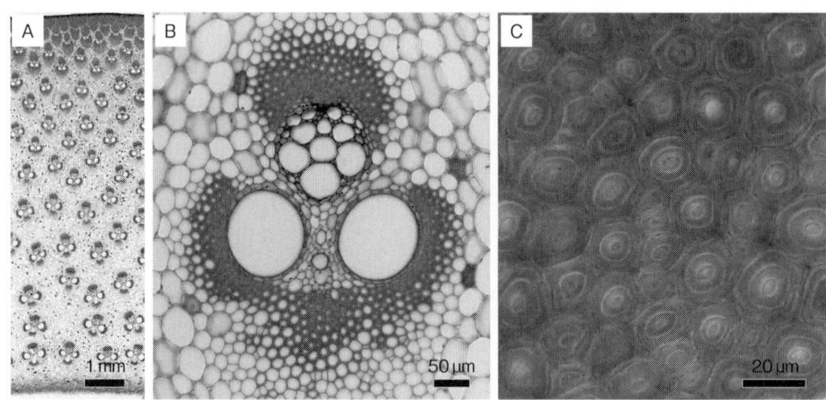

図 4-18　モウソウチク桿（当年生）の横断面（津山濯氏・浜井堅成氏提供）
（A）桿の全域、（B）維管束の拡大、（C）維管束鞘繊維の拡大

の繊維群の発達は、稈の外層ほど顕著である。

後生道管の構造は、広葉樹材の道管と同様である。原生道管は広葉樹の髄近くに存在する一次木部の道管と同類である。維管束鞘繊維には多層構造の厚い二次壁が発達する。その肥厚は１成長期では完了せず、2～4年継続し、最終的に二次壁は内腔をほとんど埋めるほどに厚く堆積する（**図 4-18**C）。

c. 基礎組織

基礎組織を構成する柔細胞は、デンプンなどの養分を貯蔵する役割がある。その細胞壁には木化した二次壁が発達する。この二次壁の肥厚は、維管束鞘繊維と同様に、2～4年継続する。用途や職人の好みにもよるが、竹細工には形成初年の稈は使われず、より強靭になる3～4年目のものが多用される。そのようなタケ・ササ類の齢数による強度的性質の変化には、経年的に進む基礎組織柔細胞と維管束鞘繊維の肥厚が関係している。

(2)　節

稈の随所に節と呼ばれる隔壁が存在する。この隔壁の組織・細胞構成は節間と同様であるが、維管束は水平方向に配列し、湾曲や屈曲を伴う。稈内に一定の間隔でこのような隔壁が存在することは、稈が強風などで大きく曲げられても潰れずに、細長い円筒状の形を維持するために重要な仕組みである。

●参考図書

Evert, R.F. (2006)：“Esau's plant anatomy: meristems, cells, and tissues of the plant body: their structure, function, and development”. John Wiley & Sons, Inc.

伊東隆夫ら(訳) (1998)：『広葉樹材の識別：IAWAによる光学顕微鏡的特徴リスト』, 海青社. ［原著：IAWA Committee, Wheeler, E.A. *et al.* (eds.) (1989)：“IAWA List of Microscopic Features for Hardwood Identification”. *IAWA Bull. n.s.* **10**, 219–332.］

伊東隆夫ら(訳) (2006)：『針葉樹材の識別：IAWAによる光学顕微鏡的特徴リスト』. 海青社. ［原著：IAWA Committee, Richter, H.G. *et al.* (eds.) (1998)：“IAWA List of Microscopic Features for Softwood Identification”. *IAWA J.* **25**, 1–70.］

佐野雄三ら(訳) (2021)：『樹皮の識別：IAWAによる光学顕微鏡的特徴リスト』, 海青社. ［原著：Angyalossy, V. *et al.* (2016): “IAWA list of microscopic bark features”. *IAWA J.* **37**, 517–615. ］

島地 謙ら (2016)：『木材の組織(新装版)』. 森北出版.

日本木材学会(編) (2011):『木質の構造』. 文永堂出版.

福島和彦ら(編) (2011)：『木質の形成 第2版』. 海青社.

古野 毅, 澤辺 攻(編) (2011)：『木材科学講座 2 組織と材質 第2版』. 海青社.

5章 木材の物理的性質

5.1 密度

5.1.1 木材の組織構造と密度

木材には様々な樹種が存在し、それぞれ異なる組織構造を持つことが知られている。一例として、**図5-1**に世界一軽い木材であるバルサと世界一重い木材であるリグナムバイタの3断面の走査電子顕微鏡写真を示す。両者には明らかな組織構造の違いがあり、その違いが重さの違いに大きな影響を及ぼしている。一般に様々な材料の重さを比べるときには、単位体積あたりの質量が用いられ、これを密度と呼ぶ。単位体積あたりの細胞壁の量の違いが樹種による密度の違いとなり、それゆえ組織構造と密度の間には密接な関係がある。なお、日本産主要木材の中で一番軽いのはキリ、一番重いのはイスノキといわれている。

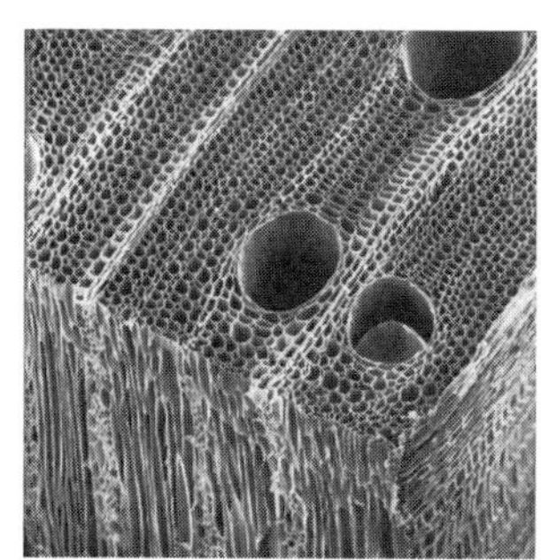

世界一軽い木材　バルサ

世界一重い木材　リグナムバイタ

図5-1　世界一軽い木材と重い木材の3断面(佐伯 1982)

5.1.2 木材の密度

木材の密度測定には、正確に切り出された直方体あるいは立方体の試料が用いられ、試料の質量を外部体積で除すことによりに密度が求められる。このときの外部体積には、組織構造および細胞壁構造に由来する木材内部の空隙と試料表面の空隙を含むことから、木材の密度はかさ密度と考えられる。

木材試験体の密度測定の詳細は日本産業規格(JIS Z 2101：2009)で規定されている。また、木材には吸放湿性が備わっているため、含有水分の増減によって質量も体積も変化することから、どのような水分状態で求められた質量と体積から密度を算出しているのかが重要となる。全乾状態における試験体の密度ρ_0、試験時の含水率がuにおける試験体の密度ρ_u、生材状態における試験体の密度ρ_gは、それぞれの含水率での質量mおよび体積vを用いて、(5.1)〜(5.3)式で定義される。添え字の0、u、gはそれぞれ全乾、気乾、生材の含水率状態を表している。なお、木材の含有水分については次節において詳述する。

$$\rho_0 = m_0/v_0 \quad (5.1)$$

$$\rho_u = m_u/v_u \quad (5.2)$$

$$\rho_g = m_g/v_g \quad (5.3)$$

一方、全乾状態の質量を生材状態の体積で除した値を容積密度Rと呼び、(5.4)式で表される。

$$R = m_0/v_g \quad (5.4)$$

密度の単位は、国際単位系(SI単位系)ではkg/m^{3}であるが、一般にはg/cm^{3}が最も用いられており、木材分野においても頻用される。そこで本節では特に断らない限り、密度の単位としてg/cm^{3}を使用する。なお、造林分野では、立木の実質成長量を表すために(5.4)式で求めたRの単位にkg/m^{3}を用いており、容積密度数と呼んで区別している。

表5-1に数樹種の全乾密度と他材料の密度を示す。木材の全乾密度の範囲は0.10〜1.31(g/cm^3)であり、他材料と比較して小さいことがわかる。

表5-1　木材と他材料の密度(日本木材学会 2007; 石丸ら 2022より作成)

木材樹種	全乾密度(g/cm^3)	他材料	密度(g/cm^3)
スギ	0.35	発泡スチロール	0.02
キリ	0.26	コンクリート	2.40
ブナ	0.51	ガラス	2.2〜3.6
バルサ	0.10	ポリエチレン	0.90
リグナムバイタ	1.31	鉄	7.86

5.1.3　密度と比重

物体の密度は単位体積あたりの質量で定義される。木材分野では従来から物体の密度として、4℃の純水の密度で除した値である比重が用いられてきた。基準とされる4℃の純水の密度は0.999973 g/cm^{3}であるため、厳密には密度と比重の値は一致しないが、実用的には水の密度を1 g/cm^{3}とみなし、同じ値として取り扱われる。なお、比重は物体の密度を水の密度で除しているので、単位のない無次元数である。

比重が1を超えるか下回るかは、物体が水に浮くか沈むかに対応しており、実用的にイメージしやすい値である。しかし、科学技術分野ではSI単位系に準じることが基本となってきたため、現在では木材分野においても比重ではなく密度を用いることが一般的である。

5.1.4 実質密度

木材では全乾状態における細胞壁を構成する木材実質(空隙部分を除いたもの)の密度は真比重とよばれており、SI単位系が普及した現在でもしばしば用いられる。真比重を密度に置き換えた表現としては、実質密度が使われている。木材の実質密度ρ_sは、全乾状態での質量m_0、空隙を除いた木材実質の体積v_sを用いて、(5.5)式で定義される。

$$\rho_s = m_0/v_s \tag{5.5}$$

木材細胞壁を構成する主要な化学成分は、セルロース(構成割合約50%、密度1.55 g/cm^{3}程度)、ヘミセルロース(同20～30%、密度1.50 g/cm^{3}程度)、リグニン(同20～30%、密度1.30～1.40 g/cm^3)である。これらから、木材実質密度は1.46～1.50 g/cm^{3}と推測される。木材実質部分の体積測定に用いる置換媒体(水、ヘリウム、ベンゼンなど)の木材に対する膨潤性の違いにより実験的に得られる値は異なるものの、針葉樹、広葉樹などの樹種の違いによらず、木材の実質密度には1.50 g/cm^{3}が用いられる。

5.1.5 空隙率

木材中には、細胞内腔、細胞間隙、壁孔などの多くの空隙が存在する。木材の外部体積に占める空隙体積の割合を空隙率という。例えば、全乾状態の空隙率c(%)は、全乾状態の木材の実質率m(%)、全乾密度ρ_0、実質密度をρ_sとすると、(5.6)式で定義される。

$$c = 100 - m = \left(1 - \frac{\rho_0}{\rho_s}\right) \times 100 \tag{5.6}$$

なお、木材の実質率mは木材の外部体積に占める木材実質の割合を示し、実質密度ρ_sには前述のとおり1.50 g/cm^{3}を用いる。

表5-2に様々な樹種における木材の全乾状態と気乾状態における空隙率を示す。木材の空隙率は、密度が大きくなるほど小さくなり、樹種により11％～93％まで大きな幅がある。また、木材は多くの樹種において50％以上が空隙であり、そこに空気を含んだ多孔体という特徴を有する。

表5-2　様々な樹種の木材の空隙率（石丸ら 2022：37より作成）

樹　種	空隙率（%）		全乾密度（g/cm^3）
	全　乾	気　乾	
スギ	76.7	73.6	0.35
ヒノキ	75.3	71.4	0.38
カラマツ	64.0	59.8	0.54
キリ	82.7	80.0	0.26
ブナ	66.0	62.2	0.51
シラカシ	47.3	43.3	0.79
バルサ	93.4	92.2	0.10
リグナムバイタ	12.7	11.3	1.31

5.1.6　密度の変動

木材の密度が樹種間で異なることは既に述べたが、樹木は同一樹種であっても生育環境や遺伝的な影響を受けながら成長するので、形成された木部の密度は個体間はもちろん、同一個体の樹幹内においても変動する。木材密度の樹幹内変動のうち、代表的なものを紹介する。

① 半径方向（樹幹放射方向）での変動

通常に成長した個体の半径方向における密度の変動は樹種特有であり、樹心部で低く外周に向かって増加しその後安定するもの、樹心部で高く外周に向かって低下しその後安定するもの、樹心部から外周に向かってほぼ一定の値をとるものに分類することができる。

② 一年輪内での変動

一年輪内での密度の変動様式は樹種によって異なる。**図5-2**にスギ（針葉樹）、クリ（広葉樹・環孔材）、ヤマザクラ（広葉樹・散孔材）における一年輪相当の横断

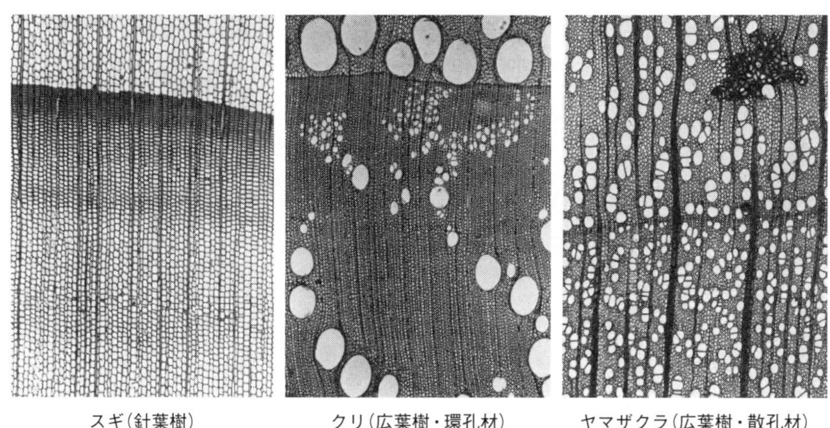

スギ（針葉樹）　クリ（広葉樹・環孔材）　ヤマザクラ（広葉樹・散孔材）

図5-2　針葉樹および広葉樹一年輪相当の横断面写真（佐伯 1982）

面写真を示す。一年輪内の密度は、早材部よりも晩材部で大きくなり、針葉樹で2～4倍とされている。一方で、広葉樹の散孔材では、針葉樹や広葉樹の環孔材と比較して、一年輪内での密度の変動は小さい。

③ 晩材率および年輪幅が木材の密度に及ぼす影響

先に述べたように、早材と晩材は密度が異なるため、木材の密度は晩材率の影響を受け、晩材率の増加とともに木材の密度は増加する。また、晩材率と年輪幅との間には負の相関関係が存在する場合が多い。針葉樹では、通常の場合は年輪幅の増加にしたがって密度が低下する。広葉樹・環孔材では、年輪幅によらず早材部の孔圏部（直径の大きな道管が配列した部分）の幅が一定となるため、年輪幅が広いほど晩材率が高くなり、密度も増加するが、年輪幅が狭いと孔圏部が大部分を占める木部（ぬか目）となるため、密度は低下する。広葉樹・散孔材では、直径が同程度の道管が年輪内にほぼ均一に存在するため、密度の分布は一定の傾向を示さない。

5.1.7　木材の諸特性に及ぼす影響

木材の密度は、強度特性、寸法変化、表面性状、熱伝導性など、様々な物理的・力学的性質と密接に関係している。木材の密度が増加するということは、単位体積あたりの木材実質の割合が増大することであるので、例えば、密度の増加とともに、弾性率、強度、硬さなどの力学的性質は向上する。一方で、密度の増加により、含水率変化にともなう膨潤・収縮による寸法変化が大きくなり、加工性が悪くなり、断熱性も低下する。つまり、密度の増大が必ずしも木材の利用にとって良い結果をもたらすとは限らない。木材の密度とその諸特性に及ぼす影響を正確に把握することは、木材を有効に利用するためにもとても重要になる。

5.2　含有水分

5.2.1　含水率の表し方

立木時には水分を多く含むことからも明らかなように、木材は水との親和性が高い材料である。木材含水率の標準的な測定方法は全乾法であり、試験体を103 ± 2℃で質量一定(全乾状態)になるまで乾燥装置を用いて乾燥する。乾燥前の試験体質量がm_1、乾燥後(全乾状態)の試験体質量がm_2のとき、この木材試験体の含水率u(%)は(5.7)式で定義される。なお、木材試験体の含水率測定の詳細は日本産業規格JIS Z 2101: 2009に規定されている。

$$u = \frac{m_1 - m_2}{m_2} \times 100 \tag{5.7}$$

木材の含水率は水分を一切含んでいない木材実質を基準とする乾燥質量基準で算出するため、空隙の多い木材では含水率が100%を超えることもしばしば生じる。しかし、木材以外の多くの材料では、乾燥前の水分を含んだ状態である湿潤質量基準で含水率を算出するため((5.7)式の右辺の分母にm_1を用いる)、含水率は100%を超えることはない。特に、木材と他材料とで含水率を比較する際には、算出方法を確認するなどの注意が必要である。ただし、チップやペレット等のパルプ用材や燃料用材の場合には、木材であっても湿潤質量基準で含水率を算出する場合がある。また、製材工場等では全乾法ではなく含水率計を用いて測定を行うことが一般的である。

5.2.2　水分含有状態と含水率変化

図5-3に示すように、含有水分量によって木材の水分含有状態は、全乾状態、

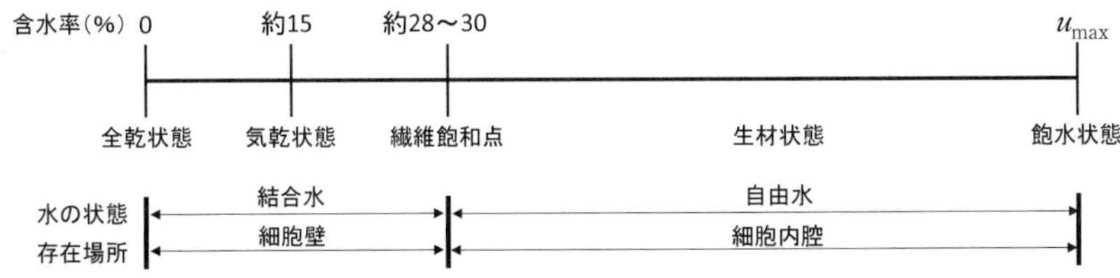

図 5-3　木材中の水分含有状態および水の状態と存在場所（石丸ら 2022：42）

気乾状態、繊維飽和点、生材状態、飽水状態に区分される。また、木材中の水はその存在状態から、細胞壁中に存在する結合水と細胞内腔などの空隙に存在する自由水に区別される。

① 全乾状態：木材を構成する成分の分解がほとんど生じない100〜105℃の温度で乾燥し、質量変化がなくなった（恒量に達した）状態。

② 気乾状態：通常の大気の温・湿度と平衡に達した状態。この時の含水率を気乾含水率といい、日本の気候下では平均15％である。

③ 繊維飽和点（Fiber Saturation Point; FSP）：細胞壁が結合水で満たされ、細胞内腔に自由水が存在しない状態。この時の含水率は樹種、抽出成分等で異なるが、平均して28〜30％とされている。

④ 生材状態：立木または伐採直後の状態。細胞内腔に自由水が存在し、この時の含水率を生材含水率と呼ぶ。

⑤ 飽水状態：細胞壁だけでなく全ての空隙が水分で飽和した状態。その時の含水率を飽水含水率または最大含水率（u_{max}）と呼ぶ。

最大含水率 u_{max}（%）は、繊維飽和点における含水率 u_{fsp}（%）、空隙率 c、木材実質率 m（ただし、$m+c=1$）、全乾密度 ρ_0（g/cm^3）、木材の実質密度 ρ_s（g/cm^3）、全乾体積 v_0（cm^3）、全乾重量 m_0（g）、水の密度 ρ_w（g/cm^3）とすると、（5.8）式のように表せる。さらに、$u_{fsp}=28$（%）、$\rho_s=1.50$（g/cm^3）、$\rho_w=1$（g/cm^3）とおくと、以下の（5.8）'式のように簡略化できる。

$$
\begin{aligned}
u_{max} &= u_{fsp} + \frac{cv_0\rho_w}{m_0} \times 100 \\
&= u_{fsp} + \frac{v_0}{m_0}(1-m)\,\rho_w \times 100 \\
&= u_{fsp} + \frac{1}{\rho_0}\left(1-\frac{\rho_0}{\rho_s}\right)\rho_w \times 100 \\
&= u_{fsp} + \frac{\rho_s-\rho_0}{\rho_{\varepsilon}\rho_0}\rho_w \times 100
\end{aligned}
\tag{5.8}
$$

$$u_{\max}=28+\frac{1.50-\rho_0}{1.50\rho_0}\times 100 \tag{5.8'}$$

5.2.3　平衡含水率

大気中におかれた木材は、大気の水蒸気圧と木材中の水分量が釣り合うように吸・放湿を繰り返す。周囲空気の温度および相対湿度に対して、木材への水分の出入りが平衡に達した時の木材の含水率を平衡含水率と呼ぶ。**図5-4**に所定の温度および相対湿度における平衡含水率を示す。日本の室内の温湿度の範囲を10～30℃、35～80%RHとすると、木材の含水率は7～16%の範囲となり、温湿度の日変化を考慮すると12±4%が室内での平衡含水率となる。また、屋外における木材の平衡含水率は気象条件によって周囲の温度と相対湿度が変わるので、日本国内にあっても地方によって異なるが、この気象条件から推定される木材の平衡含水率(気候値平衡含水率)の全国平均は15%で、その範囲は12～19%と報告されている。

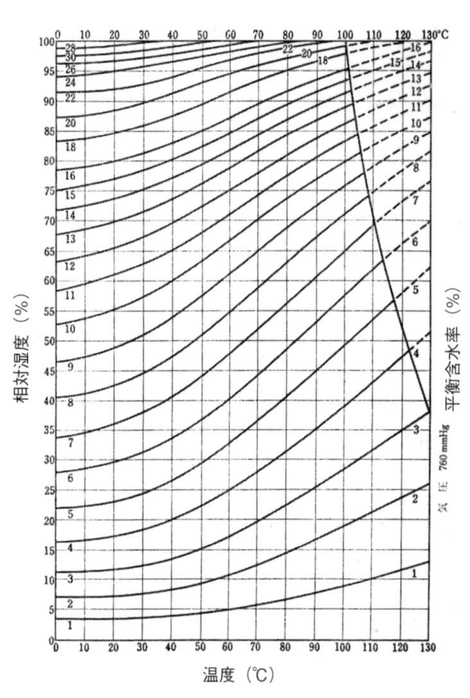

図5-4　木材の平衡含水率
（森林総合研究所監修 2004より作図）

5.2.4　含水率と力学的性質

繊維飽和点以下での含水率変化は、木材の力学的性質に大きく影響する。**図5-5**に20℃におけるヒノキ材の動的弾性率(材料に振動荷重を与えたときの変形のしにくさ) への含水率の影響を示す。繊維方向、半径方向ともに、繊維飽和

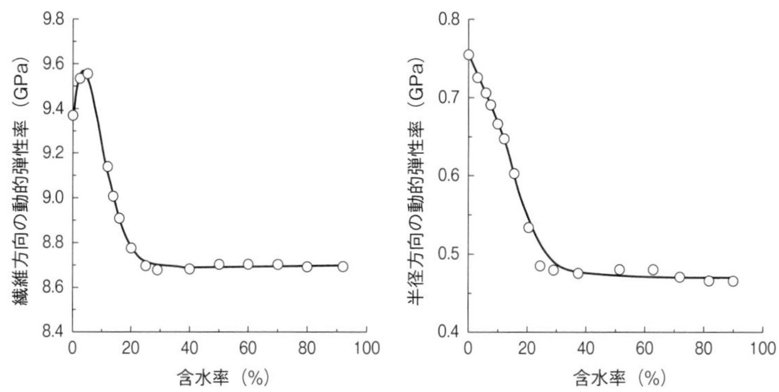

図 5-5 ヒノキ材の動的弾性率への含水率の影響（梶田ら 1961 より作図）

点までは含水率の増加とともに弾性率は減少し、それ以上の含水率ではほとんど変化しない。木材の弾性率の繊維飽和点までの含水率依存性は、木材の膨潤と密接に関係している。木材の膨潤は細胞壁の構成成分の非晶領域に存在する分子鎖間の水素結合を水分子が切断し、分子鎖間を押し広げることで起こる。細胞壁への水分子の侵入によって分子鎖間の距離が広がり、外力への抵抗性が減少する。一方で、繊維方向の弾性率が含水率5～10％で極大を示す現象は、水分子が非晶領域内の先在空隙を充填し、適度な膨潤によるセルロース分子鎖の再配列によって乾燥応力が解放されたためだと考えられている。

繊維飽和点以下の含水率では、木材の強度も弾性率と同様に含水率の増加に伴い減少傾向を示す。ただし、その挙動は強度の種類によって異なる。**図 5-6** に各種強度への含水率の影響を示す。木材の縦圧縮強度（繊維方向への圧縮）、横圧縮強度（繊維直交方向への圧縮）、そして硬さ（めり込み耐力）は、繊維飽和点以下では含水率の増加とともに単調に減少する（**図 5-6** のＡタイプ）。一方、縦引張（繊維方向への引っ張り）、横引張（繊維直交方向

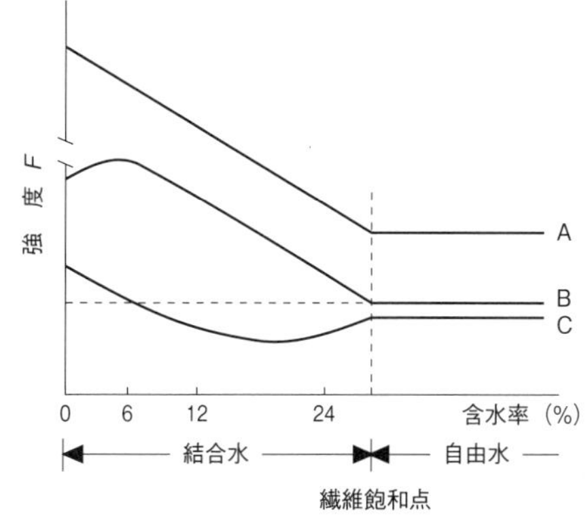

図 5-6 各種強度への含水率の影響（模式図）（高橋 1985）

への引っ張り)、曲げ、せん断(ズレ)、割裂(引き裂き)などは、含水率4～8%で最大値を示した後に減少する(**図5-6**のBタイプ)。衝撃吸収エネルギー(木材をハンマーなどで打突した際に破壊に必要なエネルギー)は、繊維飽和点以下のある含水率で最小値を示す(**図5-6**のCタイプ). なお、含水率1%の増加に対して、縦圧縮強度は6%、横圧縮強度は5.5%、曲げ強度は4%低下し、繊維飽和点以上の含水率では強度は一定となる。

5.3 水分吸着

5.3.1 木材中の水分の保持機構

林地で伐採された直後の丸太には大量の水が含まれている。この水を取り除かないことには、我々は材料として木材を利用できないので、まず木材中の水分の保持機構を理解することが重要である。水蒸気や液体の水は、水分子の酸素原子と他の水分子の水素原子が水素結合し会合状態にある。このときの水素結合の強さは20～35kJ/mol程度で、イオン結合や共有結合と比較するとはるかに小さい。木材中にはこの液体の水だけでなく、木材実質に結合した水分が存在する。

木材を構成しているセルロース分子は結晶領域と非晶領域とに分けられる。水分子は結晶領域へは侵入できないものの、非晶領域には入り込むことが可能で、ヒドロキシ基(-OH)等の親水性基に吸着する。また、ヘミセルロースやリグニンに存在する親水性基にも吸着する。このような水分子の吸着点の存在する表面を内部表面と呼ぶ。乾いた木材の非晶領域に入り込んだ水分子は、手近な親水性基への吸着を繰り返し、乾燥状態で形成されていた細胞壁のネットワーク構造を押し広げ、内部表面を新生していく。

図5-7に木材中の水分の保持機構の模式図を示す。全乾から木材の含水率が増加していくプロセスは、A吸着初期→B単分子層吸着→C多分子層吸着→D毛管凝縮の順番で進行する。このときの木材中の水は、細胞壁内に存在する結合水(分子状態の水)と細胞内腔などに存在する自由水(液体の水)とに分けられる。

結合水は繊維飽和点以下の含水率から存在し、含水率5～6%以下では木材

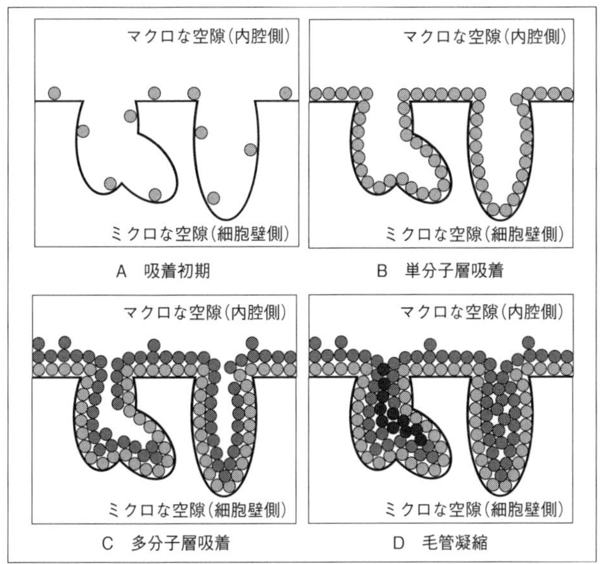

①　結合水

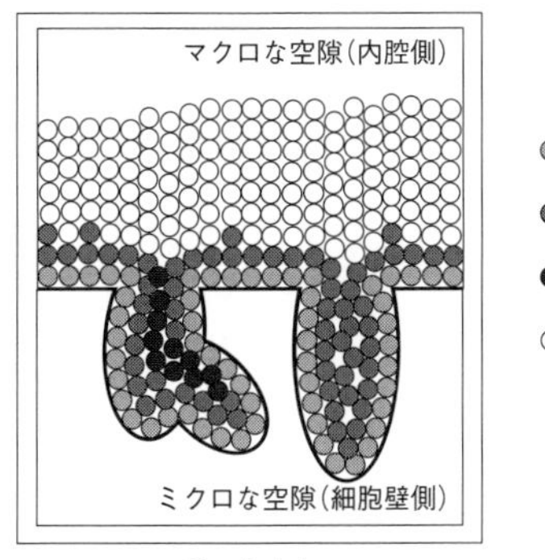

②　自由水

図5-7　木材中の水分(結合水と自由水)の保持機構(模式図)

の内部表面と水素結合やファンデルワールス力で結合した単分子層吸着水が存在する(**図5-7**B)。また、周囲の相対湿度が20～25％を上回って含水率が増していくと、単分子層吸着水の表面上に多分子層吸着水として水分が保持されるようになる(**図5-7**C)。これらの吸着水は、木材実質との間に直接的または間接的な結合関係を有しているため、その増減は木材の物理的・力学的性質に大きな影響を及ぼす。相対湿度が90％を越えてさらに含水率が高まると、細胞壁の微細な毛管構造に起因する毛管凝縮水が存在するようになる(**図5-7**D)。このように、結合水は保持機構の異なる吸着水と毛管凝縮水とからなり、双方を合わせて収着水と呼ばれることがある。

さらに含水率が増加して繊維飽和点以上になると、細胞内腔などのマクロな空隙に液体の水である自由水が存在するようになる。自由水は木材実質とは結合関係を持っておらず、熱特性や電気特性の一部を除き、その増減は木材の物理的・力学的性質にはほとんど影響しない。

5.3.2 吸着等温線

一定温度のもとでの平衡含水率と相対湿度との関係を表すのが吸着等温線(または吸湿等温線)である。**図5-8**に各種材料の吸着等温線を示す。羊毛、革などの生物材料と同様に、木材の平衡含水率はコンクリート、石こう、ナイロンなどの非生物材料に比べて高く、同一相対湿度でより多くの水分を保持できることがわかる。

木材の吸着等温線はS字のシグモイド型を描くのが特徴で、相対湿度0～20％の範囲で平衡含水率は急激に増加し、相対湿度20～80％の範囲ではほぼ

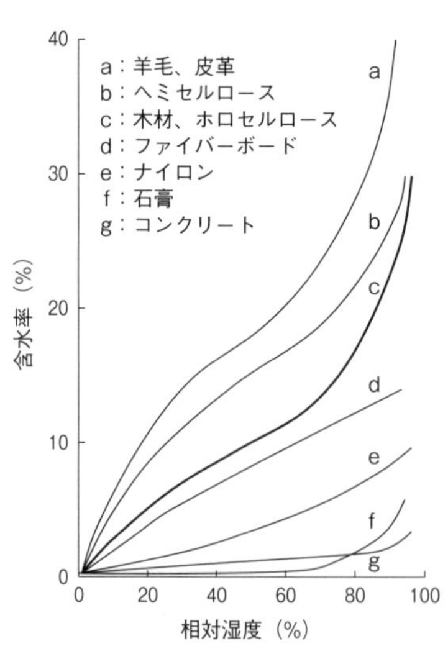

図5-8 各種材料の吸湿(着)等温線
(石丸ら 2022：45)

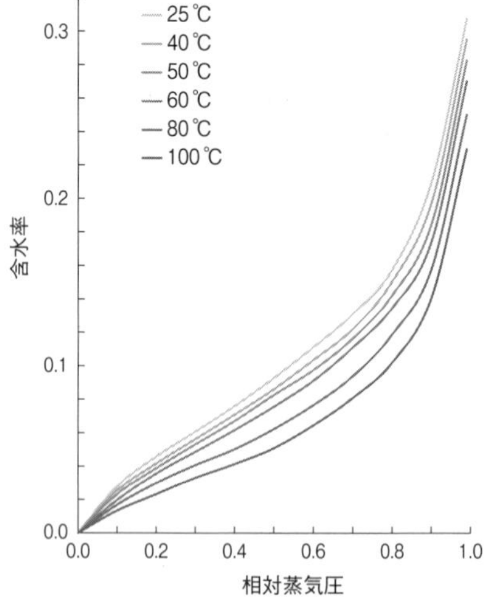

図5-9 種々の温度での吸着等温線
(Stamm *et.al.* 1953より作図)

直線的に増加し、相対湿度90％以上では著しく増加する。この吸着等温線の特徴は**図5-7**の木材中の水分保持機構と密接に関係している。

図5-9に種々の温度で得られたシトカスプルースの吸着等温線を示す。同一相対蒸気圧における平衡含水率は、温度が上昇するにしたがって低下する。この点も吸着等温線の特徴である。

5.3.3 ヒステリシス

周囲空気の相対湿度を変えながら、湿った木材から水分を放湿させるとき、また、乾いた木材に水分を吸湿させるとき、任意の相対湿度おいて放湿によって到達した平衡含水率と、吸湿によって到達した平衡含水率を比較すると、前者の方が大きい。この放湿過程の方が吸湿過程よりも含水率が高くなる現象をヒステリシスとよぶ。**図5-10**に木材の吸・放湿ヒステリシスを模式的に示す。①は立木(生材)からの乾燥過程に対応する水分の脱着等温線、②は全乾状態からの吸湿によって得られる標準的な吸着等温線、③は繊維飽和点からの放湿によって得られる標準的な脱着等温線である。

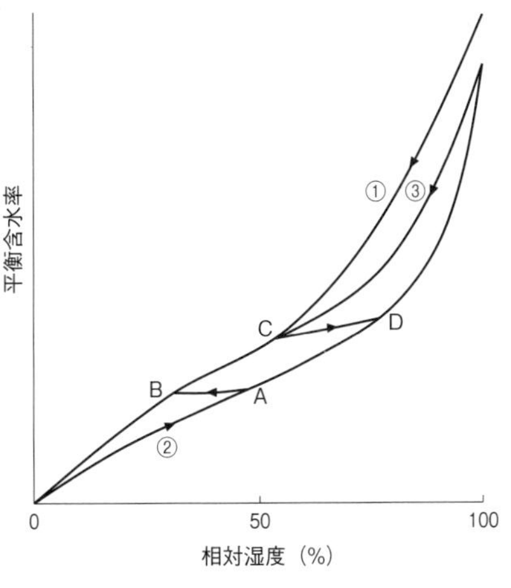

図5-10 木材の吸・放湿ヒステリシス
(石丸ら 2022：45)

一定温度で相対湿度が変化する際に、木材の平衡含水率の変化は、曲線②と曲線③が形成するヒステリシスループ上で生じる。例えば、吸湿過程(曲線②)の途中で脱湿に切り替えたり、逆に放湿過程(曲線③)の途中で吸湿に切り替えたりすると、それぞれ**図5-10**のＡ→ＢあるいはＣ→Ｄを通って、曲線②から曲線③へ、また、曲線③から曲線②に乗り換えるように含水率が変化する。ヒステリシスが生じる原因には諸説あり、大小の細孔が連なっているときに、放湿過程において大きい細孔の毛管凝縮水が抜け出るのを小さい細孔の毛管凝縮水が邪魔をするという、細孔の形状に理由を求めたインクボトル説や、内部表面の消滅(放湿過程)および新生(吸湿過程)は非可逆的で、放湿過程は吸湿過程よりも吸着に有効な内部表面が大きくて平衡含水率が高いという、吸着サイトの有効性に基づく説などが知られている。また、温度が高いほどヒステリシスループが狭くなり、吸着等温線と脱着等温線の差が小さくなることも見出されている。

5.3.4 木材の吸放湿性

木材は吸放湿性のある材料である。**図5-4**に示したとおり、周囲の温湿度条件により、繊維飽和点以下において保持する水分量(含水率)が変化する。すなわち、高相対湿度下では木材の含水率は高くなり、低相対湿度下では含水率は低くなる。この木材の吸放湿性により、置かれた環境に対して木材は調湿性能を発揮する。

小型で大きさの等しい実験住宅２棟が同じ敷地に建てられ、一方には吸放湿性を有する木材内装が、もう一方には吸放湿性を持たないビニル壁紙内装が施されて、冬場の数日間における両住宅の温度と相対湿度の変化が記録された(**図5-11**)。外気の湿度の高い雨天時に、図中の矢印の時点で窓を開けて両住宅内に湿気を流入させ、＊印の時点で窓を閉鎖、その後の室内温度と相対湿度の変化を比較したところ、ビニル壁紙内装では温度変化と逆位相で相対湿度が大きく上下しているのに対し、木材内装では試験開始後１日も経過すると、温度

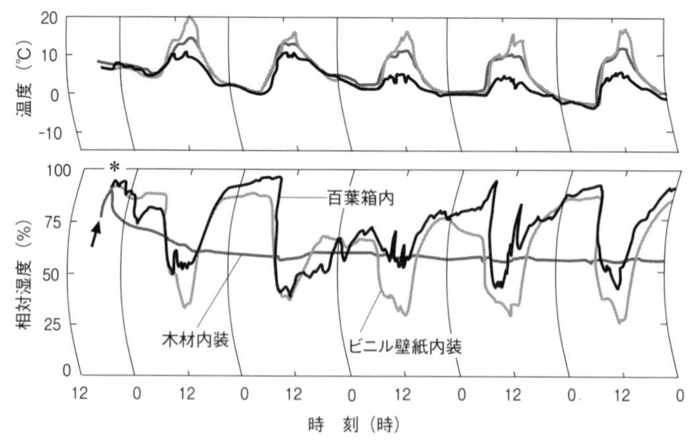

図5-11　小型住宅内の温度と相対湿度の変化(則元ら 1977より作図)

変化によらず相対湿度が55～60％で安定した。すなわち、木材の吸放湿性により、住空間に調湿性能が付与されたのである。

5.4 膨潤と収縮

5.4.1 膨潤・収縮のメカニズム

木材は、使用環境における周囲の温湿度の変化に応じて水分を吸湿あるいは放湿して含水率が変化し、これに伴い寸法が変化する。このときの吸湿に伴う寸法の増大を膨潤、放湿に伴う寸法の減少を収縮と呼ぶ。水分による木材の膨潤と収縮は、細胞壁の非晶領域に水分が出入りし、細胞壁の寸法を変化させることによって生じる。したがって、正常な膨潤と収縮は繊維飽和点以下の含水率域でのみ生じ、繊維飽和点以上の含水率域では生じない。ただし、落ち込みなどの乾燥時の異常収縮は繊維飽和点よりかなり高い含水率域でも生じうる。

木材の膨潤と収縮は、水分だけでなくある程度の水素結合能を持つ有機液体でも生じるが、本節では木材の加工および使用上で最も重要となる水分による膨潤と収縮について述べる。

5.4.2 膨潤率・収縮率

木材が膨潤あるいは収縮する前の寸法をl_1、体積をV_1とし、膨潤後あるいは収縮後の寸法と体積をそれぞれl_2、V_2とする。このとき、線膨潤率α_l、体積膨潤率α_Vは、$l_1 < l_2$、$V_1 < V_2$であるので、それぞれ(5.9)式および(5.10)式で求められる。同様に、線収縮率β_lと体積収縮率β_Vは、$l_1 > l_2$、$V_1 > V_2$なので、それぞれ(5.11)式と(5.12)式で求められる。

$$\alpha_l = \frac{l_2 - l_1}{l_1} \times 100 \quad [\%] \tag{5.9}$$

$$\alpha_V = \frac{V_2 - V_1}{V_1} \times 100 \quad [\%] \tag{5.10}$$

$$\beta_l = \frac{l_1 - l_2}{l_1} \times 100 \quad [\%] \tag{5.11}$$

$$\beta_V = \frac{V_1 - V_2}{V_1} \times 100 \quad [\%] \tag{5.12}$$

体積膨潤率α_Vおよび体積収縮率β_Vは、体積測定を直接行うことなく、木材の各方向の線膨潤率あるいは線収縮率を用いて、(5.13)式および(5.14)式によってそれぞれ計算で求められる。

$$\alpha_V = \left[\left(1+\frac{\alpha_T}{100}\right)\left(1+\frac{\alpha_R}{100}\right)\left(1+\frac{\alpha_L}{100}\right)-1\right]\times 100 \\ \fallingdotseq \left[\left(1+\frac{\alpha_T}{100}\right)\left(1+\frac{\alpha_R}{100}\right)-1\right]\times 100 \fallingdotseq \alpha_T+\alpha_R \quad [\%] \qquad (5.13)$$

$$\beta_V = \left[1-\left(1-\frac{\beta_T}{100}\right)\left(1-\frac{\beta_R}{100}\right)\left(1-\frac{\beta_L}{100}\right)\right]\times 100 \\ \fallingdotseq \left[1-\left(1-\frac{\beta_T}{100}\right)\left(1-\frac{\beta_R}{100}\right)\right]\times 100 \fallingdotseq \beta_T+\beta_R \quad [\%] \qquad (5.14)$$

ここで、α_T、α_R、α_Lはそれぞれ接線方向、半径方向、繊維方向の線膨潤率、また、β_T、β_R、β_Lはそれぞれ接線方向、半径方向、繊維方向の線収縮率であり、さらに、微小項を無視することで、接線方向および半径方向の線膨潤率の和および線収縮率の和で体積膨潤率および体積収縮率の近似値を得ている。

なお、全乾状態から繊維飽和点以上の膨潤状態までの膨潤率を全膨潤率、生材状態から全乾状態までの収縮率を全収縮率とよぶ。

5.4.3　膨潤・収縮の異方性

木材は著しい膨潤・収縮の異方性を示す。接線方向の全膨潤・収縮率が最も大きく3.5～15%、次いで半径方向で2.4～11%、繊維方向で0.1～0.9%である。接線方向：半径方向：繊維方向の膨潤・収縮率の比は10：5：0.5程度で、樹種や密度によって大きく異なる。

図5-12に、生材の異なる部位から種々の横断面（木口面）形状で切り出された材が、その後の乾燥によってどのように変形したかを示す。CとDは切り出されたときは互いに同じ寸法

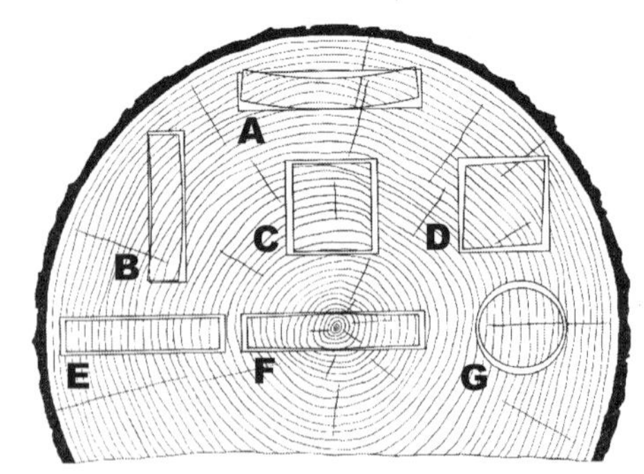

図5-12　生材の異なる部位から切り取った形状の異なる材の変形（Forest Product Laboratory 2021：4-7より作図）

の正方形断面を有する柱材で、Cは2つの縦断面がまさ目面となる二方まさで、Dは4つの縦断面すべてがまさ目面となる四方まさで木取りされている。その後Cは半径方向(垂直)よりも接線方向(水平)に大きく収縮して、断面は半径方向に長い長方形になる。一方Dは、半径方向と接線方向が正方形の対角線にほぼ一致しており、半径方向の対角(右上～左下)よりも接線方向の対角(左上～右下)の方が大きく乾燥収縮するため、断面が平行四辺形になる。円形断面のG(丸棒)も同様の理由で、半径方向(水平)よりも接線方向(垂直)が大きく収縮した楕円形となる。

Aは切り出された当初は長方形断面の板目板である。この断面の中央部ではその接線方向はほぼ水平であるが、端に向かうほど接線方向が「ハ」の字状に傾いていく。最も収縮の大きい方向が材の中心から材縁に向けて変化していくため、樹皮側(木表側)に大きく反ってしまっている。この幅反りと呼ばれる板目板の変形は、最もよく見かける木材の変形のひとつである。

B、E、Fは、切り出されたときはAと同じ長方形断面を有するいずれもまさ目板である。このうちEは完全なまさ目板で、乾燥によって板厚(接線方向)も板幅(半径方向)も収縮するが、板幅に比べて板厚は小さいため、大きな変形には見えない。Bは縦断面にまさ目模様が現れるが、これはAの板目とEのまさ目が混じった追まさであり、乾燥収縮による断面の変形はAとEの中間となる。Fは中心部に髄を含む芯持ちのまさ目板で、中心部はどちらを向いても半径方向なので乾燥による板厚の収縮はわずかであるが、中心から離れるほど接線方向の影響が大きくなり板厚の収縮が増えるため、太鼓型と呼ばれる紡錘形に変形する。

以上のように、木材の含水率変化に伴う膨潤・収縮に異方性が存在するため、生材時の木取りが乾燥後の断面形状に影響を及ぼす。このような膨潤・収縮の異方性、特に横断面(木口面)の異方性は、乾燥過程の変形や割れの原因にもなるため、利用上の大きな問題となる。

膨潤・収縮の異方性の主な原因を以下にあげる。

① 縦断面の膨潤・収縮異方性の原因

木材の繊維方向の膨潤と収縮は横方向と比較して著しく小さい。この原因は主に細胞壁の二次壁中層のミクロフィブリルが繊維方向とほぼ平行に配列しているためと考えられる。

② 横断面の膨潤・収縮異方性の原因

木材の横断面の膨潤・収縮異方性については、古くから多くの研究がなされ、その原因を説明する様々なモデルが提案されてきた。ここではその代表的なものを紹介する。

○早・晩材の相互作用

早材よりも密度の大きい晩材は膨潤・収縮の潜在能力が高く、弾性率も大きい。このため、早材と晩材が並列に配列する接線方向の膨潤・収縮は、早材よりも大きく変形しようとする晩材が弾性率の小さい早材を引っ張る形で生じ、早材と晩材の構成割合に応じた平均値よりも大きく変形する。一方、早材と晩材が直列している半径方向では、それぞれが自由に膨潤あるいは収縮できるため、両者の構成割合に応じた平均的な変形量となる。

○放射組織の影響

放射組織は半径方向にその繊維を配列させているため、半径方向の膨潤・収縮を抑制すると考えられる。放射組織の発達が弱い針葉樹材ではこの効果は限定的だが、幅の広い放射組織を有する広葉樹材では、抑制効果が期待される。

○細胞形状と細胞壁の異方的構造

針葉樹材の仮道管の多くは半径方向に細長い形状をしているので、接線方向の細胞壁厚の和は半径方向のそれよりも大きくなる。木材の膨潤・収縮には細胞壁の幅方向よりも厚さ方向の変形が効くとすると、細胞壁の多い接線方向の方が半径方向よりも大きく変形できる。一方で、1)二次壁中層のミクロフィブリル傾角は半径壁の方が接線壁よりも大きく、つまり半径方向に大きく傾いており、半径方向の変形を抑制できる、2) 有縁壁孔は半径壁に多く、その付近ではミクロフィブリルが壁孔を迂回するためフィブリル傾角が半径方向に大きく傾くため、半径方向の変形を抑制できる、3) 半径壁は接線壁よりも木化の程度が高く、そのため変形能の小さいリグニンが多いので半径方向の変形を抑制できる、のように、細胞壁の異方的構造を膨潤・収縮の異方性の原因とする説もある。

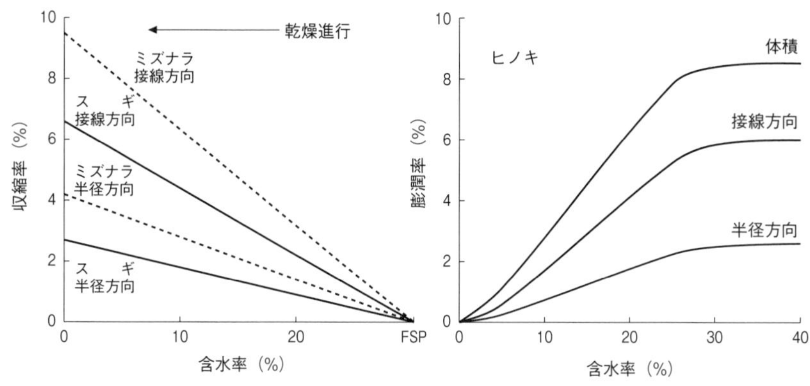

図5-13　含水率と収縮率・膨潤率の関係（右図：石丸 2007：53より作図）

5.4.4　含水率変化と膨潤・収縮

水分による木材の膨潤・収縮は、細胞壁の非晶領域に水分子が出入りして、細胞壁の寸法が変化することに起因する。このとき、繊維飽和点以下での含水率の増減で、膨潤率及び収縮率はほぼ直線的に変化する。**図5-13**左は、乾燥が進行して含水率が繊維飽和点（FSP）以下になったときの含水率と収縮率の関係を模式的に表している。スギよりも密度の大きいミズナラの方が収縮率が大きい。また、厳密には含水率5％未満および繊維飽和点付近で収縮率が若干小さくなるが、実用的には直線とみなされ、含水率1％あたりの平均収縮率は接線方向0.2〜0.4％、半径方向0.1〜0.2％である。

図5-13右は、全乾状態から所定含水率までの体積膨潤率、接線方向の膨潤率、半径方向の膨潤率をヒノキの実測値に基づいて示したものである。全乾状態から繊維飽和点までの含水率範囲において、収縮率の場合と同様に、各膨潤率は概ね含水率に対して直線的に増大し、繊維飽和点以上では膨潤率はほとんど変化しない。ただし、より詳細に見ると、含水率5％以下の低含水率域と20〜25％以上の繊維飽和点付近の含水率域では、含水率に対する膨潤率の勾配が他の含水率域よりもやや小さい。

5.4.5 膨潤・収縮に影響を及ぼす因子

木材の膨潤・収縮に影響を及ぼす因子としては、樹種、樹体内での部位など多数あるが、ここでは密度および化学成分の影響について紹介する。

①密度

図5-14に北米産の121樹種について得られた体積全収縮率と容積密度との関係を示す。図中の回帰直線が原点を通り、その傾きが繊維飽和点の含水率に相当する28%であったことから、体積全膨潤率α_{Vmax}(%)、全乾密度ρ_0 (g/cm³)、体積全収縮率β_{Vmax}(%)、容積密度R (g/cm³)とすると、次の(5.15)式および(5.16)式が成り立つ。

$$\alpha_{\mathrm{Vmax}} = 28\rho_0 \qquad (5.15)$$

$$\beta_{\mathrm{Vmax}} = 28R \qquad (5.16)$$

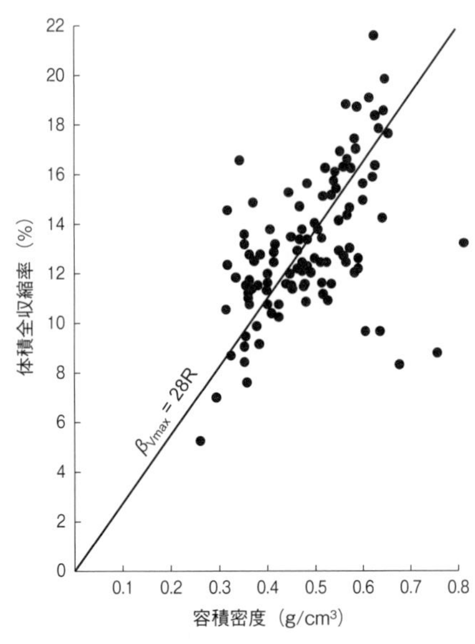

図5-14　生材から全乾状態までの体積収縮率と容積密度の関係（Newlin *et.al.* 1919より作図）

これらの式が成り立つということは、木材の膨潤量および収縮量が細胞壁に吸着および脱着した水分の体積に等しいことを意味する。ただし、**図5-14**において回帰直線から大きく乖離している樹種も多く、そのような試料ではその密度に対して乾燥に伴う寸法変化が多すぎたり少なすぎたりすることになり、その分、細胞内腔の容積を変化させている可能性がある。

なお、接線方向、半径方向および体積の膨潤率と収縮率は、密度の増加にともない直線的に増加する傾向にあるが、繊維方向の場合、繊維飽和点以下であっても含水率と直線関係を示さない。

②化学成分

木材を構成する三大化学成分のうち、セルロースは吸湿性が高く、その含有率の大小は木材の膨潤・収縮率への影響が大きい。実際、セルロースの含有率と木材の全膨潤率との間には正の相関関係が認められている。また、ヘミセルロースはセルロースよりも吸湿性が高いことから、その含有率の増加は膨潤率と収縮率を増加させることが期待される。一方、リグニンはセルロースやヘミセルロースと比較してかなり吸湿性が低く、その含有率の増加は木材の膨潤率および収縮率を低下させる。

抽出成分については、細胞壁における充填効果が認められるため、その含有率が増えると膨潤・収縮率を低下させることが多い。

5.5 弾性

5.5.1 応力

物体に外部から何かしらの力(外力)が働いて、かつその物体が静止している場合を考える。たとえば**図5-15**上のように物体が静止している場合は、外力は釣り合っており、Pと反対の面にはたらくP'の大きさは等しくなる。

外力が作用する物体の内部に任意の断面を仮定する(仮想断面)。仮想断面で

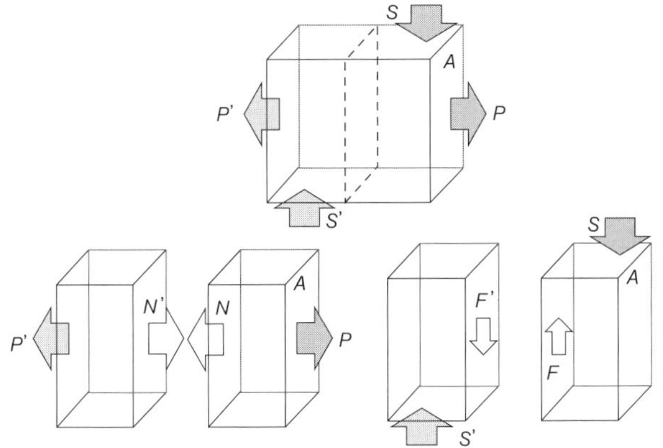

図5-15　物体に働く力

2つの物体に分けて考えたときに両者が静止していれば、仮想断面には物体の内部で働く何らかの力(内力)が作用し、外力との釣り合いが維持されていると考える。この内力を仮想断面の面積で除して、単位面積当たりの力で表したものを応力と呼ぶ。仮想断面に垂直な内力Nを断面積Aで除して得られる応力σは垂直応力と呼ばれる((5.17)式；**図5-15**左下)。

$$\sigma = N/A \tag{5.17}$$

次に、仮想断面に平行な外力Sが物体に作用したとする(**図5-15**上)。物体が静止しているとき、仮想断面をはさんで逆向きの外力S'が作用しており、両者は等しい。このとき、仮想断面には面に対して平行方向に内力Fが働いており、これを断面積Aで除した値はせん断応力τと呼ばれる((5.18)式；**図5-15**右下)。

$$\tau = F/A \tag{5.18}$$

応力は仮想断面に働く単位面積当たりの力なので、その単位はN/m^2またはPaである。

5.5.2　ひずみ

物体が外力を受けると、その力に応じて変形する。その変形の程度は、もとの大きさを基準とした変形量の割合で示される。割合であるため基本的には単位のない無次元量でありひずみと呼ばれる。ひずみには応力と同じく方向があり、方向に応じて垂直ひずみ、せん断ひずみと呼ぶ。

垂直ひずみεは長さl_0の棒がΔlだけ変形(伸びあるいは縮み)した時の割合で、引っ張りに対応して伸びた場合を正とし、圧縮に対応して縮んだ場合を負とする((5.19)式、**図5-16**左)。また物体が引っ張られたり圧縮されたりすると、物体はその直交方向にも変形する。この直交方向の変形は荷重方向とは通常異なる符号のひずみとなる。つまり、荷重方向に伸びていればひずみは正で表され、このときその直交方向に物体は縮んでひずみは負となり、逆に荷重方向に縮んでいればひずみは負で表され、直交方向にわずかに伸びるのでそのひずみは正で表される。荷重方向のひずみεに対する直交方向のひずみε'の割合はポアソン比μと呼ばれ、通常はマイナスをつけて正の値とする((5.20)式)。

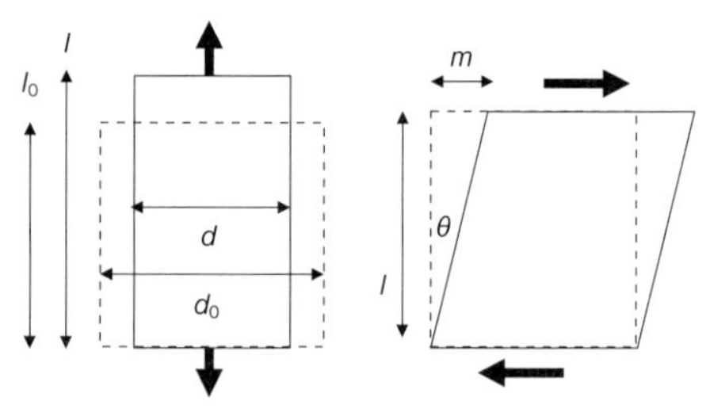

図5-16　物体に力が働いたときの変形

$$\varepsilon = (l - l_0)/l_0 \tag{5.19}$$

$$\mu = -\varepsilon'/\varepsilon \tag{5.20}$$

せん断応力が働く場合には、長方形が平行四辺形になるようなずれ変形が生じる(**図5-16**右)。このときに傾いた角度をせん断ひずみと定義する((5.21式)。

$$\gamma = m/l \approx \theta \tag{5.21}$$

5.5.3　応力–ひずみ線図

物体が外力を受けると内部に応力が生じ、それに応じてひずみが発生する。この応力とひずみの関係は、材料や応力の種類によって様々であるが、両者の関係を図示すると、**図5-17**のような応力–ひずみ線図が得られる。この図において、応力とひずみはある限度まで直線関係を示すが、その限度を比例限度σ_Pと呼ぶ。比例限度までで荷重を除荷するとひずみはなくなり、変形は完全に元に戻る。材料のこのような性質を弾性と呼ぶ。しかし、比例限度を超えて荷重を増していくと、ある値を境に応力–ひずみ線図の傾きは小さくなっていき、ここで荷重を除荷すると変形が元に戻らず、残留ひずみε_Pが残るようになる。このような性質を塑性と呼び、残留ひずみは塑性ひずみとも呼ばれる。弾性と塑性の境は弾性限度σ_Eと呼ばれる。

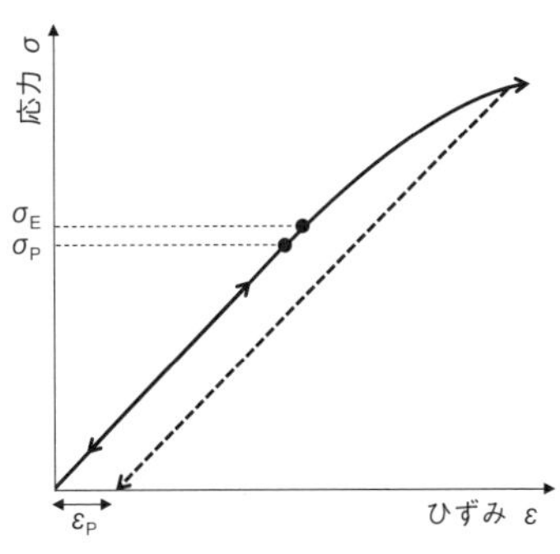

図5-17　応力－ひずみ線図(模式図)

5.5.4　弾性率

図5-17に示すように、弾性限度よりも小さい比例限度内では応力とひずみの間には正比例の関係がみられる。この関係は、「力は伸びに比例する」と言った17世紀のイギリスの科学者のロバート・フックにちなみ、フックの法則と呼ばれる。この比例定数は弾性係数または弾性率と呼ばれ、材料の種類と応力の種類によって決まる材料定数である。応力の種類によって、縦弾性率E、横弾性率G、体積弾性率Kがある。

縦弾性率Eはヤング率とも呼ばれ、仮想断面に垂直な応力σと同じ方向のひずみ(縦ひずみ)εの比率を示す比例定数である。

$$\sigma = E\varepsilon \tag{5.22}$$

横弾性率Gはせん断弾性率とも呼ばれ、仮想断面に平行な応力τとせん断ひずみγの比率を示す比例定数である。

$$\tau = G\gamma \tag{5.23}$$

体積弾性率Kは、水中などで物体の表面に均一に圧力がかかることで生じる応力σと、それによって起こる体積変化$\varDelta V(\varepsilon_V)$の比率を示す比例定数である。

$$\sigma = K\varepsilon_V = K\Delta V/V \tag{5.24}$$

等方性材料では縦弾性率(ヤング率)E、横弾性率(せん断弾性率)G、ポアソン比μには以下の関係がある。

$$G = E/2(1+\mu) \tag{5.25}$$

木材の縦弾性率(ヤング率)は、代表的な針葉樹材(密度 330～590 kg/m^3)では7.5～16.7×10^3 MPa、広葉樹材(密度 500～830 kg/m^3)では 11.6～16.6×10^3 MPaである。主要木材構成成分のひとつであるセルロースの結晶は弾性率が非常に大きく、縦弾性率は140×10^3 MPaに近いとされる。一方で、他の木材成分のリグニンとヘミセルロースは、それぞれ約6×10^3 MPa、約9×10^3 MPaと考えられている。

5.5.5　強度

図5-18は連結された断面積が異なる円柱に荷重Pが付加されたときに生じる垂直応力のイメージである。内部に発生する応力(σ_1およびσ_2)は、荷重Pを受ける仮想断面の面積(A_1およびA_2、ただし$A_1 > A_2$)で除した値なので、付加する荷重が同じならば垂直応力は仮想断面が小さい方が大きく($\sigma_1 < \sigma_2$)、大きい方の応力がある条件に達したときに、破壊(破断)が生じる。このときの応力条件を強度(強さ)といい、材料に固有の値である。強度は垂直応力やせん断応力など応力の形態だけでなく、引っ張りや圧縮、曲げやねじりなど試験方法によっても区別して定義される。

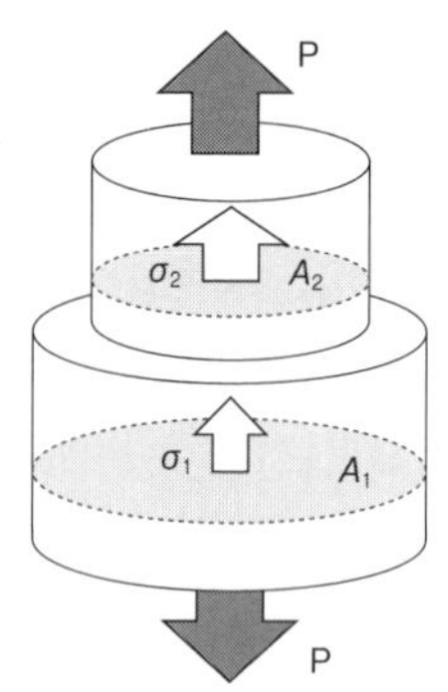

図5-18　断面積の異なる円柱の応力

5.5.6 力学的異方性

木材は一般的には円筒形の丸太から切り出されるので、**図5-19**に示すような互いに直交する3つの対称軸をもつ材料である。樹幹はパイプ状の細胞を束ねたような構造なので、その力学的性質は3つの主軸方向で著しく異なる。

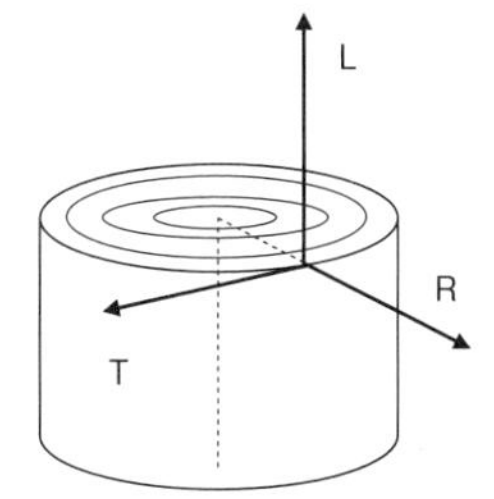

図5-19 木材の直交する3軸：L 繊維方向(Longitudinal direction)、R 半径方向(Radial direction)、T 接線方向(Tangential direction)

金属やプラスチックのような、性質に方向性のない材料は等方性材料と呼ばれる。その弾性率は、ヤング率、せん断弾性率、ポアソン比の3つで、(5.25)式からわかるように、これらは相互に関係する。一方、木材は直交異方性材料であり、**図5-19**に示す方向によって弾性率が異なるので、ヤング率3つ(E_L, E_R, E_T)、せん断弾性率3つ(G_{LT}, G_{LR}, G_{RT})、ポアソン比3つ(μ_{LR}, μ_{LT}, μ_{RT})の合計9つが必要となる。

木材の弾性率の例を**表5-3**および**表5-4**に示す。一般的にはE_L:E_R:E_T = 120:10:5とされ、直交方向の弾性率は繊維方向の10％程度の値となる。強度についても同様に異方性があり、例えば**表5-5**は引張強度を3方向について比較したものである。おおまかには針葉樹材ではσ_L:σ_R:σ_T = 10:2:1、広葉樹材ではσ_L:σ_R:σ_T = 15:3:2である。

表5-3 木材の密度とヤング率E(沢田 1963)

	含水率 %	密　度 kg/m^3	E_L MPa	E_R MPa	E_T MPa
スギ	15.0	330	7500	600	300
アカマツ	13.5	510	12000	1248	648
ブナ	14.5	620	12500	1350	600
ケヤキ	13.5	700	10500	1901	1250

表5-4 木材のせん断弾性率Gとポアソン比μ(沢田 1963)

	G_{LR} MPa	G_{LT} MPa	G_{RT} MPa	μ_{LR}	μ_{LT}	μ_{RT}
スギ	653	353	15	0.41	0.60	0.90
アカマツ	996	552	480	0.38	0.62	0.65
ブナ	1000	650	200	0.37	0.48	0.65
ケヤキ	1155	851	452	0.36	0.54	0.60

表5-5　木材の引張強度(沢田 1963)

	σ_L MPa	σ_R MPa	σ_T MPa	σ_{LR45} MPa	σ_{LT45} MPa	σ_{RT45} MPa
スギ	56	7.0	2.5	7.5	3.5	3.5
アカマツ	130	9.5	4.0	13.0	7.0	6.0
ブナ	110	18.5	9.0	27.5	13.5	8.5
ケヤキ	120	17.0	12.5	21.5	20.5	12.0

5.6　様々な外力と破壊

前節において、材料の強度は破壊(破断)したときの仮想断面における単位面積当たりの荷重、つまり応力であるとした。均質な連続体を仮定した材料力学では、応力は仮想断面に均一に生じていると考える。しかし、現実の材料には材質にムラがあり、特異的に強度が小さい欠点が存在する。また、木材は異方性材料であり、力のかかる方向によっても壊れ方が異なる。

5.6.1　寸法効果

日本産業規格(JIS)で規定されている木材の試験方法は無欠点の小試験体を対象にしたものである。無欠点小試験体を使って応力の方向の異なる3種類の強度試験(引張強度試験、圧縮強度試験、曲げ強度試験)を行ったとき、繊維方向の強度の序列は以下のようになる。

引張強度　>　曲げ強度　>　圧縮強度

しかし長さが2m以上の実大材では、この序列は以下のように変わる。

曲げ強度　≈　圧縮強度　>　引張強度

大きな材料では節などの欠点が含まれる確率が高くなる。木材の場合には圧

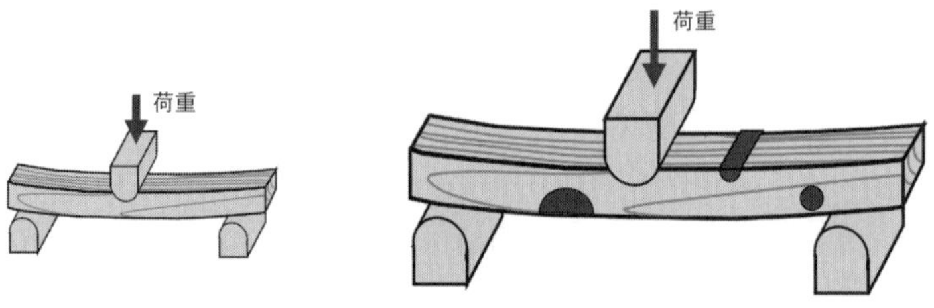

図5-20　欠点小試験体(左)と実大試験体(右)

縮応力は節の影響を受けにくく、引張応力では節周辺の繊維走向の乱れによって破壊が生じやすい(**図5-20**)。このように試験体が大きくなると強度が低下する現象は寸法効果と呼ばれ、主に欠点の存在が影響しているとされる。

5.6.2　引張破壊と圧縮破壊

木材は異方性材料であるため、荷重方向によって破壊の形態が異なる。**図5-21**は、木材試験体の繊維方向に引張荷重を与えた場合(左側)と圧縮引っ張りを与えた場合(右側)の応力-ひずみ線図の模式図である。引っ張りの場合、比例限応力(σ_{tp})までは応力とひずみの関係は比例関係にあり、応力を取り除くと変形は元に戻る。この範囲を弾性域と呼ぶ。弾性域を超えて応力が増すと、応力-ひずみ線図に曲線部が現れ、すなわち、応力の増え方の割にはひずみが大きく増す塑性域に入り、物体内部には元に戻らない変形が生じる。そして、最終的には破壊応力(σ_t)に達して、破断が生じる。引張変形の場合、塑性域での変形量(ひずみ)が少なく、すぐに破断する。一方、圧縮変形では比例限応力(σ_{cp})を越えても引っ張りのような破断は起こらず、最大応力(σ_c)に達してからもある程度の荷重(応力)が維持される。木材では圧縮と引張の最大応力の比は約1:2(σ_c:$\sigma_t = 1$:2)であり、比例限応力は圧縮では最大応力の約2/3($\sigma_{pc}/\sigma_c = 2/3$)、引張では約3/4($\sigma_{pt}/\sigma_t = 3/4$)である。

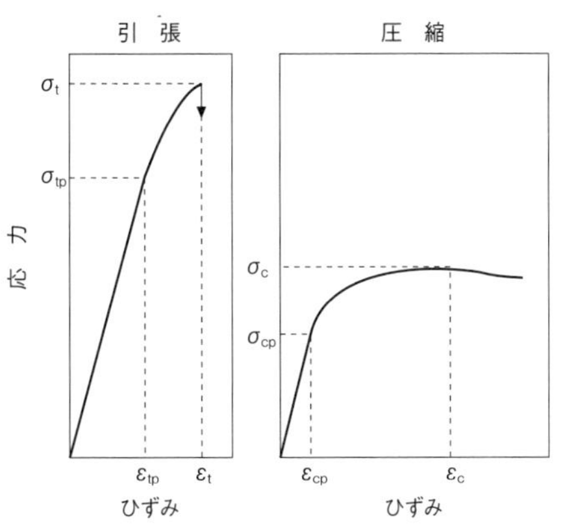

図5-21　木材試験体の繊維方向の引っ張り(左)と圧縮(右)の応力ーひずみ線図(模式図)

引っ張りの最大応力(引張強度)を測定する場合、繊維方向と繊維直交方向で試験体の形状が異なる。木材の引っ張りに対する強度は繊維方向で極めて大きく、一方、繊維直交方向で極めて小さい。前者を縦引張試験、後者を横引張試験と呼ぶ。これらの引張試験の試験体は、**図5-22**のようなダンベル型と呼ばれる形状となる。**図5-22**上側の縦引張試験では、試験体両側の平坦部を引張

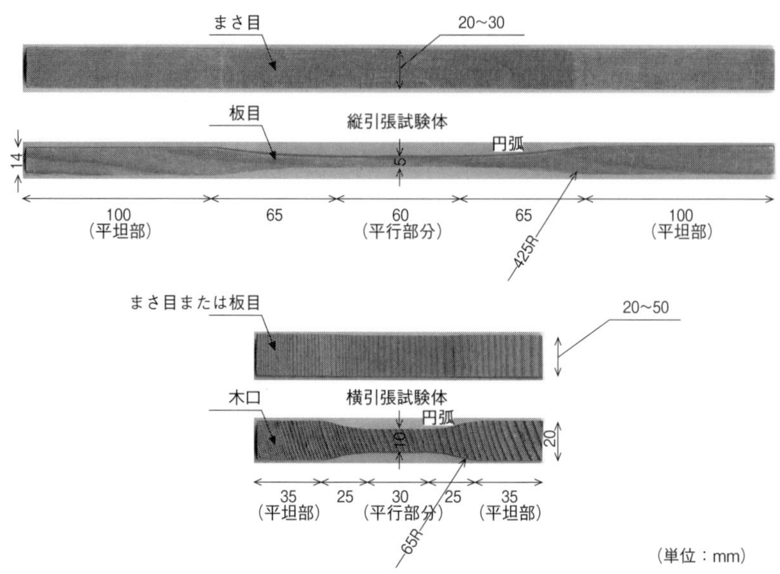

図 5-22　引張試験体(上：縦引張試験体、下：横引張試験体)

用治具で挟み込んで試験体に引張力を与える。このチャック部分で試験体が滑らないように強い力で挟む必要があり、試験体がつぶれやすい。そこで、柔らかい木材試験体の場合には、カシやケヤキなどの硬い木材で添え木を作り、木ねじや接着剤で補強する。

図 5-22 下側は引張荷重の方向と繊維方向が垂直となる横引張試験体である。荷重方向は年輪に対して半径方向および接線方向、ならびにこれらに対して45度をなす方向とする。

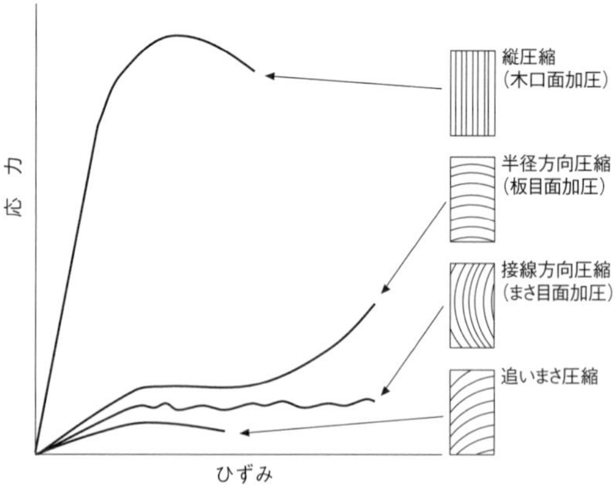

図 5-23　圧縮試験による応力とひずみの関係
(有馬 1985 より作図)

木材圧縮試験には、引張試験と同様に木材の繊維方向と平行に荷重を加える縦圧縮試験と、垂直に加える横圧縮試験がある。圧縮試験では試験体の高さがある限度を超えると圧縮ではなく曲げ変形で破壊するので(長柱の座屈)、一般に高さが短い試験体(短柱)が用いられる。**図 5-23** は圧縮荷重の方向による応力とひずみの関係の違いを示している。縦圧縮では最大応力に達した後に応力は減少に転じる。一方、横圧縮では明確な最大応力が得られないので、比例限応力で評価する。縦圧縮試験では**図 5-24** に示すような繊維を横断した圧縮破壊面を生じるが、半径方向の横圧縮では**図 5-25** に示すように木目に沿った部分的な圧縮破壊が生じる。

図 5-24 縦圧縮試験体の破壊

縦圧縮試験体は、正方形断面の1辺(a)を$a = 20 \sim 40$ mmとし、高さ(h)を繊維方向に揃えて$h = 2a \sim 3a$とする。標準的な試験体は$a = 30$ mm、$h = 2a$である。圧縮ひずみを測定するための変位計やひずみゲージは、圧縮治具と接し

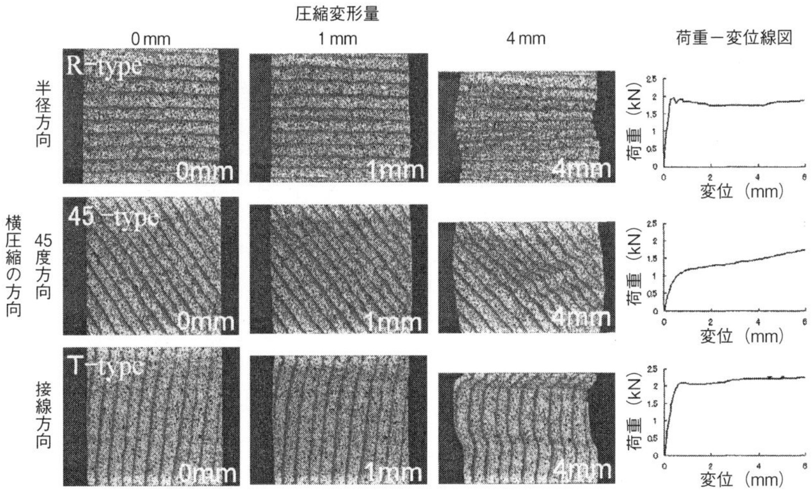

図 5-25 横圧縮試験体の破壊(樹種：ベイマツ、村田 2003 より作図)

ている試験体の端面から$a/2$以上離れた領域に標点を定めて行う。横圧縮試験でも、試験体の寸法や圧縮ひずみを測定するための標点は縦圧縮試験と同様である。

引張試験および圧縮試験では、以下の式で求められる最大応力(強度)σ_{max}、比例限応力σ_{p}、弾性率Eで、材料の壊れにくさや変形のしにくさを評価する。

$$\sigma_{\mathrm{max}} = P_{\mathrm{max}}/A \tag{5.26}$$

$$\sigma_{\mathrm{p}} = P_{\mathrm{p}}/A \tag{5.27}$$

$$E = (\Delta P/A)/(\Delta l/l) \tag{5.28}$$

ここでσ_{max}とσ_{p}はそれぞれ最大応力と比例限応力、P_{max}とP_{p}はそれぞれ最大荷重と比例限度荷重、Eは弾性率、Δlは標点距離lに対して微小荷重ΔPが増加した時の標点の変位である。

5.6.3　曲げ破壊

木材は住宅のはりや桁、根太など、繊維方向を水平にした横架材として多数用いられている。そこに鉛直荷重が作用したときにどのくらい曲がり(たわみ)、どのくらいの荷重で破壊に至るかは、極めて重要な問題である。それらを把握するための木材の曲げ試験は、治具などを含めて比較的容易に行うことができ、木材の最も基本的な力学試験とされる。特に、木材の繊維方向をスパンと平行にして、繊維直交方向に荷重する繊維方向曲げ試験が一般的である。

はりの曲げでは、一方に圧縮変形が、反対側に引張変形が生じる。**図5-26**に示す3点曲げ試験では、試験体の中立軸よりも上側には圧縮応力、下側には引張応力が生じる。曲げ破壊は最大垂直応力が生じる最外層で生じ、曲げ破壊時の最大垂直応力σ_{max}((5-29)式)を曲げ破壊係数(MOR; Modulus of Rapture)という。

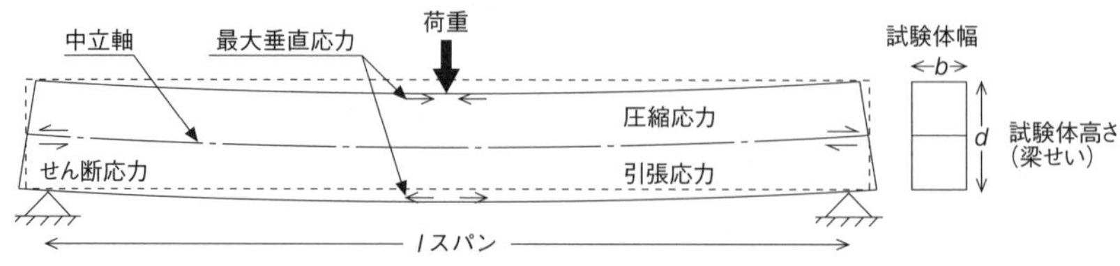

図5-26　曲げ試験で生じる応力

$$\sigma_{\max} = P_{\max} l / 4Z \qquad (5\text{-}29)$$

ここで l は曲げ試験のスパン、z は断面係数である。矩形断面の場合は $Z = bd^2/6$ で、b は試験体幅、d は試験体高さである。

図 5-27 は曲げ破壊を生じた試験体の破断面である。この図では試験体は図の下側から荷重され、荷重面側(下側)に圧縮応力、反対側(上面)に引張応力が生じた。そのため、試験体の下側は縦圧縮状態になり、縦圧縮破壊に特徴的な平滑な破断面が表れている。一方、試験体の上側は縦引張状態にあり、引張破壊の特徴であるささくれだった破断面が見られる。

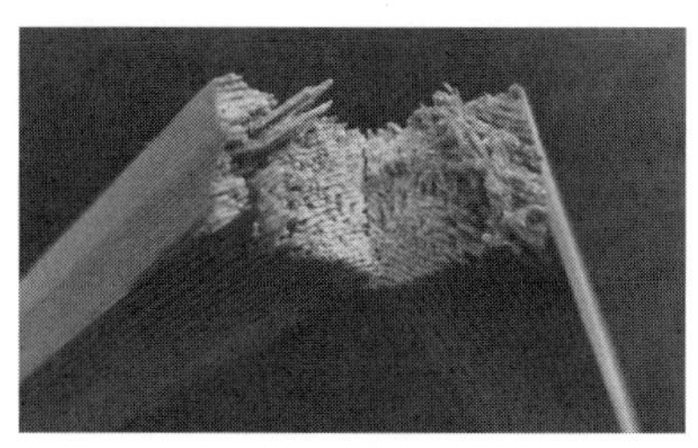

図 5-27　曲げ試験で生じる破断面
(樹種：ベイマツ)

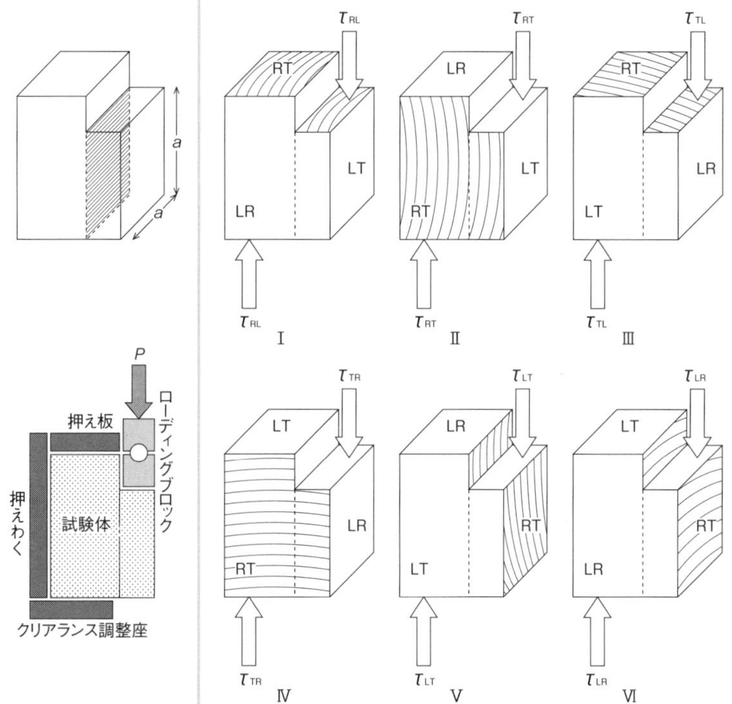

図 5-28　木材のせん断試験(JISイス型せん断試験)

5.6.4　せん断破壊

引張試験や圧縮試験、曲げ試験での破壊は垂直応力によって生じる。一方で、面に沿うように平行な荷重によって、材料内部にずれや滑りを起こそうとする力がせん断応力である。木材は繊維平行方向がせん断力に対して弱く、逆に繊維直交方向はせん断力に対して強い。建築物の仕口(2つの部材をある角度を持たせてつなぐ加工法およびその接合部)などでは、せん断強さに劣る繊維方向の破壊に注意しなければならない。

図5-28左に示すように、ローディングブロックによってせん断力を付加して最大せん断荷重を得て、(5.30)式からせん断強度が求められる。**図5-28**右に示されたせん断応力の第1添え字はせん断力が作用する面の法線方向、第2添え字は作用する応力の方向を示している。

$$\tau_{ij} = P/A \qquad (5.30)$$

ここでiとjはそれぞれ第1添え字、第2添え字、Pは荷重、Aはせん断力が作用する面積($A = a^2$)である。

5.6.5　繊維傾斜との関係

木材は繊維方向には強く、その直交方向には極めて弱い。その中間的な角度では繊維傾斜角に依存して強さが変化する。**図5-29**は木材の強さと繊維傾斜角の関係を示している。圧縮強さに比べて引張強さは繊維傾斜角が増加すると

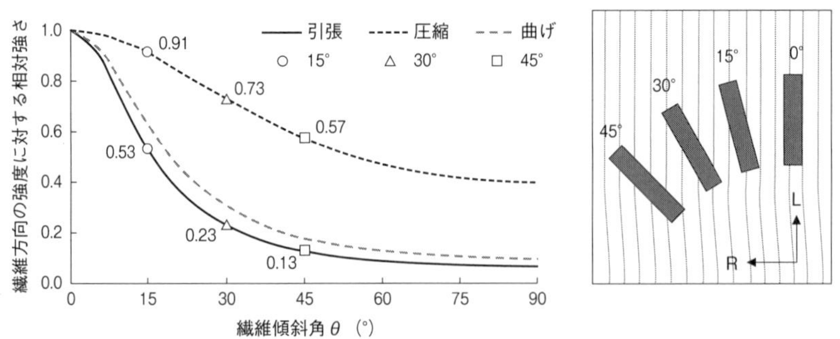

図5-29　引っ張り、圧縮、曲げ強さと繊維傾斜角の関係(ハンキンソン式を用いて作図)

著しく低下する。例えば、荷重の負荷方向に対して繊維が15°傾くと、圧縮強さは10%程度減少するだけだが、引張強さはほぼ半減することがわかる。

5.7　力学的特性に影響を及ぼす因子

5.7.1　密度

木材実質の密度は約1500 kg/m³とほぼ一定なので、木材の密度（かさ密度）は細胞壁の割合に比例する。細胞壁の割合が大きくなることは剛性や強度の増加に直結するので、木材の密度は力学的性質に大きく影響する。それゆえ、密度は木材の力学的性質を非破壊的に推定するために最も重要な因子とされ、古くから注目されてきた。実験で得られた比重と圧縮強度の関係の例を**図5-30**に示す。比重gと強度（強さ）fの間には(5.31)式のような関係がある。

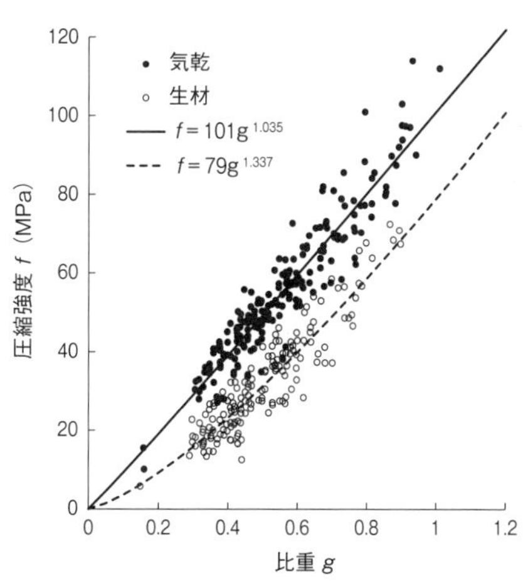

図5-30　生材と気乾材の密度と圧縮強度の関係（Dinwoodie 2000より作図）

$$f = a \cdot g^b \tag{5.31}$$

表5-6　無欠点材の比重gと力学的性質の関係（Forest Product Laboratory 2021：5-29より構成）

力学的性質	単　位	生　材		気乾材（12%）	
		針葉樹材	広葉樹材	針葉樹材	広葉樹材
MOR[a]	(MPa)	$109.6\ g^{1.01}$	$118.7\ g^{1.16}$	$170.7\ g^{1.01}$	$171.3\ g^{1.13}$
MOE[b]	(GPa)	$16.1\ g^{0.76}$	$13.9\ g^{0.72}$	$20.5\ g^{0.85}$	$16.5\ g^{0.70}$
WML[c]	(kJ/m³)	$147\ g^{1.21}$	$229\ g^{1.51}$	$179\ g^{1.34}$	$219\ g^{1.54}$
衝撃曲げ	(N)	$353\ g^{1.35}$	$422\ g^{1.39}$	$346\ g^{1.39}$	$423\ g^{1.65}$
縦圧縮強さ	(MPa)	$49.7\ g^{0.94}$	$49.0\ g^{1.11}$	$93.7\ g^{0.97}$	$76.0\ g^{0.89}$
横圧縮強さ	(MPa)	$8.8\ g^{1.53}$	$18.5\ g^{2.48}$	$16.5\ g^{1.57}$	$21.6\ g^{2.09}$
せん断強さ	(MPa)	$11.0\ g^{0.73}$	$17.8\ g^{1.24}$	$16.6\ g^{0.85}$	$21.9\ g^{1.13}$
縦引張強さ	(MPa)	$3.8\ g^{0.78}$	$10.5\ g^{1.37}$	$6.0\ g^{1.11}$	$10.1\ g^{1.30}$
横表面硬さ	(kN)	$6.23\ g^{1.41}$	$16.55\ g^{2.31}$	$8.59\ g^{1.49}$	$15.3\ g^{2.09}$

a: 静的曲げ破壊係数、b: 静的曲げヤング率、c: 曲げ仕事量

曲げ破壊係数や引張強度などにおいても同様の関係が認められる。**表5-6**は北米の針葉樹材43種、広葉樹材66種について、比重と種々の力学的性質の関係を(5.31)式で表したものである。荷重を受け持つ細胞壁の割合が強度に対する重要な因子となるため、繊維に平行な引張強度は比重(密度)との相関が特に高い。一般に商業的に流通している樹種の密度の範囲では(5.31)式において$b \fallingdotseq 1$としても問題ないとされ、木材の密度と強度は比例関係にあるとして扱われる。

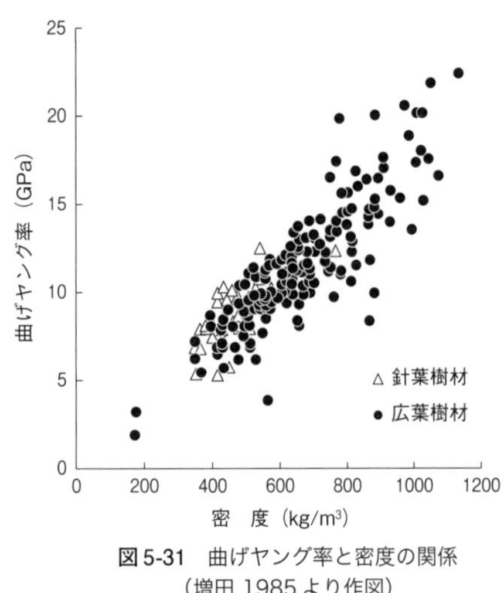

図5-31　曲げヤング率と密度の関係
（増田 1985より作図）

弾性率も密度の影響を強く受ける(**図5-31**)。ミクロフィブリル傾角や木材成分の構成比に差がないとすれば、密度と繊維方向の弾性率はほぼ比例する。一般的にはミクロフィブリル傾角は樹種によって異なり、傾角が小さいほど繊維方向の弾性率は大きくなる。また、同一密度であれば針葉樹材の方が広葉樹材よりも弾性率が大きくなる傾向にある。

5.7.2　異方性

無数のパイプを束ねた構造に例えられる木材の力学的性質には強い異方性が現れる。ヤング率や強度の具体的な異方性の例については5.5.6で取り上げた。ここでは、その他の力学的性質の異方性について述べる。

圧縮試験および引張試験で求められる繊維方向のヤング率E_L、半径方向のヤング率E_R、接線方向のヤング率E_Tを比較すると、針葉樹材では$E_R/E_T = 1.8$、$E_L/E_R = 13.3$、$E_L/E_T = 24.0$、広葉樹材では$E_R/E_T = 1.9$、$E_L/E_R = 9.5$、$E_L/E_T = 18.5$で、広葉樹材の方がわずかに異方性が小さい。なお、圧縮試験で求められるヤング率と引張試験で求められるヤング率は同等と考えられている。

せん断弾性率については$G_{LR} \fallingdotseq E_R$、$G_{LT} \fallingdotseq E_T$の関係があり、$G_{LR} > G_{LT} > G_{RT}$の大小関係がある。針葉樹材では$G_{LR}:G_{LT}:G_{RT} = 20.5:17.1:1.0$、広葉樹材では

G_{LR}:G_{LT}:G_{RT} = 4.3:3.2:1.0 となる。ここでせん断弾性率の添え字は、第1添字が力の方向、第2添字がひずみの方向を表している。針葉樹材では G_{RT} が極めて小さく、ローリングシアと呼ばれる。

ポアソン比もパイプ構造の影響を強く受ける。針葉樹材と広葉樹材に著しい差はなく μ_{RT}:μ_{LT}:μ_{LR} ≒ 1.6:1.3:1.0 である。ここでポアソン比の添え字は、第1添字が力の方向、第2添字がその直交方向を表している。縦ひずみに対する横ひずみの比であるポアソン比((5.20)式)は、通常正の値しか示さないが、コルク構造では負の値となることもある。

強度には繊維傾斜が強く影響することを前節で述べた。ここではそれぞれの破壊形態について概略を示す。引っ張りの繊維方向強度 F_L、半径方向強度 F_R, 接線方向強度 F_T を比較すると、針葉樹材で F_L:F_R:F_T = 22.0:1.5:1.0、広葉樹材で F_L:F_R:F_T = 12.3:1.5:1.0 である。

圧縮比例限応力 σ_p を比較すると、針葉樹材で σ_{pL}: σ_{pR}: σ_{pT} = 21.9:1.3:1.0、広葉樹材で σ_{pL}: σ_{pR}: σ_{pT} = 15.6:1.3:1.0 である。弾性率と同様に広葉樹材の方が異方性がわずかに小さい。

曲げ強度 F_b や衝撃曲げ吸収エネルギー U_b は繊維傾斜に強く依存する。繊維方向と繊維直交方向の強度は大きく異なり、静的曲げでは F_{bR} ≒ F_{bT}、衝撃曲げは針葉樹材では $U_{bR} > U_{bT}$ である(広葉樹材は不定)。

せん断強度はまさ目面および板目面で評価できる。繊維方向に荷重して求められる縦せん断強度 $F_{s/\!/}$ と繊維直交方向の横せん断強度 $F_{s\perp}$ を比較すると、$F_{s/\!/}$: $F_{s\perp}$ = 2.2～6.1 である。まさ目面と板目面の縦せん断強度を比較すると、孔圏や放射組織、柔組織が著しく発達する広葉樹を除き、針葉樹材と広葉樹材で大きな違いは無い.

木材に負荷されるねじる力への抵抗力、すなわちねじり強度は、丸棒を試験体として用いる。丸棒の長軸が繊維と平行な場合のねじり強度 $F\tau_{/\!/}$ と、長軸が繊維と直交するときのねじり強度 $F\tau_{\perp}$ を比較すると、針葉樹材で $F\tau_{/\!/}$/ $F\tau_{\perp}$ = 2.6～4.7、広葉樹材で $F\tau_{/\!/}$ / $F\tau_{\perp}$ = 1.6～2.0 となる。

木材の表面硬さについて、木口面の表面硬さ H_{RT}、板目面の表面硬さ H_{LT}、まさ目面の表面硬さ H_{LR} を比較すると、H_{RT}: H_{LT}:H_{LR} = 2.5～3.3:1.1～1.2:1.0 である。この表面硬さの異方性は密度の増加に伴い減少する。

5.7.3 繊維傾斜

組織構造の影響により、木材には繊維方向とその直交方向で物性が大きく異なる強い異方性が現れる。ヤング率やせん断弾性率など、木材の力学的性質に対する繊維方向からの角度の影響は、材料力学の理論で導くことができる。

代表的な針葉樹材および広葉樹材の力学的性質を**表5-7**に示す。また、材料力学の理論によって計算された任意の繊維傾斜角における弾性率E、せん断弾性率G、およびポアソン比μを**図5-32**に示す。異方性材料である木材は、繊維平行および直交方向で物性が異なるだけでなく、その中間の方向でも樹種によって物性が異なる。たとえば繊維方向と半径方向の間では、スギのポアソン比が負の値を示したり、広葉樹材ではせん断弾性率が繊維方向よりも大きく

表5-7　木材の弾性率E(MPa)、せん断弾性率G(MPa)およびポアソン比μ(沢田 1963より構成)

樹　種	E_L	E_R	E_T	G_{LR}	G_{LT}	G_{RT}	μ_{LR}	μ_{LT}	μ_{RT}
スギ	7500	600	300	653	353	15	0.41	0.60	0.90
アカマツ	12000	1248	648	996	552	48	0.38	0.62	0.65
ブナ	12500	1350	600	1000	650	200	0.37	0.48	0.65
ケヤキ	10500	1900	1250	1155	850	452	0.36	0.54	0.60

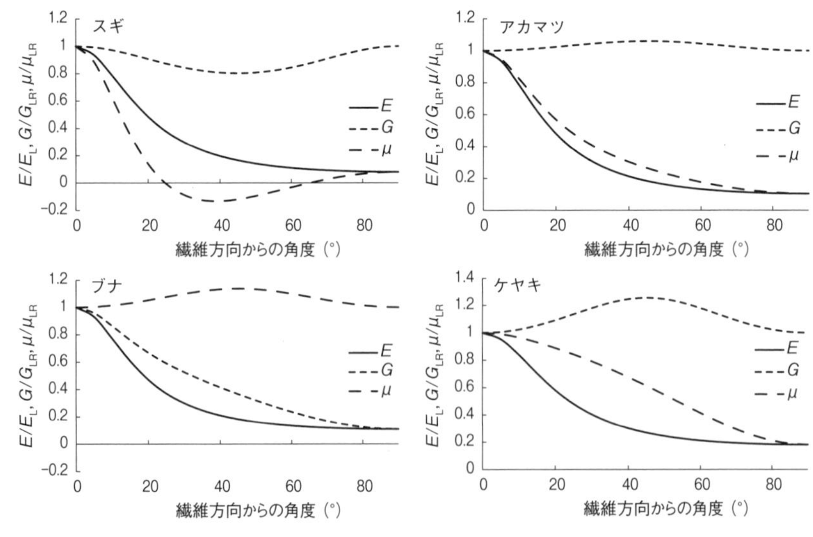

図5-32　針葉樹材・広葉樹材の弾性率E、せん断弾性率G、ポアソン比μと繊維傾斜の関係
(沢田 1963より作図)

なったりする。

5.7.4 節

節は樹木の幹に取り込まれたかつての枝の基部で、生節（いきぶし）と死節（しにぶし）に分けられる。生節は枝と幹の繊維の連続が保たれた節であり、死節は枝が樹皮を含めて幹に取り込まれてしまい、幹との繊維の連続を失った節である。樹木は樹体内に残された節を迂回しながら成長するので、製材品(いわゆる材木)に現れた節の周囲では、繊維走行が乱れていたり、繊維の不連続部分(目切れ)に応力集中が生じやすくなったりする。そのため、表面硬度を除いて、節は木材の代表的な欠点となり、剛性(変形のしにくさ)よりも強度(壊れにくさ)に大きく影響する。

強度への影響は、材面における節の位置、断面に占める節の割合、また、応力の分布などに依存する。例えば圧縮の場合、材内に節が存在しても部材にはほぼ均等に応力がかかるが、引っ張りでは材端に存在する節は曲げ応力を生じさせる偏心を引き起こすため、端から離れた節よりも影響が大きい。

節の影響は引張強度に最も大きく現れ、小節で50％ほど、大きな節では80～90％強度が低減する。また、圧縮強度ではそれぞれ10％、20％低減するといわれる。単純支持はりの曲げの場合、応力はスパン中央のはりの上端と下端で最大となる。このとき、もし節がはりの引張側すなわち下端に存在すると、曲げ強度が大きく低減する。

強度への節の影響を定量的に評価することは難しいが、実用的には節が現れた面の材幅に対する節の直径の比である「節径比」や、材の断面積に対する断面上での節面積の比である「節面積比」で、強度を見積もることが行われる。節径比および節面積比と強度の間に比較的高い相関が見出されるから

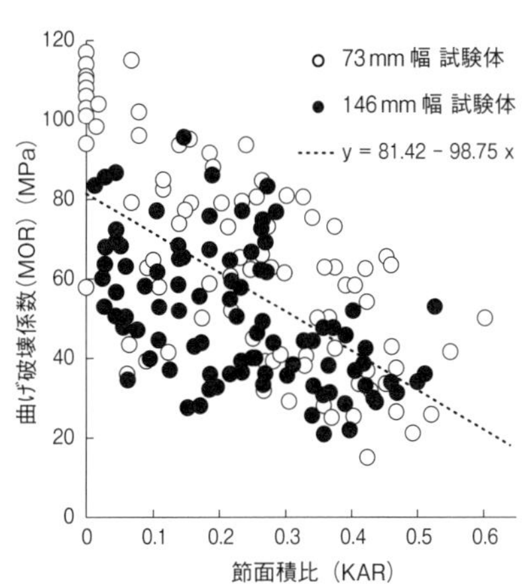

図 5-33　節面積比と強度の関係
(Dinwoodie 2000 より作図)

である(**図 5-33**)。

5.7.5　含水率

表 5-8　含水率変化1%に対する力学的性質の変化率
(高橋ら 1995：123)

力学的性質	変化率	力学的性質	変化率
曲げ弾性率	4%	縦引張強度	2%
曲げ強度	2%	横引張強度	1.5%
縦圧縮強度	6%	硬さ(木口)	4%
横圧縮強度	5.5%	硬さ(側面)	2.5%
せん断強度	3%		

木材の細胞壁中の結合水の増減によって含水率が変化すると、細胞壁が膨潤あるいは収縮し、木材実質の凝集力が変化する。このため、繊維飽和点以下での含水率の変化が力学的性能に与える影響は大きい。一方で、繊維飽和点以上での含水率の変化は自由水の増減によるため、細胞壁実質の変化を伴わないので力学的性質に影響を及ぼさない。繊維飽和点以下で含水率が1%変化した時の弾性定数、強度および硬さの増減割合を**表 5-8** に示す。木材の含水率の1%の増加あるいは減少は、この表に示された

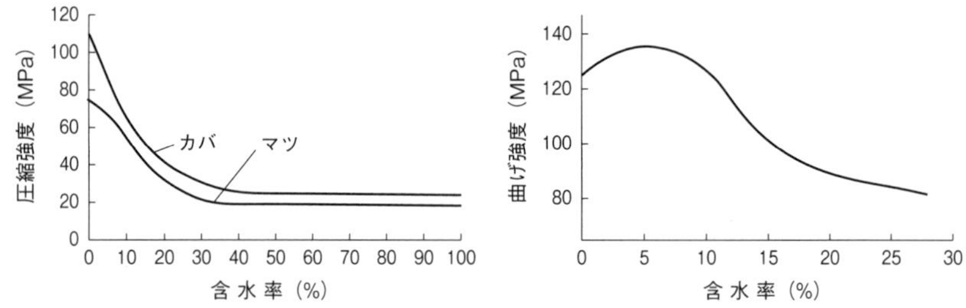

図 5-34　圧縮強度(左)および曲げ強度(右)におよぼす含水率の関係(高橋ら 1995：122)

割合でその力学的性能を低下あるいは向上させる。

含水率と圧縮強度の典型的な関係を**図 5-34** 左に示す。横圧縮強度と表面硬さも同様の傾向を示す。また、曲げ、縦引張、横引張、せん断および割裂強度では、**図 5-34** 右のように含水率5～8%で最大値を示す場合がある。

5.7.6　温度

温度が上昇すると分子運動の活発化や、結晶格子間隔の膨張などで力学的性質は低下する。一定の含水率の条件で、-200～180℃の範囲であれば弾性率(E)や強さ(F)は次の式で近似される。

$$F_2\ (\mathrm{or}\ E_2) = F_1(\mathrm{or}\ E_1)\{1 - c(T_2 - T_1)\} \tag{5.32}$$

ここでF_1、F_2およびE_1、E_2は温度T_1、T_2の時の強度および弾性率、cは温度係数である。高温状態では、熱分解のため木材の力学的性能は急激に低下する。

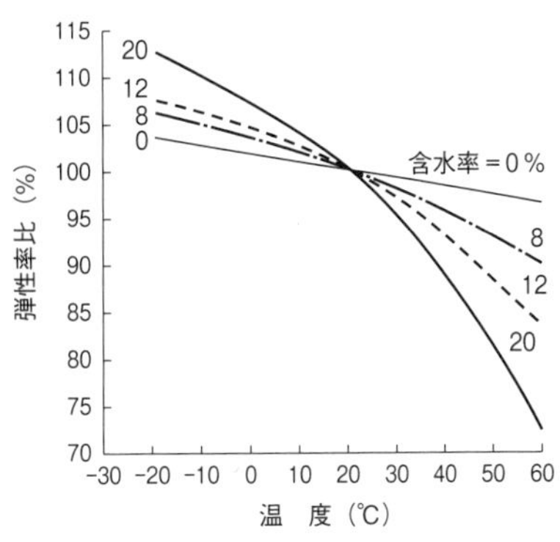

図 5-35　弾性率と温度の関係におよぼす含水率の影響（高橋ら 1995：123）

温度の影響は、その温度に暴露される時間に注意する必要がある。95℃以下で短期間の曝露では、温度の影響による強度の変化は可逆的である。しかし、95℃以上の高温曝露や65℃以上での長期間の曝露では、セルロース分子鎖が短くなったりヘミセルロースの化学変化が生じたりするなど、不可逆的な木材成分の熱劣化が発生する。

木材の強度は温度の上昇に伴い低下するが、特に靭性は熱劣化の影響を受けやすい。温度変化に繰り返し曝されるとその影響が蓄積し、劣化の程度は針葉樹材よりも広葉樹材で顕著である。

木材の力学的性能に及ぼす温度の影響は含水率によっても異なり、含水率が高いほど影響を受けやすい（**図 5-35**）。含水率が高い場合、リグニンやヘミセルロースの軟化温度が低下するため、それらの成分が集中する複合細胞間層付近で破断が起こりやすくなる。

5.8　粘弾性

5.8.1　粘弾性材料としての木材

これまで説明してきた木材の力学的性質は、荷重（応力）の増加に比例して変形（ひずみ）が増加するという弾性体を対象にしてきた。この弾性領域では、外部からの荷重によってなされた仕事は物体が変形することで弾性エネルギーとして蓄えられ、荷重が除かれると蓄えられた弾性エネルギーが解放されて、変形は元に戻る。しかし、ある条件(弾性限界)を超えると、加えられた仕事の一部は塑性変形することで熱エネルギーに変わり消散する。この塑性領域では荷重が除かれても変形は元には戻らず、永久ひずみ(残留ひずみ)が残る。

図 5-36　木製本棚の棚板に生じたクリープ

一般的に材料は荷重が付加されると、弾性領域から塑性領域を経て破壊に至るが、フックの法則に基づいた材料力学では変形を考えるうえで時間経過は関係しない。しかし、ほとんどの材料は弾性的な性質に加えて粘性的な性質も複合した粘弾性の性質を有しており、そのような材料を粘弾性体と呼ぶ。木材は高分子材料のひとつでもあり、粘弾性的な性質がかなり顕著に現れる材料である。たとえば、**図 5-36** は木製本棚の棚板の様子である。重い書籍が置かれた棚板はその荷重によりフックの法則に従って瞬間的にたわむ。さらに長期間にわたって重い書籍が置かれ続けると、荷重は変わらないのに初期たわみ以上の変形が生じる。この現象をクリープと呼び、長時間を経て一定の条件に達したときにはクリープ破壊に至る。

5.8.2　クリープ破壊

試験体に一定の引張応力を負荷すると、時間と共に変形が進行するクリープ現象が生じる。これは降伏応力以下でも生じる現象であり、3つの過程に分け

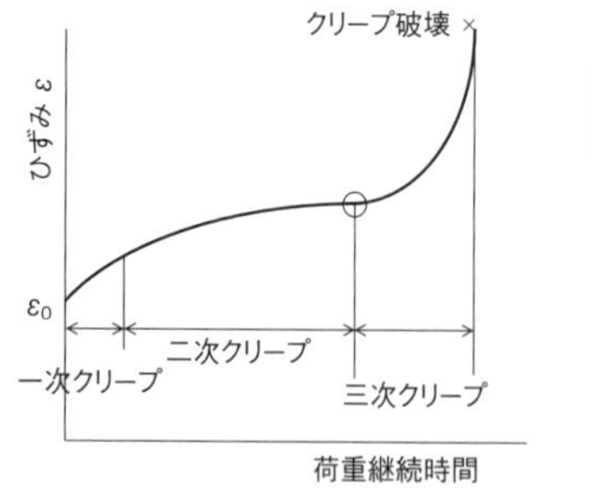

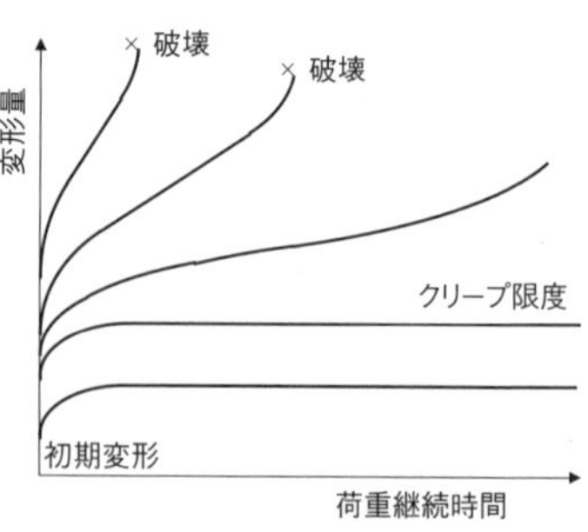

図 5-37　破壊にいたるまでのクリープ変形とクリープ破壊(模式図)

られる(**図 5-37**)。まず、負荷直後に急激な変形が生じ、徐々に変形速度が遅くなるプロセスは一次クリープと呼ばれる。続いて変形速度が一定の安定したプロセスがあり二次クリープと呼ばれる。その後に変曲点が表れて、変形速度が急速に増加し、最終的にクリープ破壊に至るプロセスは三次クリープと呼ばれる(**図 5-37** 左)。

あるレベル以下の荷重であれば、時間の経過とともに変形は進行するものの、クリープ破壊に至る三次クリープは生じない。このクリープ破壊に至らない荷重レベルをクリープ限度という(**図 5-37** 右)。木材のクリープ限度は、静的強度の 40～60％程度とされる。曲げの場合、クリープ限度以下であれば、気乾材での最終的な変形量は載荷直後の初期変形の 1.6～2.0 倍である。

クリープ限度以上の荷重条件では、荷重レベルによって破壊までの時間が異なる。この荷重レベルと継続時間の関係を DOL(Duration of Load；荷重存続期間)効果という。Wood(1951)は静破壊荷重の 20％でレベルオフする双曲線に近い実験式を求めた((5.33)式)。これはマディソンカーブ(Madison curve)と呼ばれ、代表的な DOL の式としてしばしば利用される。

$$F = 18.3 + 108.4t^{-0.04635} \tag{5.33}$$

ここで F は応力レベル(%)、t は最大荷重の実行継続時間(秒)である。

図 5-38 は荷重継続時間が 10 分で壊れる荷重を基準(100)としたときの、マディソンカーブから計算される最大荷重と荷重継続時間の関係を示している。

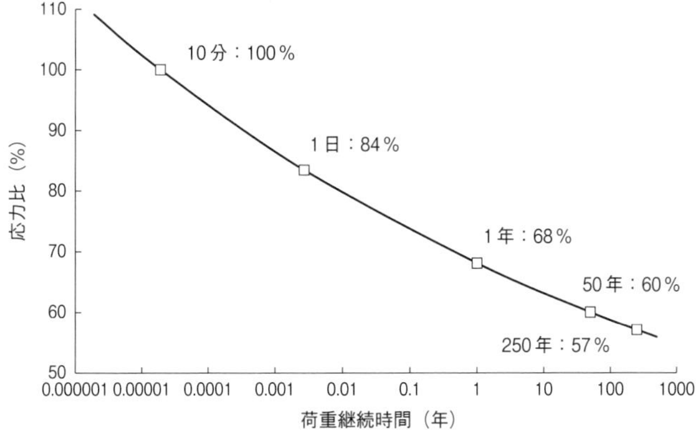

図 5-38　荷重継続時間と応力比の関係((5.33)式を用いて作図)

基準荷重の85％が付加されると約1日で破壊し、68％の荷重で約1年、60％の荷重が継続されると約50年で破壊すると予想される。

5.8.3　粘弾性理論

高分子材料である木材では、ゴムや金属製バネのように外力を加えるとそれに応じて変形する成分と、外力と変形速度が関係する成分がある。前者は弾性変形と呼ばれ、フックが1600年代に実験的に見出した“フックの法則”に従う（(5.34)式）。

$$\sigma = E\varepsilon \tag{5.34}$$

この式に従えば、応力σはひずみεに比例し、ヤング率と呼ばれる比例定数は、固体に単位ひずみを生じさせるのに必要な応力を意味する。なお、その逆数$(1/E)$は一般的にコンプライアンスと呼ばれる。

弾性変形によって物体内に蓄えられたエネルギーは、外力を取り除くと変形の回復とともに蓄積されたエネルギーが解放される。一方、流体（液体および気体）は外力を加えられると流動変形するが、荷重を取り除くとその位置で制止する。通常の液体では外力と流動速度が比例するとされ、ニュートンの粘性法則に従う（(5.35)式）。

$$\sigma = \eta \frac{\mathrm{d}\varepsilon}{\mathrm{d}t} \tag{5.35}$$

ここでηは粘性率または粘度と呼ばれ、変形速度$(\mathrm{d}\varepsilon/\mathrm{d}t)$の比例定数として流体の流れにくさを示す。また、その逆数$(1/\eta)$は流動度と呼ばれ、流れやすさとされる。

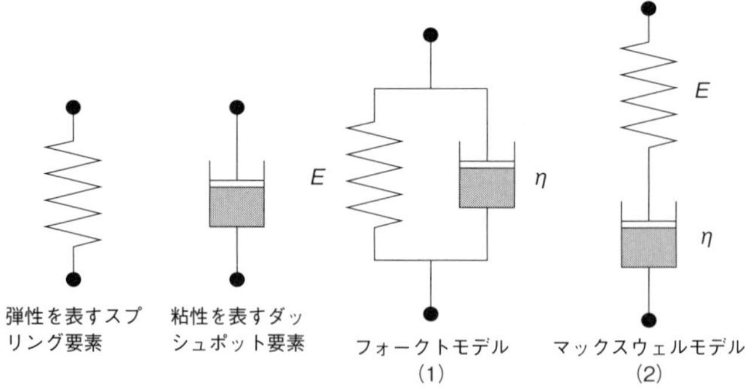

図5-39　粘弾性体の変形を表す力学モデル

木材は固体の弾性と流体の粘性を合わせ持つ、粘弾性材料のひとつである。粘弾性体の変形挙動を表す簡単なモデルとして、弾性のスプリングと粘性のダッシュポットを並列につないだフォークトモデルと、両者を直列につないだマクスウェルモデルがある(**図5-39**)。

5.8.4 クリープ変形

粘弾性体に瞬間的に一定応力を与えると弾性的にふるまい、応力に比例した変形(ひずみ)が生じる。その後、その応力を維持すると粘性流体の性質が現れてひずみが増加する(**図5-40** a)。このような一定応力の下で時間経過とともに増加する変形をクリープ変形と呼び、フォークトの方程式とよばれる粘弾性方程式で示される。

フォークトモデルは、スプリング要素(ヤング率E)とダッシュポット要素(粘性率η)の並列モデルで表される(**図5-39**(1))。このモデルに応力が加えられると、並列したスプリング要素とダッシュポット要素に生じるひずみが等しい。このとき、スプリング要素の応力σ_Sとダッシュポット要素の応力σ_Dの和が系全体の応力σとなり、以下の式で表される。

$$\sigma = \sigma_S + \sigma_D = E\cdot\varepsilon + \eta\cdot\frac{d\varepsilon}{dt} \tag{5.36}$$

ここで添え字のSとDはそれぞれスプリング要素とダッシュポット要素を表す。この系に、一定応力σ_0を与えると、その後に時間tに依存する遅延変形$\varepsilon(t)$が生じ、次式で表される。

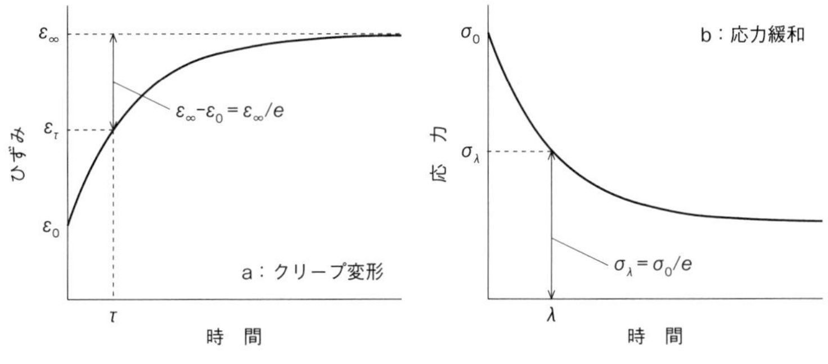

図5-40 クリープ変形(a)と応力緩和(b)

$$\varepsilon(t)=\frac{\sigma_0}{E}\left[1-\exp\left(-\frac{t}{\tau}\right)\right] \tag{5.37}$$

ここで、$\tau=\eta/E$は遅延時間である。$t=\tau$および$t=\infty$のときのひずみをそれぞれ$\varepsilon\tau$およびε_∞とすると、(5.38)式が成り立つ。このとき遅延時間τとは、応力下にあるフォークトモデルの変形が、最終的な変形ε_∞の約63％に達するのに必要な時間であり、クリープ特性を表すパラメータである。

$$\varepsilon_\infty-\varepsilon_\tau=\frac{\varepsilon_\infty}{\mathrm{e}} \tag{5.38}$$

なお、ひずみ$\varepsilon(t)$を一定応力σ_0で除した値はクリープコンプライアンス$J(t)$と呼ばれる((5.39)式)。

$$J(t)=\varepsilon(t)/\sigma_0=\frac{1}{E}\left[1-\exp\left(-\frac{t}{\tau}\right)\right] \tag{5.39}$$

5.8.5　応力緩和

粘弾性体に瞬間的に一定変形を与えると弾性的変形により応力が生じる。その後、その変形を維持すると粘性流体の性質が現れて応力が減少する(**図5-40** b)。応力緩和と呼ばれるこの現象を表す最も簡単なモデルは、スプリング要素(ヤング率E)とダッシュポット要素(粘性率η)を直列につないだマックスウェルモデルである(**図5-39**(2))。このモデルに変形が与えられると、直列したスプリング要素とダッシュポット要素の応力が等しい。このとき、スプリング要素のひずみε_sとダッシュポット要素のひずみε_Dの和が系全体のひずみεとなり((5.40)式)、(5.41)式のような応力緩和を示す粘弾性方程式が得られる。

$$\varepsilon=\varepsilon_S+\varepsilon_D \tag{5.40}$$

$$\frac{\mathrm{d}\varepsilon}{\mathrm{d}t}=\frac{1}{E}\cdot\frac{\mathrm{d}\sigma}{\mathrm{d}t}+\frac{1}{\eta}\cdot\sigma \tag{5.41}$$

この微分方程式から以下の指数関数が導かれ、この系に一定ひずみε_0を加えると、その後時間tに依存して指数関数的に応力が低下する。

$$\sigma(t)=\sigma_0\cdot\exp\left(-\frac{t}{\tau}\right) \tag{5.42}$$

ここでσ_0は初期応力であり、$\lambda=\eta/E$は緩和時間と呼ばれる。$t=\lambda$だけ経過した時の応力は以下となる。

$$\sigma(\lambda)=\frac{\sigma_0}{e} \tag{5.43}$$

つまり緩和時間とは、応力が初期の$1/e$になるまでの時間である。なお、応力を一定ひずみで除した値を緩和弾性率$E(t)$と呼ぶ((5.44)式)。

$$E(t)=\frac{\sigma_0(t)}{\varepsilon_0}=E\cdot\exp\left(-\frac{t}{\lambda}\right) \tag{5.44}$$

5.8.6　一般化したクリープモデルおよび緩和モデル

実際の材料に生じるクリープ変形は複雑であり、**図5-39**(1)のような単純なモデルで表すことは難しい。この場合、**図5-41**のようなフォークト要素を直列につないだ一般化フォークトモデルが必要である。一般化モデルに一定応力σ_0を加えると、i番目の要素のクリープは(5-45)式で表される。

$$\varepsilon_i=\frac{\sigma_0}{E_i}\left[1-\exp\left(-\frac{t}{\tau_i}\right)\right] \tag{5.45}$$

ここで、$\tau_i=\eta_i/E_i$である。全体のクリープ変形は次式で表される。

$$\varepsilon(t)=\sum_{i=1}^{n}\frac{\sigma_0}{E_i}\left[1-\exp\left(-\frac{t}{\tau_i}\right)\right]=\sigma_0\sum_{i=1}^{n}j_i\left[1-\exp\left(-\frac{t}{\tau_i}\right)\right] \tag{5.46}$$

ここでJ_iは、i番目の要素のクリープコンプライアンスである。

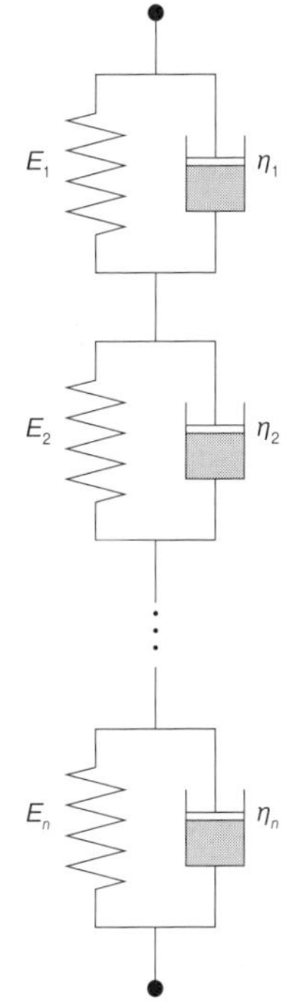

図5-41　一般化したフォークトモデル

試験体全体としては、連続的に変化する遅延時間τ_iに対応する無数の緩和機構がつながっていると考える(すなわち、無数のフォークト要素がつながっている)。そこで、遅延時間τ_iの連続的分布を考えて一般化する。

$$J(t)=J(0)+\int_0^{\infty}L(\tau)\left[1-\exp\left(-\frac{t}{\tau_i}\right)\right]\mathrm{d}\tau \tag{5.47}$$

ここで$L(\tau)$は、遅延時間の分布を示す関数で遅延スペクトルと呼ばれる。また、

$J(0)$は負荷直後のコンプライアンスで瞬間クリープコンプライアンスである。

応力緩和においても同様の一般化を行い、**図 5-42** のようにマクスウェル要素を並列にならべた一般化マクスウェルモデルを考える。一般化モデルに一定ひずみε_0を加えたときの応力$\sigma(t)$は以下のように表される。

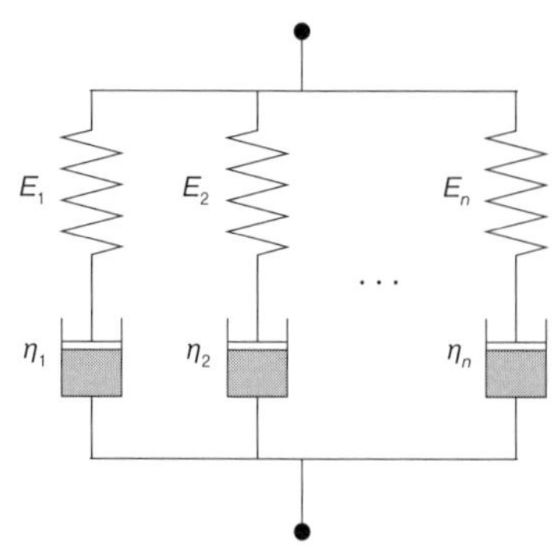

図 5-42 一般化したマクスウエルモデル

$$\sigma(t) = \varepsilon_0 \cdot \sum_{i=1}^{n} E_i \exp\left(-\frac{t}{\lambda_i}\right) \qquad (5.48)$$

ここで、$\lambda_i = \eta_i / E_i$である。一般化フォークトモデルと同様に、緩和時間λは連続的に分布すると考えて、以下の一般化マクスウェルモデルの緩和弾性率を得る。

$$E(t) = E(0) + \int_0^{\infty} H(\lambda) \exp\left(-\frac{t}{\lambda}\right) \mathrm{d}\lambda \qquad (5.49)$$

$H(\lambda)$は緩和弾性率の分布を示す関数で緩和スペクトルと呼ばれる。また、$E(0)$は変形直後の弾性率で瞬間弾性率と呼ばれる。

遅延時間や緩和時間の分布は非常に広い範囲に及ぶので、遅延スペクトルおよび緩和スペクトルは対数で取り扱われることが多い。

5.8.7 水分非平衡の影響(メカノソープティブ)

木材がその材温と含水率が一定の状態で荷重を受けると、材温が高いほどクリープ速度とクリープ量が増大し、また、含水率が高いほどクリープ速度もクリープ量も増大する。木材のクリープに及ぼす含水率と温度の効果を調べると、1%の含水率の増加が6℃の温度の上昇とほぼ等しい効果を有する。

一方、木材の実際の加工環境や使用環境においては、材温や含水率が一定に保たれることはむしろまれで、刻々と変化していると考えるべきである。例えば、低温から高温に昇温させるときに木材に荷重すると、当初から高温下に置いておいた場合よりも大きなクリープたわみを生じ、温度差が大きいほどその傾向が強くなる。また、荷重を受ける木材の含水率が放湿または吸湿によって変化すると、含水率が一定の場合にくらべてクリープあるいは応力緩和が著し

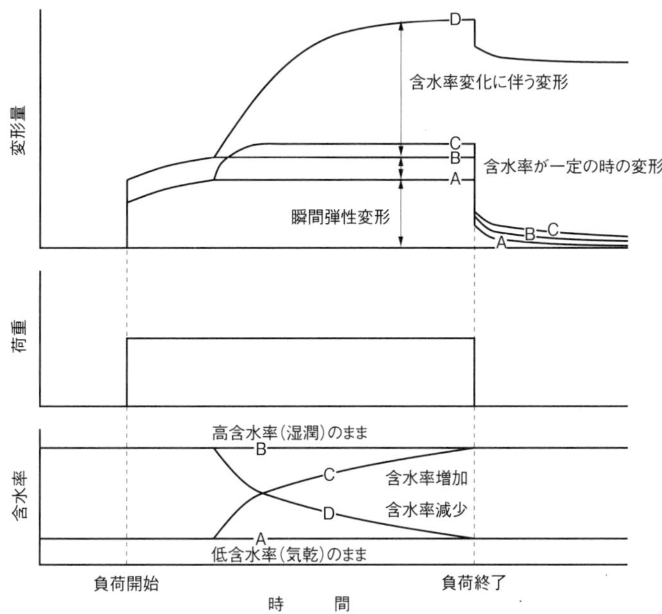

図5-43 種々の水分条件におけるクリープ変形(佐道1986より作図)

く増大することが知られている。

中でも水分非平衡状態でのこの現象はメカノソープティブクリープまたはメカノソープティブ緩和、総称してメカノソープティブ効果と呼ばれ、これによって生じた変形をメカノソープティブ変形という。

図5-43に種々の水分条件におけるクリープ曲線を模式的に示す。この図において、所定期間一定荷重を受ける木材は、荷重期間中に条件Aでは低含水率の気乾状態のまま、条件Bでは高含水率の湿潤状態のまま、条件Cでは低含水率から徐々に含水率が増加、条件Dでは高含水率から徐々に含水率が減少する水分状態に置かれる。負荷開始直後、高含水率材(条件BおよびD)は低含水率材(条件AおよびC)よりも瞬間的な弾性変形が大きい。その後、含水率が変わらない条件AおよびBでは、荷重期間中、通常のクリープ挙動を示す。徐々に含水率が増加する条件Cでは、湿潤条件のBよりも大きなクリープ変形が生じて、やがて安定する。驚くべきは条件Dで、乾燥が進行しているにもかかわらず異常に大きい変形を生じる。未乾燥材が木造住宅のはりや柱として荷重を

受けている状態で乾燥が進行するときに、このメカノソープティブ効果によって大きく変形することが知られている。

5.9 塑性

5.9.1 木材の塑性

材料に外力を加えて、弾性の限度を超えた変形(ひずみ)が生じた場合、外力を除いても変形の一部あるいは全部が元に戻らない性質を塑性という(**図 5-17**)。**図 5-17** において、残留ひずみの ε_P は塑性ひずみとも呼ばれる。塑性変形は固体材料内部に生じるせん断変形によるもので、金属では結晶に存在する転位のすべり、粘土では粒子のすべり、高分子材料では分子鎖間のすべりに起因する。木材の塑性は、高分子材料としての細胞壁の構成成分の分子鎖間のすべりによるが、多孔性材料(セル構造体)としてのすべりも要因となる。

5.9.2 セル構造体の塑性変形

セル構造体は、ハニカム構造のように面が規則的に配列して中空を成す形状(セル構造)から成っている。木材は細胞壁を面とした天然のセル構造体であり、樹幹方向に細長い紡錘形の中空な細胞の集合体で、セル構造の基本パターンは、放射面・接線面はストロー状の円筒構造、木口面はハニカム構造であり、両者のセルのアスペクト比(縦横比)には大きな差がある。そのため、**図 5-44** のように外力を加えたときの塑性変形の挙動は、円筒構造の変形となる繊維方向への圧縮(縦圧縮)とハニカム構造の変形となる圧縮(横圧縮)で、縦圧縮よりも横圧縮の塑性変形量の方が大きい傾向にある。

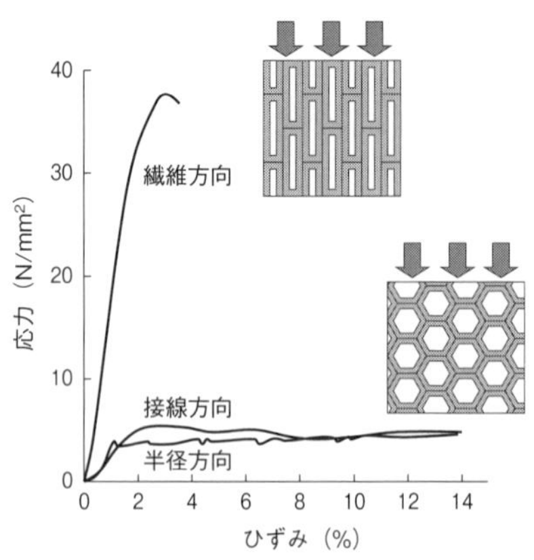

図 5-44 木材の加力方向と塑性変形挙動の関係の典型例

セル構造体に圧縮の外力が加えられたときの応力-ひずみ関係の模式図を

図5-45に示す。変形挙動は3段階に大別でき、変形初期のほぼ弾性変形領域とみなせる段階を過ぎると、塑性変形のプラトー領域に移行し、荷重が一定のまま変形が進行する。さらに変形が進行すると、セル壁同士が接触し緻密化が進行する段階となる。緻密化によって細胞壁実質の圧縮変形となるため、応力は急激に増大する。この変形挙動は、木材のみでなく、アルミハニカムなどの金属や発泡ポリスチレンのような合成樹脂を原料としたセル構造体に共通する。弾性変形領域からプラトー領域にいたる変形は、セルの構成素材よりもセル構造の形状の影響を受けやすい。

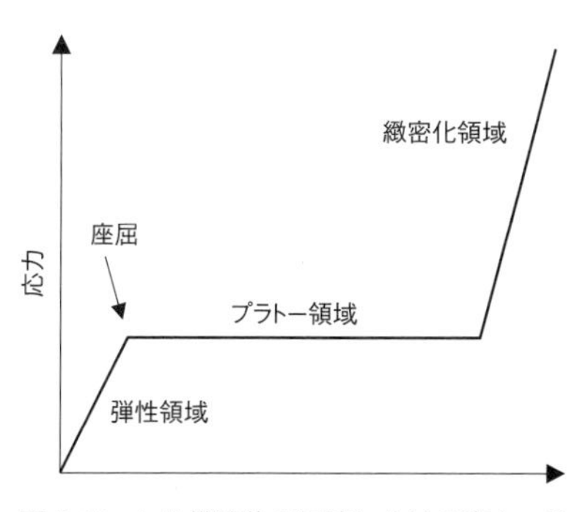

図5-45 セル構造体の圧縮における応力ーひずみ線図の模式図(馬渕ら 2002)

5.9.3 軟化

木材は、含水率が高いほど、また、温度が高いほど塑性変形しやすくなり、弾性率が低下し、破壊ひずみが増大する。細胞壁のマトリックス成分(ヘミセルロース・リグニン)の熱可塑性は、高含水率の状態で加熱温度の影響が大きい。特にリグニンの場合、全乾状態で約200℃の軟化温度が、含水率20％程度では80℃付近まで低下する。また、リグニンの構造に起因する分子鎖間の相互作用の大小に影響を受け、飽水状態での軟化温度は、針葉樹＞熱帯産広葉樹＞暖帯産広葉樹の順となる。

軟化には、熱を外部から木材表面に伝達する蒸煮や煮沸、熱盤などの外部加熱方式や、電磁波(マイクロ波)で木材内部の水分子を選択的に発熱させる内部加熱方式が用いられる。他にも、水以外のアンモニア、ポリエチレングリコール、グリセリンなどの極性溶剤を可塑剤に用いる方法がある。

図5-46のように細胞壁は水分を吸着すると膨潤し、分子鎖が動きやすくなる。この状態で加熱されると細胞壁のマトリックス成分はガラス状態からゴム状態に軟化し、外力が加わると、乾燥状態の時よりも低い応力でひずみ、塑性流動して変形する。温度低下してマトリックス成分がガラス状態に戻り、乾燥

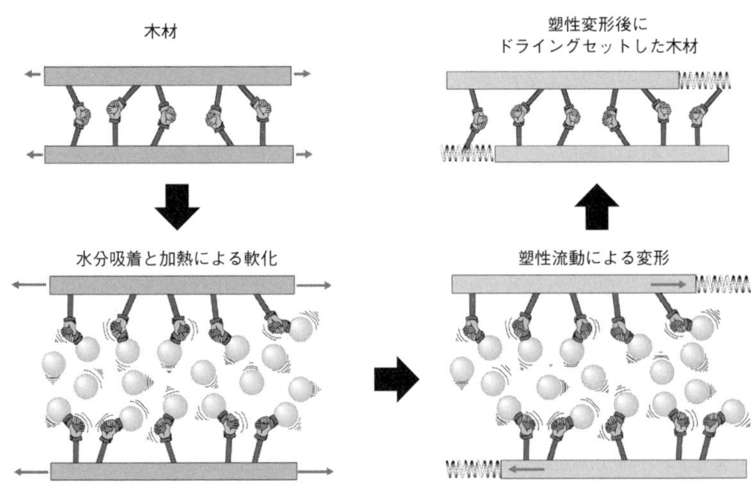

図5-46　木材の水熱軟化とドライングセット

によって水分子が木材内部から脱けると変形状態のままで形状が安定化する。乾燥に伴う変形の一時的な固定状態をドライングセットという。ドライングセットは、再度の吸水と熱軟化によって変形前の形状にほぼ回復する。回復の度合いは、軟化条件や細胞壁の損傷で変化する。

ドライングセットのように水熱履歴で容易に変形回復しない塑性変形の固定法として、熱処理・水蒸気処理や低分子フェノール樹脂処理やグリオキザール樹脂などの含浸硬化処理が主にあげられる。熱処理では、塑性変形させた木材を180℃以上で5〜20時間加熱すると形状安定性が向上する。その際、酸化反応によって材色変化も進行する。水蒸気処理では、180℃以上の水蒸気で1〜10分間処理することで形状安定化する。飽和水蒸気で貧酸素環境のため、材色変化は熱処理よりも少ない。

5.9.4　塑性を活かした木材加工技術

金属や合成樹脂は展延性や熱流動性に優れるため、圧延や鋳造、射出成形などの塑性加工法の種類が多い。木材では、曲げ木加工と圧縮成形加工の2種類が主な塑性加工になる。両者とも、木材の塑性変形のうちセル構造の圧縮特性を活かしたもので、曲げ木加工は繊維方向に長い板や棒を曲げるため縦圧縮変

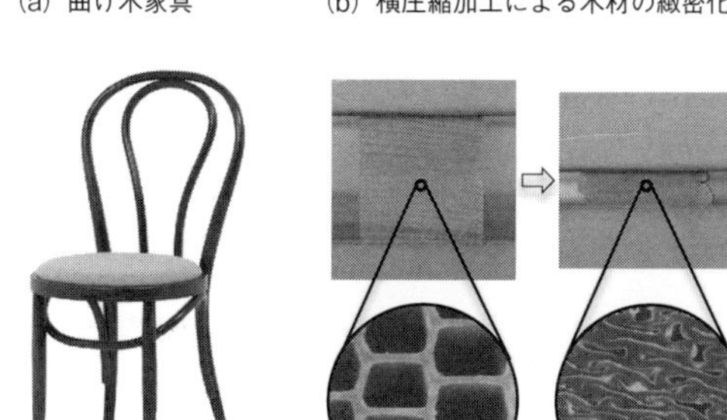

図 5-47　曲げ木で出来た製品と圧縮木材
（左図：秋田木工（株）提供、右図：井上 2006 より作図）

形に該当し、**図 5-47**(a)のような家具の部材製造に活用されている。圧縮成形加工は、**図 5-47**(b)に示すように単位断面積当たりの木材実質量を増加させることで緻密化する横圧縮加工に該当し、硬度や強度、熱伝導率を向上させた床材などに活用されている。

曲げ木の場合、単純に繊維方向に長い棒や板を曲げると、曲げの外側は伸び、内側は縮みながら変形する。木材は、水熱で軟化させても繊維方向の引張側の破壊ひずみは2～3％程度であるため、わずかの伸びで破断し大きく曲げることは困難である。一方、圧縮側のひずみは、樹種によっては軟化によって20～30％に増加する。この特性に着目して、木材の外側に金属製の帯鉄（おびがね）を沿わせて、内側を縮めるだけで曲げる拘束治具が考案された（**図 5-48**）。帯鉄には、曲げ木加工時の引張応力で伸びない硬さの鋼板を用いる。曲げ木部材は一般的にドライングセットで変形固定されるため、吸湿による変形回復を抑制するために、塗装や曲げ部材の両端固定といった工夫がなされている。

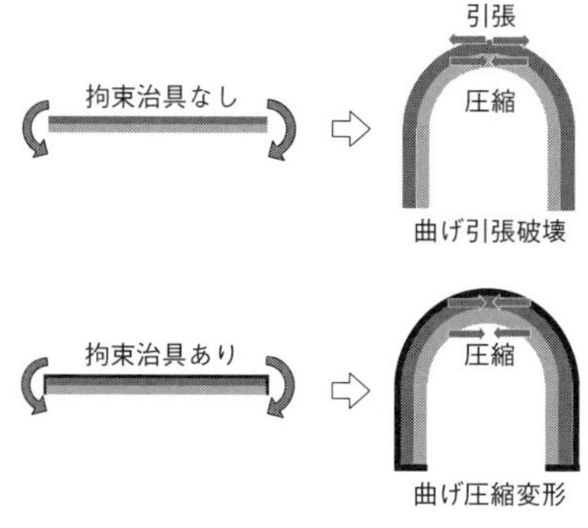

図 5-48　曲げ木加工における拘束治具の作用

圧縮成形加工は、**図 5-47**(b)に示すように横圧縮によって，細胞壁が局所的に座屈し、軟化を組み合わせれば内腔がほぼ消失するまで細胞壁を座屈変形させることが可能である。内腔消失後は、細胞壁自体が圧縮破壊するため、実用上での最大圧縮率は、木材の空隙率とほぼ等しい（(5-6)式、**表 5-2** 参照）。例えば空隙率は，全乾密度 0.33 g/cm^3

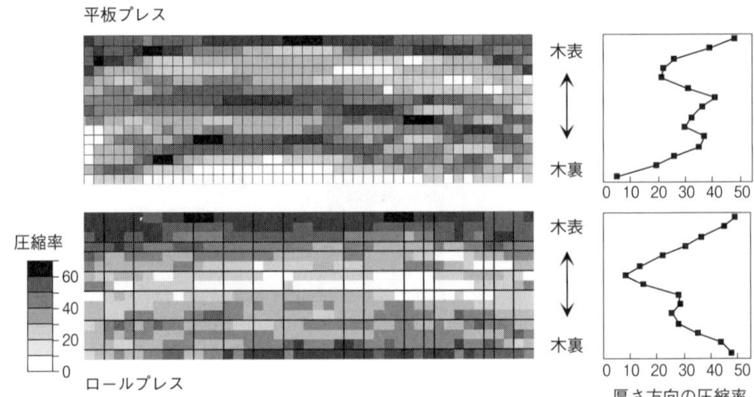

図 5-49　プレス方法が木材の横圧縮のひずみ分布に及ぼす影響（足立ら 2005）

のスギで78％、0.53 g/cm³のカラマツで65％、0.20 g/cm³のバルサで87％となり、加工の目安となる。圧縮成形加工された木材は、圧縮木材や圧密木材と呼ばれる。

圧縮木材の製造には、平板プレスやロールプレスが使われている。横圧縮はせん断変形に弱く、ロールプレスのように材料を順次めり込ませる変形方法の場合は、加力点近傍に塑性変形が集中しやすくなる。同じ厚さの木材を、平板プレスとロールプレスで圧縮成形加工したときの、木口面のひずみ分布（**図 5-49**）を見ると、平板プレスでは年輪内の早材にあたる密度の低い部分が緻密化するのに対し、ロールプレスでは木表および木裏のロール接触表面が緻密化される。この度合いは、ロールプレスのローラー径が小さく、かつ、めり込み量が大きいほど強まり、表面を選択的に圧縮加工できる技術として用いられている。

●参考図書

石丸 優ら（編）（2022）：『木材科学講座3　木材の物理　改訂版』．海青社．

日本木材学会（編）（2007）：『木質の物理』．文永堂出版．

日本木材学会木材強度・木質構造研究会（編）（2015）：『ティンバーメカニクス　木材の力学理論と応用』．海青社．

6章 リグニンおよび木材主要成分の分離

6.1 リグニンと化学パルプ化

6.1.1 リグニンの化学構造

セルロースおよびヘミセルロースと共に木材細胞壁主要三成分を構成するリグニンは、3.3.3に示されたモノリグノールの脱水素重合によって生成する。モノリグノールどうしの脱水素重合によって生成する二量体は、フェノール性ヒドロキシ基を1つまたは2つもつため、再度脱水素重合することができる。すなわち、これら二量体の酸化で生成するフェノキシルラジカルが、モノリグノールあるいはオリゴマーの酸化で生じるフェノキシルラジカルとラジカルカップリング反応を行う。この繰り返しによって、高分子のリグニンが生成する。なお、**図6-1**に示すように、三量体以上の生成では、**図3-10**に示された構造だけでなく、二量体としては存在しないβ-1′型構造も生成し、この際、グリセルアルデヒド-2-アリールエーテル構造が脱離する（β-*O*-4′型構造の芳香核C-1位（炭素番号については**図3-9**参照）とのラジカルカップリングの場合）。また、β-*O*-4′型構造は、その前駆体であるキノンメチド構造（QM; quinone methide structure）のα-位へ水が付加することによって生成するが、水ではなく、リグニン分子中等のフェノール性ヒドロキシ基が付加するとα-*O*-4′型構造が、一方、多糖類のヒドロキシ基あるいはカルボキシ基が付加するとリグニン-多糖複合体（LCC; lignin-carbohydrate complex）が、生成する。5-5′型構造の脱水素重合では、新たに生成するβ-*O*-4′結合とα-*O*-4′結合を含む8員環で構成されるジベンゾジオキソシン型構造も生成する。

図3-10および**図6-1**に示す構造それぞれの生成割合は、ほぼグアイアシル核のみから構成される針葉樹リグニンと、ほぼグアイアシル核およびシリンギル核から構成される広葉樹リグニンの間で異なっており、針葉樹リグニンと比較して、芳香核上での結合生成が難しいシリンギル核を含む広葉樹リグニンには、より多くのβ-*O*-4′型構造が存在する。β-*O*-4′型構造は、樹種に関係な

くすべての構造の中で最も豊富に存在し、その存在量は50％程度と考えられている。その他の構造の存在量はいずれも10％程度以下と想定されているが、β-*O*-4′型を含む各構造の存在量についての正確な値は、明らかにされていない。各構造の存在量は組織や樹木の部位によっても異なっており、例えば、複合細胞間層では二次壁と比較して、あるいは、あて材では正常材と比較して、β-*O*-4′型構造が少ないことが知られている。このように、単位間結合の種類や量についてはある程度知見があるが、タンパク質等の高分子で取り扱われる一次構造、二次構造、三次構造については、リグニンではほとんど解明されていない。従来、リグニンは枝分かれの多い三次元網目構造であると考えられてきたが、これを支持する結果は得られていない。**図6-2**に、リグニン高分子化学構造の模式図を示す(Sakakibara 1980)。

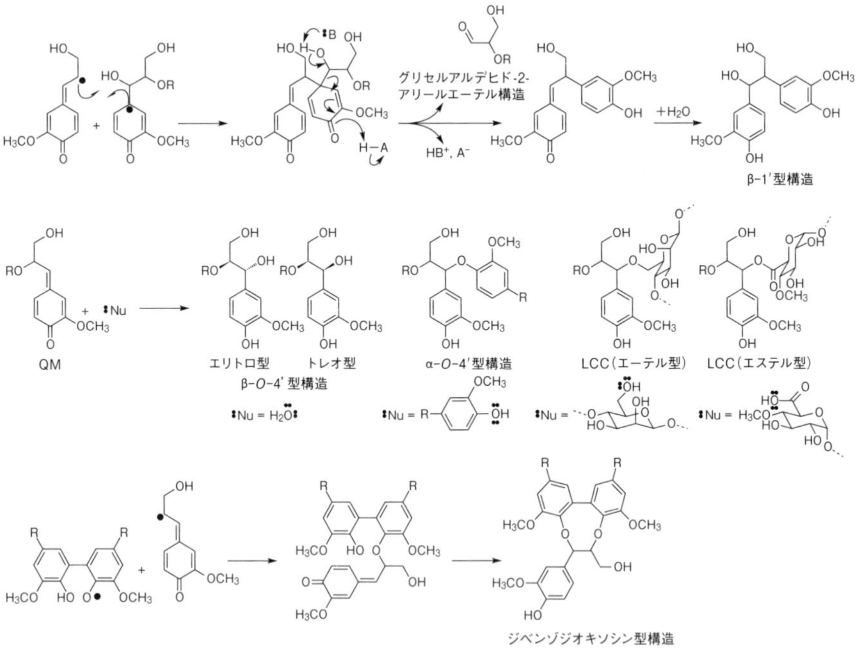

図6-1　三量体以上のリグニン前駆体生成過程で生じる部分構造(β-*O*-4’型構造は二量体として生成可能)
(上段：β-1’型構造、中段：β-*O*-4’型構造、α-*O*-4’型構造、LCC、下段：ジベンゾジオキソシン型構造、H-A：酸、:B：塩基、•：不対電子(ラジカル)、:：非共有電子対)

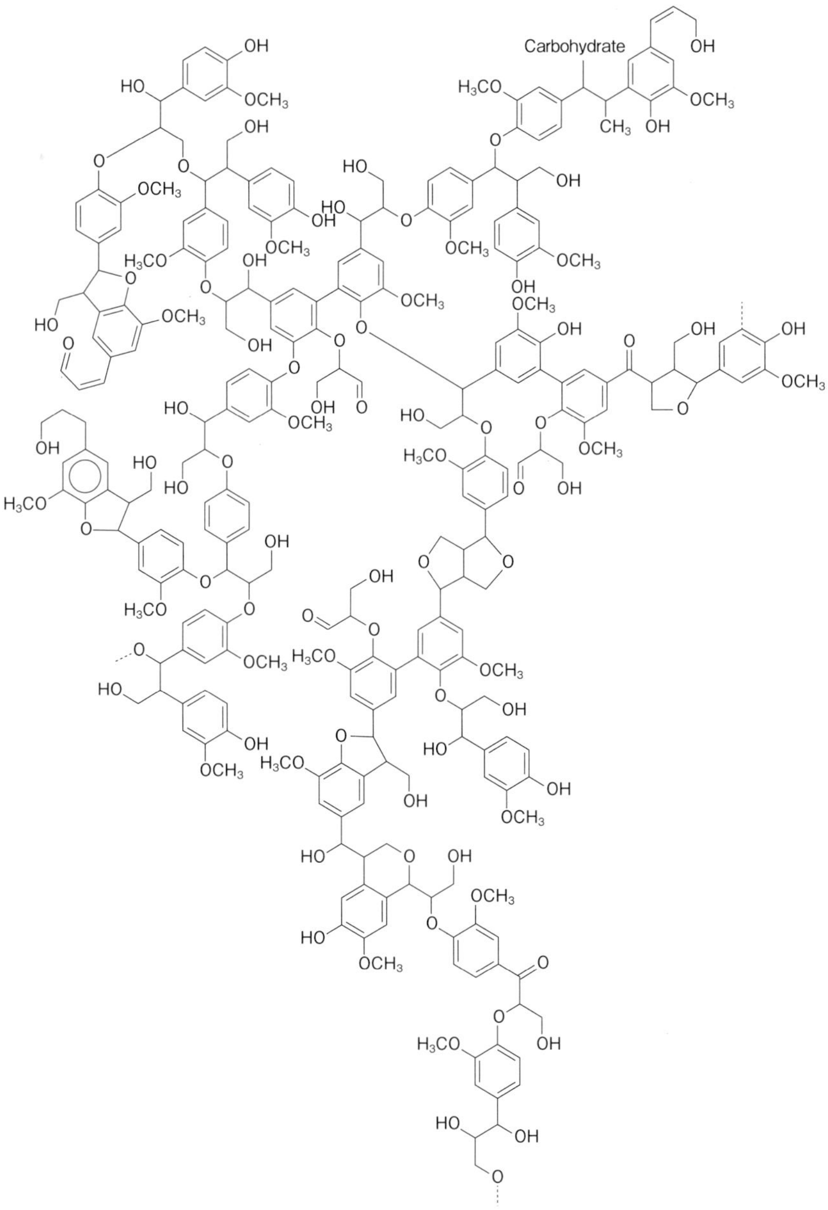

図6-2 リグニン高分子化学構造の模式図

6.1.2　化学パルプ化および蒸解反応

(1)　化学パルプ化およびパルプ

化学パルプ化は、木材チップから化学的処理によってリグニンを分解溶出させて細胞どうしを引き剥がし、セルロースを主成分とする繊維の集合体であるパルプを得ることを主目的とする。しかし、同時に分解溶出するリグニンを単離することができるため、従来、世界的に最も利用され、他の方法の追随を許さない成分分離法でもある。現在、開発が急務である木質バイオマス利用のための化学的前処理としても、多くの場合、化学パルプ化に準じる処理を用いることが、最も現実的である。化学パルプ化で得られる単離リグニンは多くの化学反応を経ているため、天然リグニンとは化学構造が大きく異なる。

化学パルプ化で製造される化学パルプ(CP; chemical pulp)は、紙の原料となる製紙パルプ(PP; paper pulp)の一種である。PPはその製造方法によって、CP、丸太あるいはチップに湿潤状態でせん断力を加えて製造する機械パルプ(MP; mechanical pulp)、および化学的前処理を行ってから同様にせん断力を加えて製造する半化学パルプ(SCP; semi-chemical pulp)、の3種類に大別される。また、パルプはその用途によって、PPおよび溶解パルプ(DP; dissolving pulp)の2種類に大別される。DPは主成分であるセルロースを原料として、カルボキシメチルセルロース(CMC; carboxymethyl cellulose)や酢酸セルロース等のセルロース誘導体の製造に、あるいは、レーヨンやセロハン等の再生セルロースの成型物の製造に、用いられる。

(2)　アルカリ蒸解における化学反応

化学パルプ化では、まず主要な脱リグニンを行う工程である蒸解によって90％超のリグニンを除去し、続いて、残存するリグニンを主として酸化分解によって除去する漂白を実施する。蒸解のみで完全な脱リグニンを行おうとすると、終盤で多糖類の分解が激しくなり、PPとしては不適切なパルプしか得られない。本項では主に、最古の蒸解法であるソーダ蒸解(soda pulping、蒸解はcookingとも記す)における化学反応について、および、現在世界中で90％程度以上のPPの生産に用いられているクラフト蒸解(kraft pulping)における化学反応ついて、記述する。なお、これらの蒸解で使用される薬剤は、それぞれ水酸化ナトリウム(NaOH)、および、NaOH+硫化ナトリウム(Na_2S)であり、どちらもアルカリ性下で実施されるアルカリ蒸解(alkaline pulping)の一種である。

アルカリ蒸解において、リグニンの低分子化を引き起こし脱リグニンをもたらす化学反応は、リグニン単位間結合様式の中で最も豊富に存在し、アルキル－アリールエーテル結合の一種であるβ-*O*-4′結合の開裂である。また、存在量が少なくリグニンの低分子化と脱リグニンへの貢献度は高くないが、α-*O*-4′結合やLCC結合(**図6-1**)も、そのユニットの芳香核がフェノール性ヒドロキシ基を有する場合には開裂する。その他の炭素－炭素結合およびジアリールエーテル結合である4-*O*-5′結合(**図3-10**、**図6-1**)は、アルカリ蒸解においてほとんど開裂しない。β-*O*-4′結合の開裂では、この結合を構成するアルキル側鎖側ユニットの芳香核がフェノール性ヒドロキシ基を有するか、あるいは、これがエーテル化されて非フェノール性であるかによって化学反応が異なるため、それぞれをこの順に紹介する。

フェノール性ユニット

現在我が国では、パルプ原料として主として広葉樹材が使用されており、蒸解では150℃程度を最高温度とすることが多い(針葉樹材の場合は160～170℃)。フェノール性ユニットでは、最高温度に到達する前の昇温段階(100℃程度)で反応が開始する。

ソーダ蒸解およびクラフト蒸解における初期NaOH濃度は1 mol/L超であるため、ほぼすべてのフェノール性ヒドロキシ基は、解離してフェノキシドイオンとして存在する。温度が100℃程度に到達すると、**図6-3**に示すように、初期反応としてフェノール性芳香核のα-位から水酸化物イオン(HO^-)が脱離して、QMが生成する。QMの生成は、これより後段の構造変化を伴う各素反応群と比較してかなり速く進行し、逆反応も容易に起こる。このため、元の構造からのQMの生成反応は、蒸解中に平衡に到達している。この平衡により、β-*O*-4′型構造側鎖に存在するエリトロ型およびトレオ型ジアステレオ異性体の間では、相互変換が起こっている。

QMには元の構造に戻る逆反応の他に、いくつかの反応経路が存在する。HO^-がγ-位ヒドロキシ基のプロトンを引き抜くと逆アルドール反応に類似の反応が起こり、γ-位がホルムアルデヒド(HCHO)として脱離して、エノールエーテル型構造(EE; enol ether structure)が生成する。EEはアルカリ性下で比較的安定で、その生成はβ-*O*-4′結合の開裂を急減速させるため、脱リグニン反応としては好ましくない。以前、HO^-がQMのβ-位からプロトンを引き抜き、上記とは別のエノールエーテル型構造の生成が想定されていたが、この反応は起こり難いことが示された(Kubo *et al.* 2015)。一方、他のフェノール性芳香核が、QMのα-位に求核的に付加すると、縮合型構造が生成する。縮合型構造の生成によってリグニンは高分子化するため、縮合反応の進行は一般に、脱リグニン反応としては好ましくない。これらのQMの反応はHO^-によって誘導されるため、ソーダ蒸解およびクラフト蒸解に共通して起こる反応である。なお、これらの反応以外にβ-*O*-4′結合の開裂も起こるが、その反応機構は明らかではなく、下記の非フェノール性ユニットと同様であることが想定されている。

一方、クラフト蒸解では、HO^-の他に水硫化物イオン(HS^-; $S^{2-} + H_2O \rightarrow HS^- + HO^-$ により生成)が存在するが、HS^-は高い求核性をもつため、QMのα-位に付加しやすい。この付加反応により生成するα-位チオールはアルカリ蒸解の条件下で容易に解離し、α-位チオラートアニオンとなる。このチオラートアニオンもHS^-と同様に高い求核性をもつため、隣接β-位炭素を攻撃して分子内求核置換反応(分子内S_N2反応)を行い、β-*O*-4′結合を開裂させる。また、HS^-がQMのα-位へ付加する反応が競合することにより、上記の縮合反応が抑制される。これらHS^-の存在がもたらすβ-*O*-4′結合開裂の促進効果と縮合反応の抑制効果によって、脱リグニンを進行させるという観点からは、クラフト蒸解はソーダ蒸解よりも優れている。

非フェノール性ユニット

天然リグニン中には、フェノール性ユニットよりもフェノール性ヒドロキシ基がエーテル化された非フェノール性ユニットの方が多く存在するため、後者におけるβ-*O*-4′結合開裂反応は、蒸解において脱リグニンをもたらす上で重要である。**図6-4**に、その反応機構を示す。まず、α-位ヒドロキシ基が解離した後、生成するα-位アルコキシドが隣接β-位炭素を攻撃して分子内S_N2反応を行い、β-*O*-4′結合を開裂させる。この反応は、**図6-3**におけるα-位チオラートアニオンが行う反応と類似する。**図6-4**からもわかるように、フェノール性ユニットとは異なり、この反応にHS^-は関与しないため、ソーダ蒸解とクラフト蒸解の間で反応性は大きく異ならない。また、この反応は、蒸解の最高温度

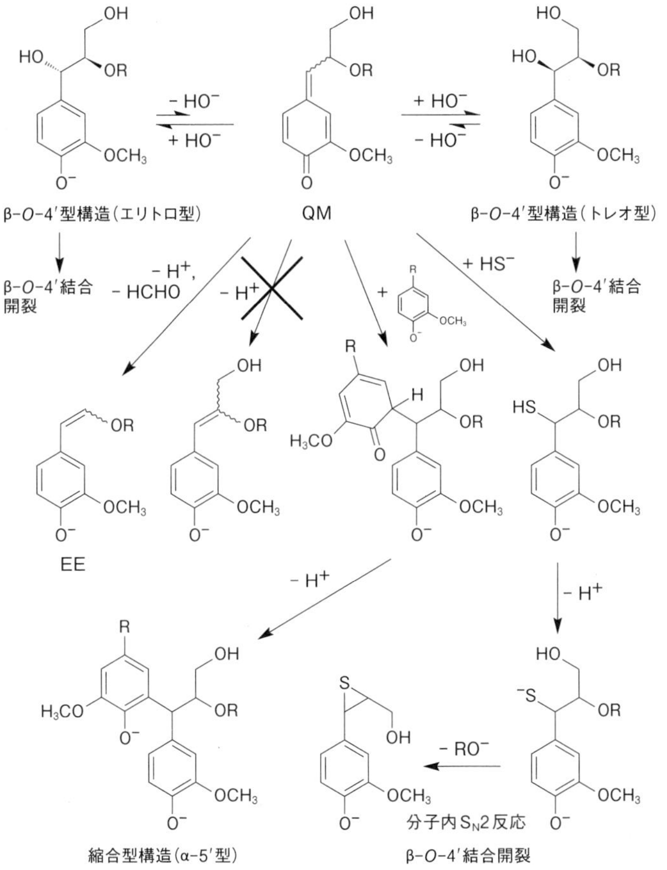

図6-3 アルカリ蒸解におけるフェノール性β-*O*-4'型構造の化学反応

付近のみで進行するため、上記のソーダ蒸解に対するクラフト蒸解の優位性は、主として蒸解初期の昇温段階で発現する。

図6-3に示すように、β-*O*-4'型構造の側鎖にはエリトロ型およびトレオ型のジアステレオ異性体が存在するが、アルカリ蒸解においては、前者のβ-*O*-4'結合開裂反応が後者よりも速いことが知られている(Tsutsumi *et al.* 1993, Shimizu *et al.* 2012)。また、β-*O*-4'型構造を構成する芳香核がシリンギル核の場合には、グアイアシル核である場合よりも、β-*O*-4'結合の開裂が速いことも知られている(Shimizu *et al.* 2012)。さらに、リグニン芳香核のグアイアシル

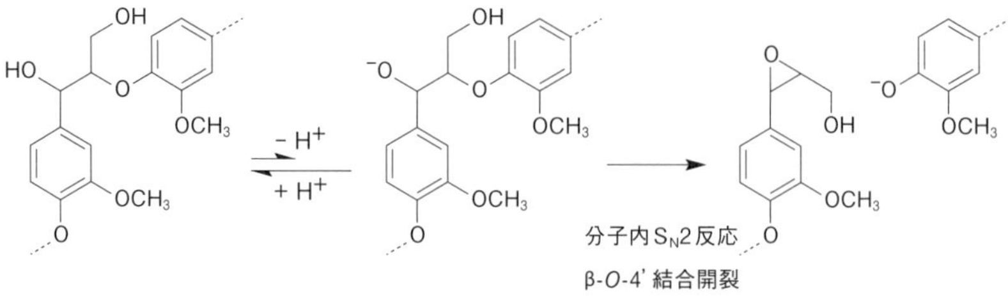

図6-4　アルカリ蒸解における非フェノール性β-*O*-4'型構造の化学反応

核に対するシリンギル核の存在割合が高いほど、β-*O*-4'型構造の側鎖にエリトロ型が多くなることも知られているため(Akiyama *et al.* 2005)、化学反応的観点から、シリンギル核を多く含む広葉樹材はアルカリ蒸解において高い脱リグニン性をもつと考えられ、実際にこれが示されている(Nawawi *et al.* 2017)。また従来、広葉樹材の針葉樹材に対する易蒸解性が、経験的によく知られている。

(3)　サルファイト蒸解における化学反応

サルファイト蒸解(sulfite pulping)は、酸性下、中性下、あるいはアルカリ性下で実施することが可能であり、それぞれを酸性サルファイト蒸解、中性サルファイト蒸解、あるいはアルカリ性サルファイト蒸解と呼ぶ。これらの中で、酸性サルファイト蒸解は、クラフト蒸解が主要となる以前にはその地位を占めており、また、これの化学反応に関する研究がリグニン化学を大きく進展させる要因となったため、重要な蒸解である。酸性サルファイト蒸解は、現在でも我が国を含めて実施されており、薬剤として亜硫酸水素塩($Ca(HSO_3)_2$, $Mg(HSO_3)_2$, $NaHSO_3$, あるいはNH_4HSO_3)および遊離亜硫酸(H_2SO_3(SO_2+H_2O))が用いられる。この蒸解によって、リグニンはリグノスルホン酸塩として、一方、ヘミセルロースは酸加水分解を受けて単糖類(あるいはフルフラール等の変質した化合物)として溶出する。したがって、酸性サルファイト蒸解は、高純度のセルロースで構成されるDPを製造する主要工程の1つとなっている。海外では、中性サルファイト蒸解も運用されている。ここでは、酸性サルファイト蒸解における化学反応について、紹介する。

図6-5に、酸性サルファイト蒸解における化学反応を示す。酸性下では、ルイス塩基であるリグニンのα-位ヒドロキシ基あるいはエーテル結合の酸素がプロトン化を受け、これらの共役酸が生成する。これらの共役酸からそれぞれ

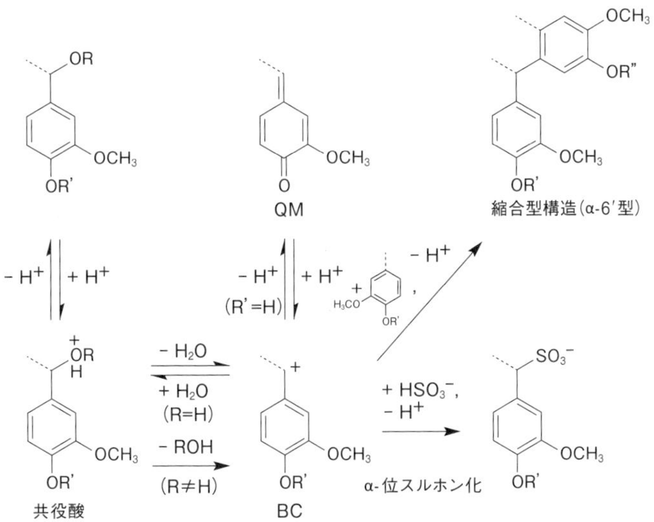

図6-5　酸性サルファイト蒸解におけるβ-*O*-4'型構造の化学反応

水あるいは対応するアルコールが脱離して、共鳴安定化されたベンジルカチオン構造(BC; benzyl cation structure)が生成する。フェノール性ユニットの場合、BCとQMとの間で酸解離平衡が達成される。このBC(あるいはQM)のカチオン中心であるα-位に、亜硫酸水素イオン(HSO_3^-)が求核的に付加してスルホ基が導入される。リグニン中には多くのα-位ヒドロキシ基およびエーテル結合が存在するため、多くのスルホ基が導入されるが、スルホ基は大きな極性をもつため、スルホン化を受けたリグニンはその程度に応じて水溶性をもつこととなる。さらに、存在量は多くはないが、α-*O*-4′結合やLCCのようなα-位エーテル結合が開裂するため、リグニンはある程度低分子化する。これらの結果として、リグニンはリグノスルホン酸塩として溶出する。また、BCがHSO_3^-ではなく、他の芳香核の求核攻撃を受けることによって、縮合型構造が生成する。スルホ基導入反応と縮合型構造生成反応は競合しており、前者はリグニンの水溶性の増大を、後者はリグニンの高分子化を引き起こすため、なるべく前者を選択的に進めることが重要である。

6.2 リグニンの分離

6.2.1 化学的変質を抑えたリグニンの単離

木材細胞壁中のリグニンは、共存するセルロース、ヘミセルロースとともに複雑な構造を形成している。またリグニンとヘミセルロースの間には共有結合が存在している。このような細胞壁中での成分分布の複雑性から、リグニンを変性を伴わずに木材から分離することはできない。例えば6.1で解説した化学パルプ化における脱リグニン過程では、木材から大部分のリグニンが分離されるものの、同時にリグニンの著しい変性が起こる。

一方、木材からできるだけ変性を伴わずにリグニンを分離する手法が存在する。その場合、強酸、強アルカリ、高温などの過酷な分離条件は用いられず、有機溶媒による室温付近での抽出操作によりリグニンが分離される。有機溶媒による抽出には前処理が必要であり、ボールミルと呼ばれる粉砕装置による木材試料の微粉砕が行われる。微粉砕された木粉からのリグニンの抽出における一般的な溶媒は、1,4-ジオキサンと水を96:4の体積比で混合した溶媒であり、本溶媒で微粉砕木粉を室温で抽出した後に、固形物をろ別して可溶部を得る。この可溶部から溶媒を除去することで得られた残渣を、ピリジン、酢酸などの有機溶媒に再溶解させ、ジエチルエーテル中で沈降させるなどの精製操作を行うことで、リグニンを単離することができる。

上記の操作により得られた固形物は、摩砕リグニン(Milled Wood Lignin)や提案者の名前からBjörkmanリグニンと呼ばれる。摩砕リグニンは、微粉砕過程における分子量低下等を伴うものの、木材中の天然リグニンを比較的よく反映した化学構造を有すると考えられている。また摩砕リグニンは、一部の有機溶媒に可溶であり様々な化学分析に供しやすく、リグニン研究における試料として汎用される。ただし、摩砕リグニンは通常5 wt％程度のヘミセルロースを含み、その含有量は調製条件や樹種に依存する。したがって、摩砕リグニンの調製時には、適切な手法で試料中の糖含有量を測定すべきである。

摩砕リグニンの木材中の天然リグニンからの収率は通常10～30 wt％程度であり、摩砕リグニンを定量的に木材から抽出することはできない。本事実は、摩砕リグニンが木材中の全リグニンを代表していないことを示しており、摩砕リグニンの木材からの収率を向上させるための手法が検討されている。収率増大を主な目的とした摩砕リグニン調製における変法として、溶媒抽出に先立った微粉砕木粉の酵素処理を伴うものが挙げられる。酵素としては、ヘミセルロースに対する活性が残存した粗セルラーゼがよく用いられ、本法で抽出されたリグニン試料はCellulolytic Enzyme Lignin (CEL)と呼ばれる。酵素処理以外の調製条件を統一した場合、CELの木粉からの収率は、摩砕リグニンの場合の2倍程度まで増大する。このことからCELは、木材中の全リグニンを摩砕リグニンより代表した試料であると考えられている。一方でCEL調製においては、使用した酵素の試料への混入等に留意する必要がある。

6.2.2 有機溶媒を用いるリグニンの分離(坂井 1994)(Hergert 1998)

リグニンは、各種有機溶媒との親和性がセルロース、ヘミセルロース等の多糖成分と比較して高い。したがって木材を有機溶媒で処理することで、リグニンを溶媒可溶物として多糖成分から分離することが可能である。このような有機溶媒処理では通常、加溶媒分解と呼ばれる溶媒分子のリグニン分子への導入や、リグニンの低分子化が進行することで、リグニンの可溶化が起こる。有機溶媒処理をベースとしたリグニンの分離は、化学パルプ化における脱リグニン過程に応用されており、そのような脱リグニン法は、オルガノソルブ蒸解法やオルガノソルブ法などと呼ばれる。なお、本節で紹介する木材から単離されたリグニンは、例外なく有機溶媒処理過程における化学変性を伴ったものであり、その化学構造は木材中の天然リグニンとは明確に区別されるべきものである点に留意されたい。

オルガノソルブ蒸解において使用される有機溶媒は、研究レベルのものを含めると非常に多岐にわたるが、代表的な溶媒の例としてメタノールやエタノール等のアルコール系溶媒が挙げられる。水酸化ナトリウムが添加されたメタノールをベースとした薬剤を用い、150～160℃の温度域で木材を処理することによりパルプ化を行うOrganocellプロセスが、1990年代にドイツで開発され15万t/年規模の工場が建設された。一方、エタノールをベースとしたオルガノソルブ化法としては、Alcohol Pulping and Recovery (APR)法が知ら

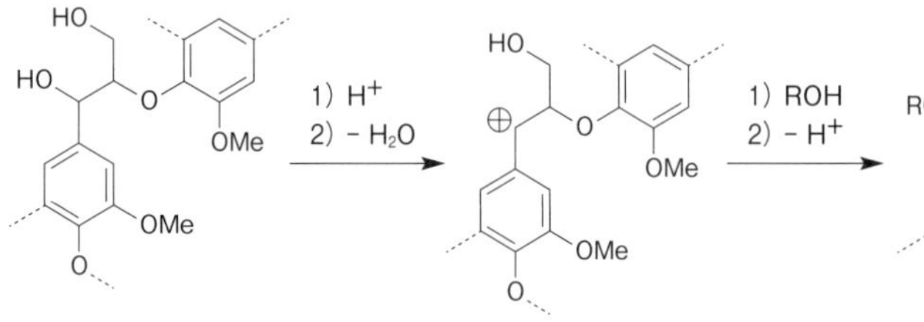

R=アルキル基，アリール基など

図 6-6　酸性条件で進行する側鎖α位における置換反応

れている。このAPR法をベースとしたAlcellプロセスが1990年代にカナダのRepap社により提唱され、約10万t/年規模のプラントが建設された。本法では、50 wt% エタノール/水混合溶媒中、200℃程度の温度域、加圧下における木材の処理により脱リグニンが行われる。

APR法では木材の分解により生成した有機酸類がリグニン分解を促進する。APR法に限らず酸の存在下におけるリグニンの可溶化プロセスは、一般に**図 6-6**に示した酸触媒による側鎖α位におけるカチオン形成と、溶媒分子の同カチオンへの求核攻撃を含んでいる。本反応によるα位への疎水性基の導入が、リグニンの有機溶媒への可溶化の一因である。なお低分子アルコールだけでなく、プロピレングリコールやポリエチレングリコール(PEG)等を用いた場合でも、本反応は進行する。例えば木材をPEG中、硫酸触媒の存在下で処理した場合、α位にPEG鎖が導入されたリグニンを分離することができる。また、以下で解説するフェノール-硫酸を用いたリグニン分離法でも、本反応は進行する。

ギ酸や酢酸等の有機酸類もリグニンに対する溶媒として機能し、これらの有機酸を用いたオルガノソルブ法が提案されている。有機酸を用いる場合、ヒドロキシ基のエステル化が進行し、有機溶媒への溶解がさらに促進されると考えられる。また、有機酸類は一般に高沸点であるため、反応に際して複雑な耐圧装置を必要としない利点がある。一方で、高沸点溶媒の使用は、溶媒の回収と再利用の困難さに直結する点に留意すべきである。有機酸類によるオルガノソルブ法には、例えば硫酸等の強酸や、過酸化水素等の酸化剤を添加する変法が多く存在し、用いる原料の種類、添加剤、温度条件等と脱リグニン効率との関係が広く研究されている。

前節(6.1)で紹介されているクラフト法で得られるクラフトリグニンは、硫黄を含むなど蒸解過程でかなり変質しているが、多量入手が可能なことから化石資源に代わる樹脂原料として期待されている。しかし、クラフト法の現状では、クラフトリグニンの多くは単離されることなく、黒液はそのまま濃縮、燃焼され、熱エネルギーの回収に利用されている。一方、オルガノソルブ蒸解により分離されたリグニンは、クラフトリグニンと異なり硫黄を含まないために、樹脂原料としての期待が大きい。しかしながら、有機溶媒は水と比較して高価であり、また環境への放出規制が厳しいために、有機溶媒の回収技術の確立が必要である。

パルプ化に主眼を置いた有機溶媒による分離法とは異なり、分離されるリグニン側の利用を念頭に置いた、フェノールを用いたリグニンの分離方法がある。木粉にフェノールを収着させた後、72 % 硫酸水溶液に投入し室温で激しく撹拌を行う。撹拌を止めると有機層(フェノール)と水層(72 % 硫酸水溶液)に分離される。得られた有機層には木粉中のリグニンのα位にフェノールが導入されたリグノフェノールが溶解しており、ここに貧溶媒を投入することでリグノフェノールが沈殿し回収することができる。多糖類(セルロース、ヘミセルロース)由来の成分は水層に可溶化しており、リグニンはフェノールによる化学修飾を受けるが、木粉からのリグニン分離を可能とする技術である。フェノールの代わりに*p*-クレゾールを用いて処理した場合、得られるリグニン化合物はリグノクレゾールと呼ばれる。リグノフェノールは、溶媒への溶解性や他のプラスチックとの相溶性が良好なことから、バイオプラスチック原料としての利用が期待されており、実用化に向けて数基の小型パイロットプラントが建設されている。

6.2.3 イオン液体によるリグニンの分離(Hasanov *et al.* 2020)

イオン液体は、100℃ 程度以下に融点を持つ塩であり、カチオンおよびアニオンのみで構成される化合物である。カチオンとアニオンの組み合わせは多彩であり、この組み合わせを変化させることで、融点、粘度、極性などの物性が様々に異なったイオン液体の調製が可能である。特にイオン液体が、様々な物質に対する溶解力が優れているという特徴を持っていることから、木質バイオマスの成分分離に関する研究が数多く行われている。ここではリグニン分離について紹介するが、イオン液体の性質は化学構造によって大きく異なるため、下記の内容がイオン液体のリグニン分離に対する性質として一般化されるものではないことを留意されたい。

1,3-dimethylimidazolium methylsulfateを用いてメープルを窒素雰囲気下で80℃、24時間加熱処理すると、1.6%のリグニンが溶解するとされている。また、1-butyl-3-methylimidazolium trifluoromethanesulfonateを用いた場合は1.0%、1-ethyl-3-methylimidazolium acetateでは8.8%、1-allyl-3-methylimidazolium chlorideでは10.4%であるのに対し、1-butyl-3-methylimidazolium tetrafluoroborate、1-butyl-3-methylimidazolium hexafluorophosphateではリグニンは溶解しない。しかし、これらの中でリグニンの溶解度が高いものは、木材そのものの溶解度も高く、リグニンを選択的に溶解しないが、その中で、1-ethyl-3-methylimidazolium acetateは木材全体の溶解度が低いにも関わらず、リグニンの溶解度は高く、木材からより選択的にリグニンを溶解するとされている。

また、ポプラからリグニンを分離している別の報告もある。1-ethyl-3-methylimidazolium acetateを用いてポプラを110℃で16時間処理した後、アセトン／水混合溶液を添加し、多糖類成分を沈殿させる。この沈殿を除去して得られた液部のアセトンを蒸発させることで、沈殿を生じさせ、これを水で洗浄、乾燥を行ったものを、イオン液体リグニンと呼んでいる。得られたイオン液体リグニンは収率が5.8%程度で、化学構造はMWLに類似しており、化学変質が少ないとされている。イオン液体リグニンの分子量はMWLの3分の2程度で、シリンギル核とグアイアシル核の存在比(S/G比)は1.24である。MWLのS/G比が1.34であることから、1-ethyl-3-methylimidazolium acetateはグアイアシルリグニンを抽出しやすいとされている。

上記では、木材中のリグニンをイオン液体に溶解させ、リグニンを分離しようとする方法であるが、セルロース、ヘミセルロースをイオン液体に溶解させ、固体残渣としてリグニンを分離しようとする方法も報告されている。1-ethyl-3-methylimidazolium chloride を用いてベイスギを120℃で24時間処理すると、イオン液体にセルロース、ヘミセルロースがほぼ溶解するとともに、リグニンの一部も溶解するが、残渣が回収される。この残渣の構成成分はほぼリグニンであり、収率は約20％程度である。

6.2.4 深共晶溶媒によるリグニンの分離

深共晶溶媒(Deep Eutectic Solvent, DES)は、水素結合ドナー性化合物(水素結合供与体)と水素結合アクセプター性化合物(水素結合受容体)で構成される。この2種類の固体を任意の割合で混合加熱すると、それぞれの融点よりも低い温度で液体となる現象が見られ、この時得られる液体を共融混合物と呼びその温度を共晶点と呼ぶ。これを溶媒として利用しようとするものがDESである。DESを用いた木質バイオマスの反応挙動については、歴史が浅くそれほど多くの研究報告はないが、既存の有機溶媒やイオン液体を用いた反応系とは大きく異なることから、これからの研究が期待される分野である。DESは、用いる水素結合受容体と水素結合供与体によって、様々に化学組成が異なることから、下記の内容が、DESを用いたリグニン分離に関する一般的な性質を表しているものではないことに留意いただきたい。

リグニンの分離をはじめとするバイオリファイナリーには、水素結合受容体としてコリンクロリド、水素結合供与体として乳酸、酢酸、レブリン酸、シュウ酸、尿素、グリセリンなどが用いられている。コリンクロリドと乳酸(モル比1：10)から成るDESを用いて120℃でヤナギを24時間処理すると、純度95％でリグニンが分離できるとされている(Lyu *et al.* 2018)。また、同様にコリンクロリドと乳酸のDESを用いてベイマツおよびポプラを145℃で処理すると、それぞれ原料木材に含まれているリグニンの58％および78％程度のリグニンがDESに可溶化することで分離され、その後95％程度の純度の沈殿として回収可能であると報告されている。DES処理ではリグニン－炭水化物複合体(LCC)中およびリグニン中のエーテル結合が開裂を受け、低分子化されることでDESに可溶化するとされている。

6.3 リグニンの利用

6.3.1 リグニン利用の歴史と現状

木材のリグニンを利用する研究は19世紀に始まり、1930年代からリグニンのフェノール骨格を活用した樹脂化など、付加価値の高い材料への研究が盛んになった。工業原料としてのリグニンは、化学パルプ化廃液(黒液)から得ることができる。したがって、工業的に木材から単離したリグニンの種類や製造法も、化学パルプ化の時代的遷移に従って、変遷してきた。2020年現在、世界の化学パルプ生産量は約1億5千万トンに達し年々増加している(**図6-7**)が、日本では、21世紀に入りその生産量は減少している。1960年代、世界の化学パルプの生産量の約20％は亜硫酸(サルファイト)法で製造されていたが、2010年以降の生産割合は2％程度にまで減少している。2021年では、化学パルプの98％は硫酸塩(クラフト)法で製造されている。一方、最も古い工業的木材パルプ製造法であるソーダ法による生産は、1990年には統計に表れなくなった。これらのことから本節では、水系のパルプ化であるサルファイト法で得られるリグノスルホン酸(塩)およびクラフト法のクラフトリグニンの利用を中心に記載するが、オルガノソルブリグニンについても取り扱う。

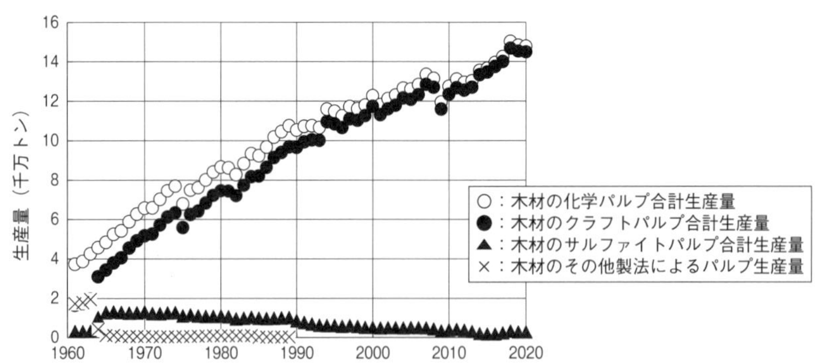

資料：国連食糧農業機関資料(FAOSTAT)

図6-7　木材からの化学パルプの生産量

6.3.2 リグノスルホン酸(塩)

サルファイト法では、6.1.2で述べたように酸性条件下の蒸解が主流である。強酸性の蒸解条件下では、木材多糖類の加水分解が進行するために、蒸解廃液には、リグノスルホン酸の他に、木材多糖に由来する単糖類、さらに、パルプ化試薬に由来する無機成分が多く含まれる。廃液中の全固形分量に対するリグノスルホン酸の含有量は、針葉樹では約55％、広葉樹では約40％となっている。当然、この値は、パルプ化条件や使用樹種によって異なる。

粗リグノスルホン酸は、廃液の噴霧乾燥などの方法で回収できる。しかし、高付加価値的な使用目的には、限外濾過や発酵等による単糖類の除去を組み合わせるなどの手法での高純度化が施される(Kienberger 2021)。多様な利用用途に対応するため、部分脱スルホン化されたもの等、様々なリグノスルホン酸が工業的に生産されており、全体での年間生産量は120～160万トンと推計されている。

リグノスルホン酸は、スルホン酸基、カルボキシ基およびフェノール性ヒドロキシ基等の酸性官能基を持つ高分子電解質である。特に強酸性基であるスルホン酸基に起因する分散性、キレート性や粘結性は、リグノスルホン酸の用途にも関わる重要な特性である。リグノスルホン酸の利用は非常に古くから行われており、1880年代には鞣し剤や染料の分散剤としての使用、1910年代頃には道路の粉塵抑制剤としての使用が報告されている。リグノスルホン酸は現在においても、コンクリート混和剤(材)、飼料の増粒剤等様々な用途に使用されており、工業的に最も広く使用されている木材から単離したリグニンである。

コンクリートには、その性能や施工性を改善のために、種々の混和剤が添加されている。リグノスルホン酸は最も古くから使用されている混和剤の一つであり、その混和剤としての機能は、セメントの施工時に使用する水の量を減らす(減水)効果である。その機構は、セメント粒子表面にリグノスルホン酸が吸着することで粒子表面が負に帯電し、この帯電による静電的な反発と、表面の親水化により、少量の水でもセメント粒子が分散する。

リグノスルホン酸の粘結性を活用した利用は、家畜飼料の成形剤としての使用である。リグノスルホン酸を添加することで、飼料のペレット成形性と機械的な安定性が改善される他、病原性の腸内細菌微生物叢を抑制しつつ、後腸の微生物叢を強化する利点も報告されている。ここで、リグノスルホン酸の毒性・安全性が危惧されるが、それらの検証は各国で行われている。我が国でも、リグノスルホン酸のカルシウム塩およびナトリウム塩については、飼料添加物の賦形物質として適切に使用される限り、食品を介してのヒトへの影響は無視できると考えられている。リグノスルホン酸の粘結性は、飼料成形剤の他に、燃料ペレットや活性炭の造粒にも利用できる。

さらなるリグノスルホン酸の用途として、鉛電池の負極添加剤としての利用がある。鉛電池は、内燃機関を持つ自動車用の二次電池として広く使用されており、リグノスルホン酸はエンジン始動時に必要となる急速放電性能を増加させる働きを持っている。リグノスルホン酸は、充放電を繰り返すことにより起こる負極の表面積の低下を抑制し、また鉛(II)イオンを一時的に補足することで機能を発現していると考えられているが、正確なところは分かっていない。現在までに数多くの鉛蓄電池用添加剤の開発が報告されているが、上記の放電性能、電解液である硫酸水溶液中での安定性およびコスト面などの優位性から、現在においても石油系素材に置き換わられることなく広く使用されている。

その他の利用例として、香料であるバニリンの製造がある。これは、廃液中のリグニンを空気酸化してバニリンを得ようとする方法であり、1937年から製造が始まった。しかし、1993年以降は北欧のパルプ会社一社のみでの生産となっている。

6.3.3　クラフトリグニン

クラフトパルプ化の黒液から得られるクラフトリグニンは、潜在的には最も多く生産可能な単離リグニンであるが、現状での生産量は10～20万トン程度である。単離リグニンの利用はリグノスルホン酸が中心で、化学的な特性が異なるクラフトリグニンの工業的用途は限定的である。したがって、日本では、過去にクラフトリグニンは製造、販売されていたが、現在は製造されていない。

世界的に見てもクラフトリグニンの生産量は、リグノスルホン酸に比べ著しく少なく、その中で米国においてはリグノスルホン酸を代替するスルホン化したクラフトリグニンが製造、販売されてきた。しかしながら、2000年以降になり、新たなクラフトリグニンの分離プロセス(LignoBoost、LignoForce)が開発、実用化されその生産量は増加した(Kienberger 2021)。LignoBoost法は、クラフト蒸解プロセスで必須となる黒液ボイラーでのリグニンの燃焼量を低減させる目的で開発されたリグニン分離法である。開発当時のクラフトリグニンの主たる用途は固形燃料であったが、近年では化石資源代替原料としても注目されている。LignoForceプロセスは、酸素酸化によりパルプ化廃液中のクラフトリグニンを部分酸化することで、固液分離の効率を改善している。さらに、LignoForce法では、酸素酸化により黒液中の硫黄系悪臭成分が一部不揮発性の塩に変換される点も特徴である。これらの方法では針葉樹リグニンが主たる対象で販売に至っている。最近では、詳細な単離法は不明だが、広葉樹クラフトリグニンも販売されている。

クラフトリグニンの用途としては、フェノール・ホルムアルデヒド樹脂、エポキシ樹脂やウレタン樹脂等への変換に関する研究例が多い。フェノール樹脂にはアルカリ性条件下で製造されるレゾール樹脂と、酸性条件下で製造されるノボラック樹脂がある。レゾール樹脂は木材用の接着剤の原料として使用される。アルカリ性条件下でのリグニンのホルムアルデヒドとの主たる反応部位は、芳香核5位の一カ所のみである。さらに、高分子量のクラフトリグニンはフェノールに比べ立体的に嵩高い構造を持つことから樹脂化の反応性が低くなる。そのために、現実的には原料フェノールを部分的にクラフトリグニンで代替する方法で、リグニン系フェノール樹脂の製造が行われている。一方、酸性条件下で合成されるノボラック樹脂の場合は、芳香核の2位および6位が優先的にホルムアルデヒドと反応する。反応活性点の数からは、クラフトリグニンは、レゾール樹脂よりノボラック樹脂に変換する方が有利である。さらに、ノボラック樹脂への変換は、針葉樹リグニンに比べて広葉樹リグニンの方が反応性という点から優れている。しかし、ノボラック樹脂の研究例は多いが、製品化には至っていない。

クラフトリグニンからジメチルスルホキシドの製造も可能である。この反応は、芳香核メトキシ基の脱メチル化反応によるものであり、広葉樹クラフトリグニンからの収率が高い。この他にクラフトリグニンとポリビニルアルコールの混合溶液から乾式紡糸で得られる繊維を炭素化することで炭素繊維が製造された経緯もあるが短期間の上市であり現在は製造されていない。

6.3.4　その他のリグニン

その他に工業的に生産されてきたリグニンとしては、木材のソーダ蒸解で製造されるソーダリグニンと酸加水分解工業で生産される酸リグニンがある。また、オルガノソルブパルプ化から得ることができるリグニンもパイロットスケールで生産が試みられている。

木材のソーダ蒸解は現在ほとんど皆無であるが、非木材原料のパルプ化は小規模で操業が続けられており、ソーダリグニンの工業的な生産も確認できる。先に紹介したリグニンは硫黄元素を含むのに対し、ソーダリグニンは硫黄を含まないことが特徴であり、現在は、木材のバイオリファイナリーのための成分分離法として注目されている。利用用途は、クラフトリグニンと同じである。

単糖類やバイオエタノール製造を目的とした木材の酸加水分解工業は、特に旧ソ連邦で広く行われてきた。ソ連邦における副産物である酸リグニンの生産量は、1980年には150万トン／年であったが、ソ連邦崩壊後の1990年代には多くの工場が閉鎖され、生産規模は縮小している。酸リグニンからは、油井掘削用の粘度調整剤、フェノール・ホルムアルデヒド樹脂等の様々なリグニン製品が製造されていた経緯があり、近年においても、固体燃料として利用されている(Rabinovich 2010)。最近では、土壌に埋設して廃棄していた膨大な量の酸リグニンを、新たに発電用燃料として再利用する計画が報告されている。

有機溶媒を使用するオルガノソルブパルプ化の中で酸性条件下の蒸解では、リグニンの低分子化に加え前述した加溶媒分解(ソルボリシス)が起きるために、ソルボリシスパルプ化とも呼ばれる。アルコール系のAlcell法で回収されるアルセルリグニンは、単離リグニンとしては比較的分子量が小さく、広範な極性の溶媒に可溶である。このリグニンは加熱によりガラス転移し、さらには熱流動する。アルセルリグニンは試薬メーカーからも市販されたことより、樹脂への変換や、他の高分子材料とのブレンドによる成形物化等の基礎研究が進行した。さらに、熱流動する性質を活用して、このリグニンから炭素繊維の前駆体繊維を溶融紡糸法で製造する研究も進行した。分子量400等のPEGを用いて得られるリグニンは熱運動性が高く、熱運動性が低いと考えられていた針葉樹リグニンでも容易に熱流動し、繊維化が可能である。

有機酸系のパルプ化では、酢酸を溶媒とするAcetosolv法、ギ酸/過酸化水素を溶媒とするMilox法などがある。酢酸を溶媒として得られる酢酸リグニンでは、リグニン中のヒドロキシ基が部分的にアセチル化されて分子間水素結合が減少するために、熱運動性が高まり、広葉樹酢酸リグニンは熱流動する。この特性から溶融紡糸が可能で、炭素繊維に変換する研究もアルセルリグニンより早く報告されている(Uraki *et al.* 1995)。この炭素繊維は強度的には弱いが、大きな表面積をもつ活性炭素繊維に変換することで、脱臭剤などの他に、電極材料として利用可能である。

アルカリ性条件下のオルガノソルブパルプ化も検討されている。これは、酸性条件下に比べて広い樹種に適用でき、得られるパルプが製紙用原料として優れているなどの利点がある。しかし、使用するアルカリ試薬を回収しつつ、リグニンを回収する必要があり、その工程は、酸性条件下より複雑になる。オルガノソルブリグニンは石油系樹脂の代替原料として期待され多くの研究が進み、テストプラントもいくつか建設されて、商業的生産に期待が持たれている。

●参考図書

大江礼三郎ら (1996):『パルプおよび紙』. 文永堂出版.

紙パルプ技術協会(編) (1996-):紙パルプ製造技術シリーズ(1～12巻).

北爪智哉, 北爪麻己 (2007):『イオン液体の不思議』. 工業調査会.

中野準三(編) (1990):『リグニンの化学』. ユニ出版.

7章 セルロース・ヘミセルロース

7.1 セルロースの化学

セルロースは、植物細胞壁の主要成分の一つであり、重要なバイオマス成分である。本節では、成分分析、化学構造、高分子特性、物理的・化学的性質、収着・膨潤・溶解、ならびに誘導体化などの基礎事項を述べる。

7.1.1 成分分析(セルロースの含有率測定)

木材は、化学的には、セルロース(約50%)、ヘミセルロース(針葉樹で15～20%;広葉樹で20～25%)、リグニン(針葉樹で25～30%;広葉樹で20～25%)、抽出成分(約5%)で構成されている。そのため、木材のセルロース分析(含有率測定)には、ヘミセルロース、リグニン、抽出成分の除去操作が必要である。

木材のセルロース分析の代表的な手順の概略を**図7-1**に示す。この分析法は、セルロース製品にも適用されており、α-セルロース含有率は、セルロース製品のセルロース純度の重要な指標である。身近にある純粋なセルロース(セルロースほぼ100%の製品)には、脱脂綿、ろ紙(特定の銘柄のもの)、ナタデココ(酢酸菌が産出し、バクテリアセルロースとよばれる)などがある。

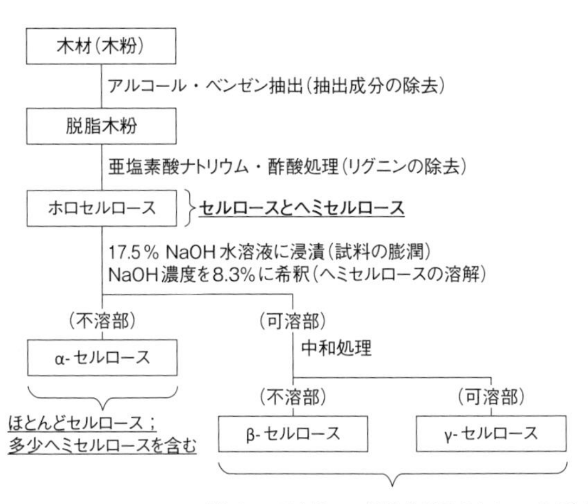

図7-1 木材セルロース分析の代表的な手順の概略

7.1.2　D-グルコースの化学構造

セルロースを構成する単糖であるD-グルコース(ブドウ糖、D体を表すDは小型英大文字)は、光合成で産出される化合物である。D-グルコースの生成には、光合成による二酸化炭素の固定(有機物質の生成)と光エネルギーの固定(エネルギー貯蔵物質の生成)の2つの側面があり、生命活動の根幹をなす。

単糖は、アルデヒドあるいはケトン基のカルボニル基と、複数のヒドロキシ基をもつ。単糖のカルボニル基がアルデヒドの場合をアルドースといい、ケトンではケトースとよばれる。単糖は炭素原子の数によっても分類され、トリオース(三炭糖)、テトロース(四炭糖)、ペントース(五炭糖)、ヘキソース(六炭糖)などがある。グルコースは、代表的なアルドヘキソースである。

単糖の立体化学を考える。Fischer(フィッシャー)投影式は、1つの炭素原子に結合する4つの基を一平面上に投影したものである。炭素鎖を縦に並べ、通常、酸化度の高い炭素を上端に配置して描かれる。最も単純な単糖であるトリオースのグリセルアルデヒドのD-, L-立体異性体は、不斉炭素に結合しているヒドロキシ基の左右で**図7-2**のように定義される。不斉炭素が2つ以上ある単糖では、カルボニル基から最も離れた位置の不斉炭素に結合したヒドロキシ基が、D-グリセルアルデヒドと同じ配置であればD体、L-グリセルアルデヒドと同じならL体である。天然のほとんどの単糖は、D体である。

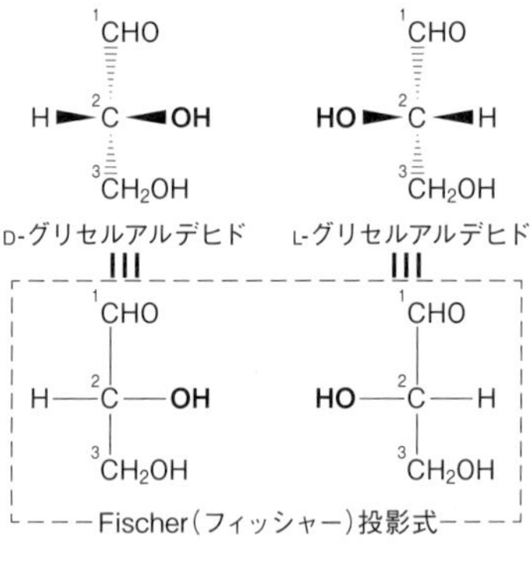

図7-2　グリセルアルデヒドの立体構造とFischer投影式

自然界に大量に存在する単糖は、水溶液中で主に環状構造をとる。環化は、アルデヒドやケトンがアルコールの求核付加を受けてヘミアセタールを生じる(**図7-3**)ことで起こる。D-グルコースの環化を**図7-4**に示す。鎖状構造のD-グルコースは、アルデヒド基の1位炭素(C1)に

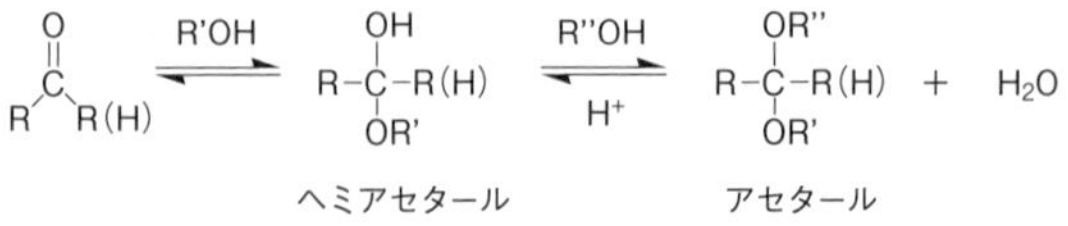

図7-3　カルボニル化合物からのヘミアセタール、アセタールの生成

5位炭素(C5)のヒドロキシ基が求核攻撃してヘミアセタールを形成して分子内環化する。このとき、C1は不斉炭素になり、新たな立体異性体が生じる。この立体異性体をアノマーとよび、環化によって新たに不斉炭素になったC1をアノマー炭素(アノメリック炭素)という。環化して六員環になる糖はピランに似ているため、ピラノースという。Haworth(ハース)投影式は、**図7-4**のように糖の立体配置を表現するために環状構造を平面状に示す構造式である。アノマー炭素と最も遠位の不斉炭素とが異なる立体をもつものをα-アノマー(グルコースの場合、1*S*,5*R*)、同じ立体のものをβ-アノマー(1*R*,5*R*)とよぶ。

D-グルコピラノースの六員環は、実際には平面構造を取ることはできない。それらの結合角がひずみのない状態である配座がいす型配座(chair form)である。

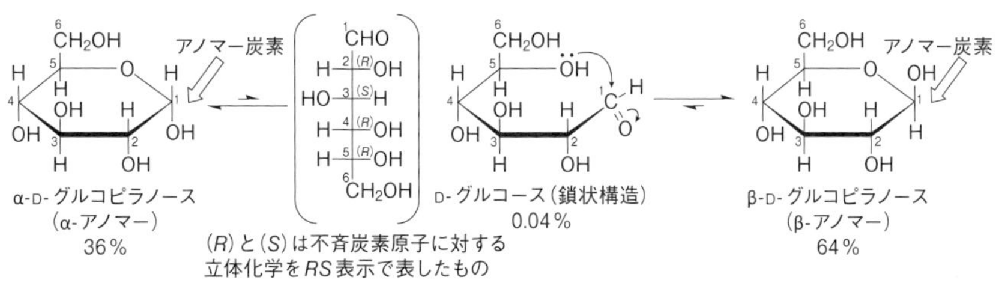

図7-4　D-グルコースの環化

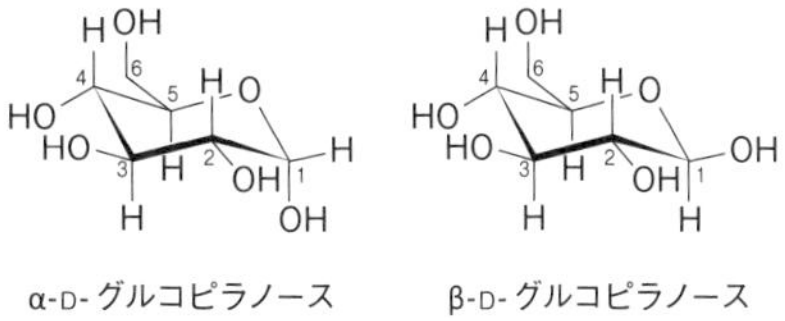

る。立体配座式(**図7-5**)は、環状構造に対して垂直軸を描いた時、垂直軸方向の配置(アキシャル、アキシアルともいう)と、環と同一平面方向の配置(エクアトリアル、エカトリアルともいう)を、それぞれ明確に記述できる。一般に、大きな置換基を導入する場合、エクアトリアル配置が安定である。β-D-グルコピラノースは、ヒドロキシ基とC6位のCH_2OH基(ヒドロキシメチル基)が全てエクアトリアル配置であるため、C1位のヒドロキシ基がアキシャル配置のα-アノマーより安定である。D-グルコースは、水溶液中で、鎖状構造を介してアノマー間で相互に変換する。平衡水溶液中では鎖状構造はわずか(～0.04%)で、大部分が環状構造をとっており、20℃の水溶液中では、

α-D-グルコピラノース　β-D-グルコピラノース

図7-5　D-グルコピラノースの立体配座式

α：β = 36：64で存在する。β-アノマーよりも不安定なα-アノマーが36％存在できるのは、アノマー効果とよばれる効果によるものである。

7.1.3　セルロースの化学構造

図7-3に示したヘミアセタールは、ほかのアルコールのヒドロキシ基と反応して脱水縮合し、2つのエーテル性酸素原子が結合したアセタールと水が生じる。糖の場合、この際に生じる結合をグリコシド結合という。つまり、環化したグルコースのヘミアセタール部分に、もう1つのグルコースのヒドロキシ基がグリコシド結合によってつながっている。セルロースは、D-グルコピラノースがβ-1,4グリコシド結合した直鎖状の高分子化合物である(**図7-6**)。( )の中の基本グルコース単位を、グルコースから水分子が取れた形なので、無水グルコース単位(anhydroglucose unit: AGU)とよぶ。ただし、天然セルロースは脱水縮合ではなく、UDP-グルコースの糖転移反応で生合成されている(3章3節参照)。

図7-6　セルロースの構造式

セルロース分子では、実際には、**図7-7**の上段カッコ内に示すように、隣接するAGUのグルコピラノース環は180度回転している。これにより、C3-OHと隣接のring-O、C2-OHと隣接のC6-OHが、それぞれ空間的に近い位置をとる。

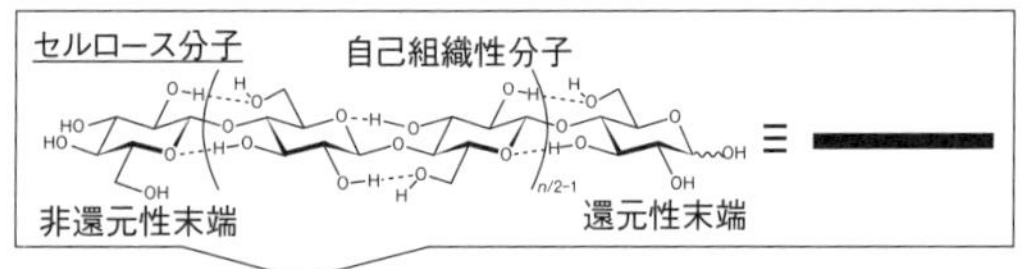

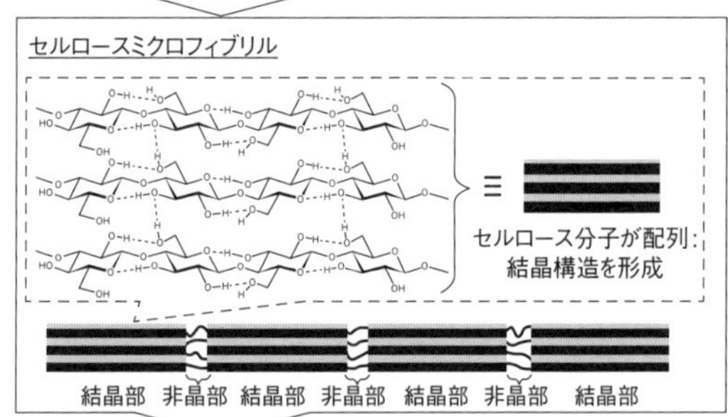

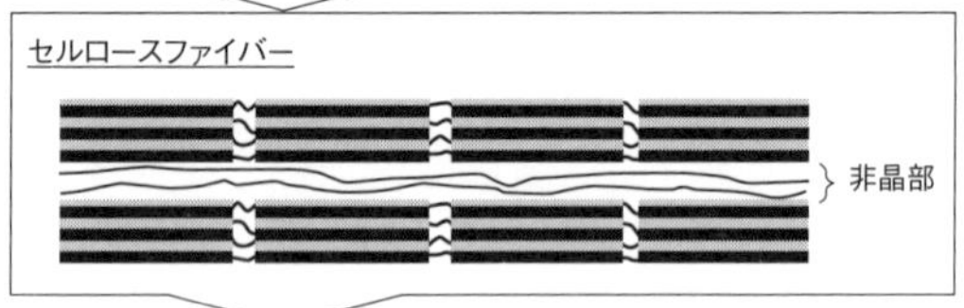

リグノセルロースファイバー
セルロースファイバーと他の成分(ヘミセルロース、リグニン)との複合化

図7-7　セルロースの分子構造と高次構造

C5-C6間の単結合は回転可能なため、C6-OHの空間的な位置関係はさまざまに変化しうる。Newman(ニューマン)投影式は、注目する炭素-炭素間の単結合に沿った視点で描画する。**図7-8**上段に、C5-C6結合に沿った視点で、手前のC5をC4、O5、およびH5との結合が互いに交わる点で表す。後方のC6は円で表し、2つの水素とO6の結合を直線で示す。O6がO5に対して*trans* (180°)、C4に対して*gauche* (60°)の位置にあるコンホメーションを*tg*という。*gt*はそれぞれが*gauche, trans*、*gg*は*gauche, gauche*である。天然のセルロース(セルロースI型)では*tg*で、C2-OHがプロトンドナー、C6-OHがアクセプターとなって強固な分子内水素結合を形成し、その結果、分子は直線状構造となる(**図7-7**)。

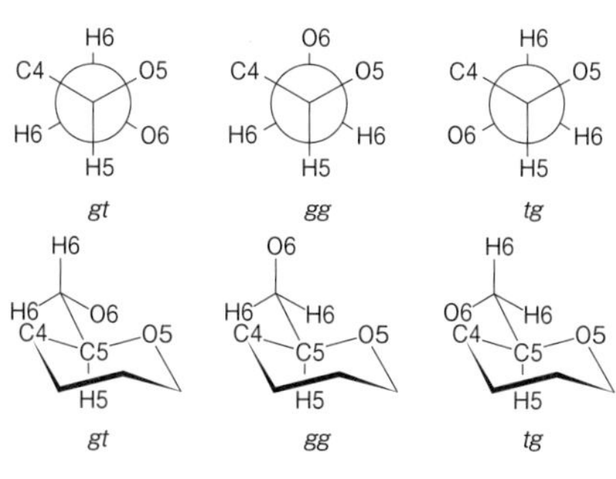

図7-8　CH_2OH基の*gt*、*gg*、*tg*コンホメーション

セルロース分子は、直線状構造であるが故に、比較的自由度の高いC6-OHの一部などが分子間水素結合を形成することにより配列・結晶化して、セルロースミクロフィブリルとよばれるセルロース分子の束を形成する。このように、分子が配列する性質(自己組織性)がセルロース分子の大きな特徴である。セルロースミクロフィブリルは、さらに別のミクロフィブリルと会合してセルロースファイバーを形成し、最終的にヘミセルロースやリグニンと複合化してリグノセルロースファイバーとして繊維状形態をとる。セルロースの構造を理解するには、化学構造式(一次構造)だけでなく、コンホメーションや結晶などの分子集合状態を意味する階層的な高次構造もあわせて考えねばならない。高次構造には、結晶化していない部分(非晶部)が含まれることにも注意が必要である。

セルロースは、水素結合が高度に発達することにより、ヒドロキシ基が多数存在するにもかかわらず、その分極を失い、「親水性であるにもかかわらず、水に全く溶けない」性質を有する。また、高次構造形成にともない、ヒドロキシ基が豊富なエクアトリアル方向と、ヒドロキシ基のないアキシャル方向が、空間的に分離した結晶面を形成し、親水性と疎水性をあわせもつ両親媒性を示す。

以上のように、セルロースは、グルコピラノースの立体構造と特定の結合方法(β-1,4グリコシド結合)を巧みに利用して、自己組織性を発現し、植物細胞壁の構造用材料としての特質を獲得しているといえる。ちなみに、デンプンの主成分の一つであるアミロースは、D-グルコピラノースがα-1,4グリコシド結合した高分子化合物である。アミロース分子は直線状ではなく、らせん状構造をとる。セルロースとアミロースは、同じ物質(D-グルコース)を使いながら、それらの生産目的(細胞壁の構造用材料とエネルギー貯蔵用物質)に合わせて、結合様式(β結合とα結合)のみの相違で、分子の形態(直線状構造とらせん状構造)と機能を作り分けているといえ、非常に興味深い自然の匠である。

なお、セルロース分子では、**図7-7**上段の構造式の右末端AGUのC1位にヒドロキシ基がある。このヒドロキシ基は、ヘミアセタール性ヒドロキシ基なので、グルコースの水溶液中における変換(環状構造と鎖状構造との間の変換)の場合と同様にアルデヒド基に変換され(**図7-4**)、わずかに還元性を示す。そのため、セルロース分子の右側の末端を還元性末端(reducing end)、左側の末端を非還元性末端(non-reducing end)とよぶ。これにより、セルロース分子には方向性が存在していることになる。これは分子の配列(結晶構造)を議論する際に重要なポイントとなり、天然のセルロースI型では、セルロース分子の末端基の方向がそろった平行鎖構造をとる(**図7-7**)。

7.1.4 セルロースの分子量(重合度)と高分子特性

セルロースが直鎖状高分子であることが明らかになるまで(高分子の概念が確立するまで)には、長きにわたる数多くの研究を要した。1920年代にStaudingerがセルロースの分子量を直接測定することで、高分子に関する論争(共有結合でつながった巨大分子か？ vs. 低分子の集合体か？)に終止符が打たれた。これにより、高分子科学が誕生し、1953年にStaudingerはノーベル化学賞を受賞した。

一般に高分子は、化学構造が(ほぼ)同じで、分子の大きさ(分子量)の異なる分子の混合物である。すなわち、分子量に分布が存在するため、分子量をある値で表したい場合、平均分子量で表す必要がある。数平均分子量M_nとは、試料Wグラム中にN個の分子が含まれ、その分子を分子量の大きさで区分し、分子量M_i ($i = 1, 2, 3\cdots\cdots$) の分子がN_i個、W_iグラムあると仮定した時、試料の全質量Wを試料に含まれる分子の物質量(いわゆるモル数) ($= N/N_A$, N_A: アボガドロ定数)で割った値のことである。

$$M_n = N_A\ W/N = \Sigma\ N_i M_i \,/\, \Sigma\ N_i = \Sigma\ n_i M_i \quad (n_i: \text{分子のモル分率}) \tag{7.1}$$

重量平均分子量M_wとは、数平均分子量を表す(7.1)式において、モル分率n_iの代わりに、分子量M_iの成分の重量分率w_iを用いて算出した値のことである。

$$M_w = \Sigma\ W_i M_i \,/\, \Sigma\ W_i = \Sigma\ w_i M_i = \Sigma\ n_i M_i^2 \,/\, \Sigma\ n_i M_i \quad (w_i: \text{分子の重量分率}) \tag{7.2}$$

分子量分布の広さ(多分散度；polydispersity)は、一般にはM_w/M_nが1よりどのくらい大きいかによって判断する。

希薄溶液の粘度と分子量の関係に基づく平均分子量も定義されている。分子量Mと固有粘度 $[\eta]$ の関係は、高分子と溶媒の種類・温度で決まる定数K, aを用いて下記の式(Mark-Houwink-Sakurada式)で与えられる。

$$[\eta] = KM^a \quad (\text{通常の鎖状高分子では良溶媒中で}\ 0.5 \leq a < 0.8) \tag{7.3}$$

(7.3)式を用いて求まる平均分子量を、粘度平均分子量M_vとよぶ(一般に$M_n < M_v < M_w$)。Staudingerが、この方法によりセルロースの平均分子量を決定したことでも有名であり、現在でもセルロースの平均分子量測定に用いられる。

高分子の繰り返し単位の数を重合度(DP: degree of polymerization)とよび、分子量と並んで、分子の大きさを示す重要な指標である。重合度は、高分子の平均分子量を繰り返し単位(構成単位)の分子量で割ることにより、求めることができる。セルロースの重合度は、AGUの分子量162で割ることで求めることができ、**図7-6**の構造式のnに相当する。

高分子の平均分子量の測定は、基本的に、試料を溶解して行う。現在では、ゲル浸透クロマトグラフィー(GPC；gel permeation chromatography)による測定

表7-1 各種セルロースの粘度平均重合度（セルロース学会編 2000）

原料	粘度平均重合度	原料	粘度平均重合度
木綿	＜12000	バクテリアセルロース	1400～2700
コットンリンター	800～1800	再生セルロース	200～600
亜麻	6500～9000	マニラ麻パルプ	5200
ラミー	6500～9000	楮紙	2900
ヤマニンジンの種毛	5800	大麻紙	1200
木材（広葉樹＋針葉樹）	4000～5500	みつまた紙	2800
木材パルプ	1500～2000	雁皮紙	2200
溶解パルプ	600～1200	微結晶セルロース	200～260

が一般的である。ただし、セルロースでは溶媒が非常に限られるため、誘導体化して有機溶媒に可溶とし、そのセルロース誘導体を用いて間接的に評価する場合も多い。セルロースを化学修飾して得られるセルロース誘導体の応用を考える場合には、化学修飾の際に解重合を受けることが多いので、平均分子量と分子量分布の把握はとくに重要である。

各種セルロースの粘度平均重合度を**表7-1**にあげる。セルロースの重合度が、由来によって異なることがわかる。

セルロースの重合度が7以上になると水不溶となる。セルロースの物性に平均分子量（平均重合度）が影響する好例である。重合度が7以上の場合の「親水性の化学構造を有しながら水に不溶である」性質は、セルロースの重要な性質の一つである。

セルロース分子は、環状構造における分子運動の制限や、高度に発達した分子内・分子間水素結合による分子運動の制限があるため、直線状かつ剛直な構造となっている。そのため、力学的性質、特にヤング率が大きい一方、熱的性質としては、ガラス転移点を示さず、熱可塑性も有していない。一方、セルロース誘導体では、水素結合の喪失をともなうことが多く、必ずしも直線状構造ではない。熱可塑性を示し、プラスチックのように成形加工できるものもある。

7.1.5　セルロースの収着・膨潤・溶解

セルロースは、親水性でありながら水に溶けない。その一方、セルロースの結晶領域表面および非晶領域で、大気中の相対湿度に応じて、一定量の水分子を収着し(セルロースの結晶内部には入り込まない)、高い吸湿性を有する。

セルロース含有率がほぼ100％のコットン紙の水分と相対湿度の関係を**図7-9**に示す。このグラフでは、①収着等温線が逆S字型カーブを描く、②収着曲線と脱着曲線が一致しないヒステリシスを示す、の2点が特徴的である。

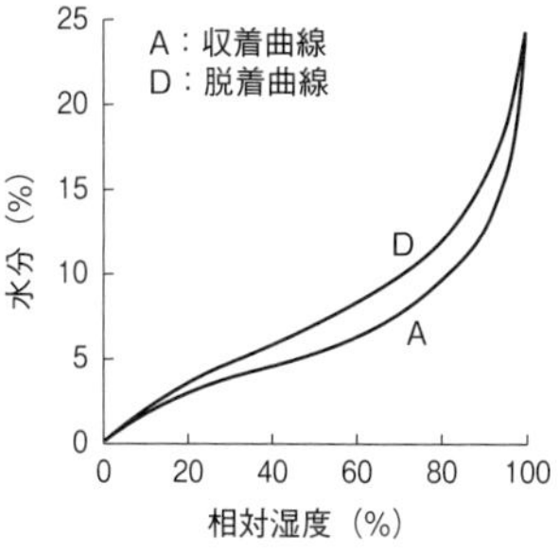

A：収着曲線
D：脱着曲線
水分（%）
相対湿度（%）

図7-9　25℃におけるコットン紙の水分(紙パルプ技術協会編 1966)

セルロースの水分子の収着モデルを**図7-10**に示す。水分子がセルロース分子に直接吸着して単分子吸着層を形成し、次いで、この分子層に水分子がさらに吸着し、順次、多分子吸着層を形成する。高湿度条件下では、多分子吸着層により形成される毛細管部分で、毛細管現象による収着が起こる。

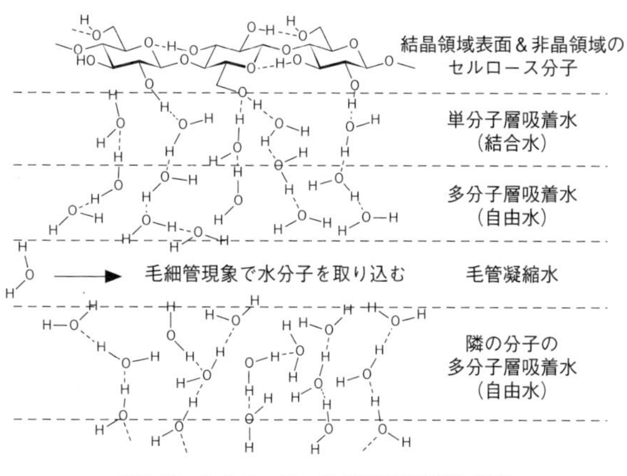

図7-10　セルロースへの水分子の収着モデル

単分子層吸着水(結合水、不凍水)は、セルロース分子のヒドロキシ基に水素結合で直接捕捉される水のことで、氷結－融解の相転移を示さない。結合水の量は、セルロースのアクセシビリティを示す重要な指標になる。多分子層吸着水(自由水、凍結水)は、結合水の層に累積される水のことで、純水と同じように0℃で凍結－融解する。毛細管現象による収着水と、飽和水蒸気圧付近で細胞内腔に取り込まれる水を、毛管凝縮水とよぶ場合もある。ただし、多分子層吸着水と毛管凝縮水の区別は難しい。

膨潤とは、物質が溶媒を吸収して膨らむ現象である。セルロースの膨潤では、溶媒分子が非晶領域のみに侵入する場合と、結晶領域(ミセル)にも侵入する場合があり、前者をミセル間膨潤、後者をミセル内膨潤とよぶ。ミセル間膨潤は、水に限らず、多くの有機溶媒(メタノール、エタノール、アニリン、ベンズアルデヒド、ニトロベンゼンなど)で起こる。一般に、溶媒の極性が高いほど、膨潤度は大きくなる。ミセル内膨潤の典型例は、セルロースのマーセル化(17.5％水酸化ナトリウム水溶液処理)である。ミセル内膨潤は、強酸、強塩基、アミン類(液体アンモニア、エチレンジアミン、ヒドラジンなど)およびある種の濃厚塩溶液(塩化亜鉛、チオシアン酸カルシウムなど)で起こる。

溶解とは、無限に膨潤した状態ともいえる。セルロースの溶解は、セルロースの成形加工(繊維化、フィルム化など)や、セルロースの均一反応(セルロース誘導体の調製)の観点から非常に重要である。

セルロースは、水や汎用の有機溶媒に溶解しない。これは、セルロースの分子内・分子間水素結合が極めて発達していることによる。セルロースのヒドロキシ基の一部をメチル基に置換すると、置換度(7.1.8参照)が1.28~1.95の範囲にあれば、水に溶解する。ヒドロキシ基からメチル基への変換は、親水性基から疎水性基への変換ともいえ、セルロースに疎水性が付与されることによって水に溶解するようになったことを意味し、矛盾しているようにも見える。しかしこれは、メチル基の導入により水素結合が破壊され、遊離のヒドロキシ基が増加したと考えれば、説明することができる。すなわち、セルロースの溶解には、分子内・分子間水素結合を切断し、その再結合を阻止する必要がある。

セルロースの溶解機構として、錯体形成、溶媒和、誘導体化の3つが考えられている。錯体形成は、セルロースに錯体を形成させ、溶解状態にする方法である。例えば、最も古いセルロース溶剤である銅アンモニア溶液(シュバイツァー試薬)では、セルロースのC2およびC3のヒドロキシ基に銅原子が配位しているとされる。溶媒和は、水が溶媒成分に水和し、クラスター(水和構造体)を形成し、次いで、このクラスターがセルロースと相互作用(溶媒和)して溶解する機構である。例えば、濃厚無機酸水溶液(硫酸、リン酸など)、水酸化ナトリウム水溶液系などがあげられる。誘導体化は、セルロースのヒドロキシ基を別の置換基に変換することで溶解しやすくする機構である。未修飾のセルロースを溶液から回収するためには、セルロースに戻す必要があるので、不安定な誘導体が望ましい。最も代表的な溶剤として、二硫化炭素/水酸化ナトリウム溶液(ビスコースレーヨン製造の溶媒)があげられる。

高分子を加熱すると熱運動により溶解しやすくなることはイメージしやすいが、逆に、下限臨界溶解温度(LCST；Lower Critical Solution Temperature)以下の温度で溶解する系もある。低温溶解・高温析出現象は、溶液中での高分子鎖のコンホメーション変化が関与する複雑な現象であるが、熱力学的には、発熱過程である溶媒和が低温ほど起こりやすいことで解釈できる。セルロースやセルロース誘導体でも、溶媒和により溶解する系では低温溶解が起こることがある。LCSTの存在は、熱可逆的ゲル化などの性質をもたらし、温度応答機能材料の設計の面からも興味深い。

工業的に利用されているセルロース溶剤は、後述の再生セルロース用溶剤(7.1.6参照)に加えて、水酸化ナトリウム水溶液および濃硫酸のみである。セルロースの実験室的な溶媒として、*N,N*-ジメチルアセトアミド(DMAc)/LiCl系溶媒、ジメチルスルホキシド(DMSO)/フッ化テトラ-*n*-ブチルアンモニウム(TBAF)系溶媒、尿素－アルカリ水溶液系などが知られている。また、最近、研究が進められているイオン液体は、常温常圧下で液体である有機塩のことであり、①蒸気圧がゼロである、②難燃性である、③イオン性であるものの低粘度である、④加熱のみで溶解するなどの点から、環境に優しい溶媒として注目を集めている。セルロース溶解用のイオン液体も各種開発されている。

現在でも、新しいセルロース溶剤の開発は大きな研究課題である。開発には、溶剤の回収コスト、安全性、再生セルロースの性質などの検討が必要である。

7.1.6 再生セルロース

再生セルロースとは、「セルロースを一度溶解させ、その溶液を成形加工後、凝固および脱溶剤し、再びセルロースに戻したもの」であり、重要なセルロース製品の一つである。再生セルロースの化学構造は、天然セルロースの化学構造と同一であるが、結晶構造はセルロースII型(逆平行鎖)である。再生セルロースは生分解性が高く、近年、地球環境に優しい素材として、見直しの動きが拡がっている。再生セルロース繊維は、天然のコットン繊維と比較して、配向性が低く、結晶部が少なくなっているため、高膨潤度、低弾性、良好な染色性・発色性、光沢性を示す反面、湿潤時の強度は劣り、摩擦により毛羽立ちやすい(フィブリル化)。代表的な再生セルロースとして、ビスコースレーヨン、キュプラレーヨン、リヨセルがある。

ビスコースレーヨン：セルロースをマーセル化処理し、アルカリセルロースを得て、そのアルカリセルロースに二硫化炭素を反応させ、セルロースザンテート(セルロースキサントゲン酸ナトリウム)として溶解させる。この溶液から作った繊維をビスコースレーヨン、膜をセロハン(セロファン)とよぶ。

$$\text{Cellulose - OH} + CS_2 \longrightarrow \text{Cellulose - O}-\overset{\overset{\Large S}{\|}}{C}-S^{\ominus}\ Na^{\oplus}$$

セルロースザンテート

1892年に、C. F. Cross, E. T. Bevan, C. Beedleによりビスコース化反応が見出され、1903年に工業生産が開始された。ビスコースレーヨンは衣料用途が主であり、最近では不織布用途(衛生資材、産業用ワイパーなど)も多い。セロハンは、1908年にBrandenbergerによって発明された。現在でも、粘着テープ基材や食品・医療用包装材料として用いられている。セロハンの特徴は、透明性、非帯電性、易カット性、ヒネリ適性にある。

キュプラレーヨン(商標：ベンベルグ)：セルロースを銅アンモニア溶液(シュバイツアー試薬)に溶解させる。この溶液から作った繊維をキュプラレーヨンとよぶ。1857年に、E. Schweizerにより、セルロースが銅アンモニア溶液に溶解することが見いだされ、1918年に、Bemberg社で工業生産が開始された。衣料・医療用途、不織布用途に用いられている。

リヨセル(商標：テンセル)：セルロースの新しい溶剤である*N*-メチルモルフォリン-*N*-オキサイド(NMMO)を使用する再生セルロースのことであり、1998年に工業生産が開始された。主に衣料用途に用いられる。フィブリル化しやすいことを活かして、ダメージ加工のデニムにも使われる。

7.1.7　セルロースの化学反応

セルロースの官能基として、一級ヒドロキシ基(C6-OH)、二級ヒドロキシ基(C2-OH、C3-OH＋非還元性末端のC4-OH)、ヘミアセタール性ヒドロキシ基(還元性末端C1-OH；アルデヒド基に変換可能)、エーテル(アセタール構造の部分構造、グリコシド結合)などがあげられる。セルロースの反応で最も重要な官能基は、C2、C3、C6のヒドロキシ基である。そのため、セルロースの化学反応の基本は、アルコールの化学である。主要な反応を以下に列挙する。

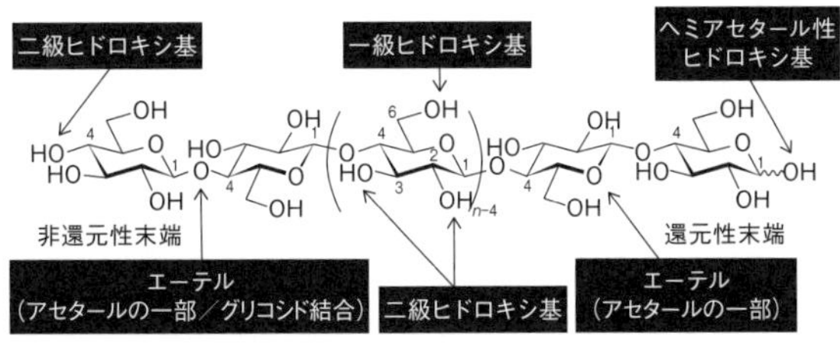

図7-11　セルロース分子中の官能基

置換反応：セルロースのヒドロキシ基の水素原子(H)の置換反応は、誘導体調製における最も重要な反応である。アシル化(あるいはエステル化)はカルボン酸との縮合物、アルキル化(あるいはエーテル化)はアルコールとの縮合物を与える。

アシル化：　Cell-OH + R-C(=O)OH → Cell-O-C(=O)R + H_2O

アルキル化：Cell-OH + R-OH → Cell-O-R + H_2O

脱水縮合反応は、ヒドロキシ基の脱離能が低く、一般に進行しにくい。そこで、アシル化では、カルボン酸を酸ハライドあるいは酸無水物の形で、アルキル化では、反応させるアルコールをアルキルハライドの形で反応させる。

酸化反応(TEMPO酸化)：2,2,6,6-テトラメチルピペリジン1-オキシル(TEMPO)/臭化ナトリウム/次亜塩素酸ナトリウムの系は、セルロースのC6の一級ヒドロキシ基のみをカルボキシ基に変換できることが知られている(第8章2節参照)。この反応は、セルロースナノファイバー調製法の一つとして重要である。

酸化反応(過ヨウ素酸酸化)：過ヨウ素酸ナトリウム($NaIO_4$)を用いると、C2-C3の間の炭素-炭素結合の開裂が起こり、ジアルデヒドセルロース(Dialdehyde cellulose；DAC)が生じる。

架橋反応：高分子鎖同士を連結させる反応を架橋反応とよぶ。セルロースの架橋反応として、ホルムアルデヒドによる反応が知られている。架橋剤には、グリオキザール、エポキシ系化合物、エチレンイミン系化合物などもある。基本的に、セルロースのヒドロキシ基間を共有結合で結ぶ反応である。布地の形態安定加工(例：形状記憶シャツ)などに使われている。

グラフト化反応：幹となる高分子に、枝となる高分子のモノマーを重合させる反応をグラフト化反応とよぶ。共重合体合成法の一つである。

分解反応(酸加水分解・酵素加水分解)：セルロースの酸もしくは酵素によるグ

リコシド結合の開裂反応は、バイオエタノール製造プロセスの反応として重要である。逆に、置換反応などの他の反応で酸触媒を使用する際には、この分解反応をなるべく回避することが重要である。

分解反応（ピーリング反応）：セルロースは、強アルカリ中で、分子鎖のランダムな加水分解と、還元性末端からの分解反応（グルコース環の開裂反応を伴う）を起こす。後者はピーリング反応とよばれ、クラフトパルプ化の際のパルプ収率の低下の原因となる副反応としても有名である。ピーリング反応を阻止することは、一般的に非常に困難である。

熱分解：セルロースを減圧下300～500℃で加熱すると、比較的高収率でレボグルコサンが得られることが知られている。レボグルコサンは、有用なケミカルスとしての利用が期待されている。

7.1.8　セルロース誘導体の置換度とその分布

セルロース誘導体では、置換基の性質がセルロースに付与されるので、そ

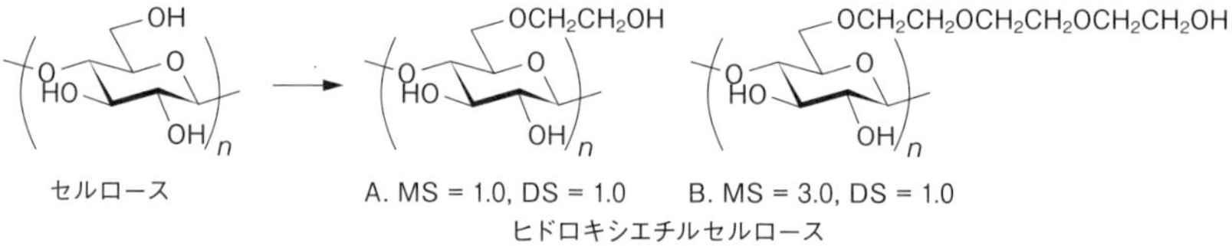

OH
O
HO
OH
n
OCH2CH2OH
OCH2CH2OCH2CH2OCH2CH2OH
セルロース
A. MS = 1.0, DS = 1.0
B. MS = 3.0, DS = 1.0
ヒドロキシエチルセルロース

図7-12　DSが等しくMSが異なるヒドロキシエチルセルロースの構造の例

(1) AGU内の分布
(2) 分子内の分布
(3) 分子間の分布
OR
HO
O
2,6-置換
vs.
OH
RO
2,3-置換
ランダム的
vs.
ブロック的
: DS = 3.0のAGU
: DS = 1.0のAGU

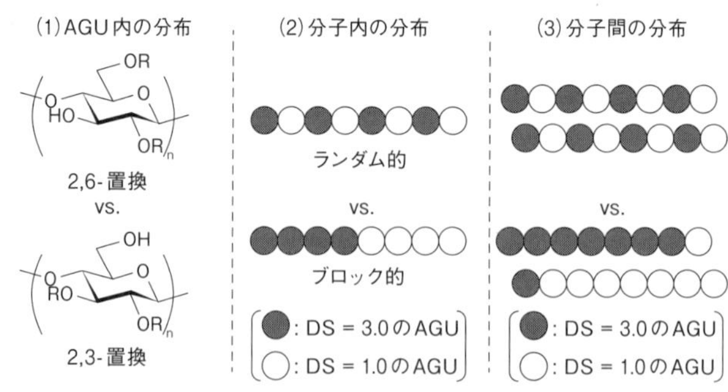

図7-13　セルロース誘導体の置換基分布

の種類と置換の程度は重要な因子である。置換度(Degree of Substitution；DS)は、セルロースのAGU内の3個のヒドロキシ基の平均置換数として定義される。よって、DSは0～3の間の値になる。モル置換度(Molar Substitution；MS)は、セルロースのAGU当たりの置換基の平均導入数のことで、3以上の値をとる場合もある。例えば、**図7-12**のようなヒドロキシエチル化の際、導入されたヒドロキシエチル基のヒドロキシ基がさらに反応する場合があり、DSのみでは誘導体AとBを区別できない。そのため、MSを定義する必要がある。

セルロースエステルとセルロースエーテル誘導体は、全てのヒドロキシ基が置換された場合(DS = 3.0)を除いて、同一のDSであっても、置換基の分布が異なる場合があり、セルロース誘導体の物性に大きな影響を与える。置換基分布には、(1) AGU内の分布、(2) セルロース1分子内の分布、(3) セルロースの分子間の分布がある(**図7-13**)。3種類の分布について、平均DS = 2.0の場合を考える。(1)の例は、2,6-置換誘導体と2,3-置換誘導体の関係である。(2)の例は、DS = 3.0のAGUとDS = 1.0のAGUがセルロース1分子中に等量入っている場合(全体の平均DSは2.0)で、ランダム的誘導体とブロック的誘導体の関係である。(3)の例は、セルロース1分子の平均DSが均一の場合とセルロース1分子の平均DSに大きな偏りがある場合の関係である。実際のセルロース誘導体では、これらの3種類の分布を包含しており、置換基の分布は複雑である。置換基分布はセルロース材料の物性に大きく影響する。

セルロース誘導体の合成反応には、均一反応(homogeneous reaction)と不均一反応(heterogeneous reaction)がある。前者は、セルロースを溶解させて、均一溶液系で反応させる方法である。反応試薬のアクセシビリティが良好なので、置換基はセルロース分子全体に均一に導入される傾向がある。工業的には、経済的理由(溶剤および溶剤回収系のコストなど)により、あまり用いられていない。後者は、セルロースを分散液の状態(不溶の状態)で、不均一系で反応させる方法である。反応は試薬のアクセシビリティに依存し、反応試薬とセルロース分子が出会った箇所から順に反応する。そのため、置換基はセルロース分子に不均一に導入される傾向がある。また、結晶領域・非晶領域の間でも反応性が大きく異なるため、高DSのセルロース誘導体を調製したい場合には、セルロースの前処理(希酸、希アルカリによる膨潤処理)が必要である。

7.2 ヘミセルロースの化学

7.2.1 ヘミセルロースの定義と性質

植物細胞壁の主要成分では、セルロースが約50％を占めているが、ヘミセルロースとよばれる多糖も15～25％程度含まれ、さらにリグニンが20～30％程度含まれている(**図7-14**)。植物細胞壁からアルカリ抽出して得られる多糖類を総称してヘミセルロースとよぶ。植物細胞壁から、熱水やシュウ酸、キレート剤などで抽出される多糖類はペクチンとよばれ、ヘミセルロースとは区別される。

ヘミセルロースは主に細胞壁の二次壁に存在し、細胞壁骨格を形成するセルロースミクロフィブリルと、その細胞壁を強固に固定する役割を果たすリグニンとを結合させ、三次元構造を構築する接着剤として重要な役割を担っていると考えられている。セルロースがグルコースのみから構成されるのとは異なり、ヘミセルロースは構造の異なる種々の糖単位が分岐や置換基を含む多様な結合様式で連なったヘテロ多糖である。セルロースは直鎖状の分子構造かつ高分子量を有し、結晶性の多糖であるのに対し、ヘミセルロースの多くは分岐状の分子構造を有し、低分子量で非晶性の不定形多糖である。セルロースの平均重合度が1000以上はあるのに対し、ヘミセルロースの平均重合度は約150-200程

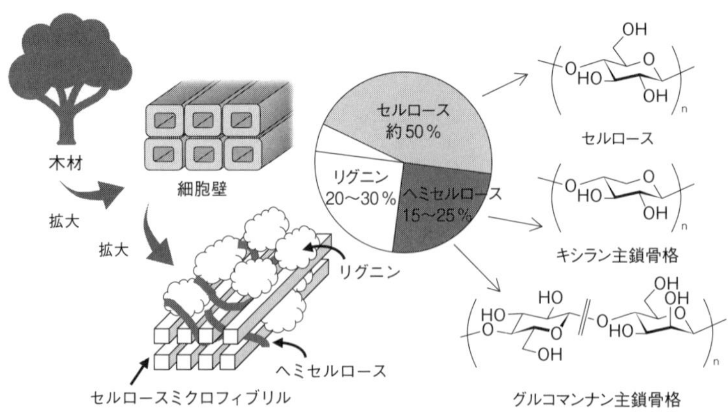

図7-14　木材中のセルロース、ヘミセルロースの構成と主要な化学構造

度である。ヘミセルロースはセルロースと異なり、配列しにくい、つまり結晶構造をとりにくい性質を発揮するように分子設計がなされているといえる。そのため、ヘミセルロースは親水性部分と疎水性部分の両方の性質をもち、植物細胞壁中で親水性のセルロースと疎水性のリグニンを接着させる役割を果たす。

ヘミセルロースは、セルロースに比べて分子量が低く化学構造も複雑で均一ではないことなどから、抽出も困難でコストが高くなる上、高い機械物性が期待できないため、オリゴ糖やキシリトールなどの単糖といった低分子量化合物まで分解され、食品や医療分野で利用されることが多い。

7.2.2　ヘミセルロースの化学構造

植物細胞壁を構成するヘミセルロースは、広葉樹では約80～90％がキシラン、針葉樹では約60％がグルコマンナンとよばれる多糖であり、ヘミセルロースの主鎖骨格をなす(**図7-14**)。キシランはキシロースが、グルコマンナンはグルコースとマンノースとが直鎖状に結合した多糖である。グルコマンナンでは、グルコースとマンノースの比は一般的には1:2であるが、樹種によっても異なる。ヘミセルロースは、グルコース、マンノース、ガラクトース、グルクロン酸などの六炭糖に加え、キシロースやアラビノースなどの五炭糖を構成単位として含む(**図7-15**)。これらの構成糖は、炭素数、ヒドロキシ基の向き、五員環構造あるいは六員環構造など、化学構造が少しずつ異なる。キシランやグルコマンナン主鎖骨格に、これらの単糖が一定の割合で、また特定の様式で側鎖として結合することで、ヘミセルロースの多様な化学構造が形成される。

広葉樹キシランは、4位のヒドロキシ基がメチル化(CH_3)されたグルクロン酸が側鎖として結合したグルクロノキシランとして存在し、アセチル化(CH_3CO)されたものもある。広葉樹ヘミセルロースにもわずかにグルコマンナンが存在する。針葉樹グルコマンナンは、ガラクトースが側鎖として結合したガラクトグルコマンナンとして存在し、

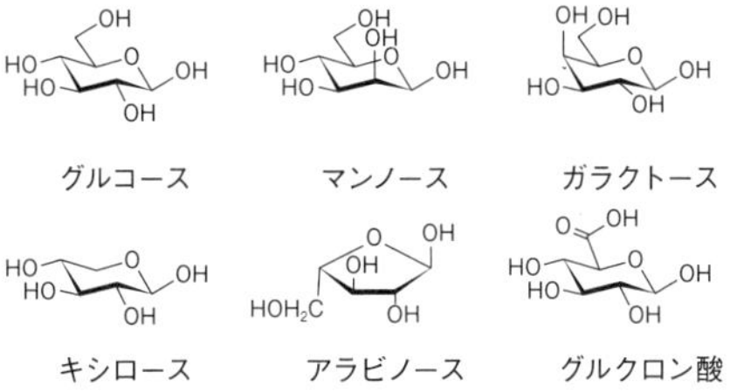

グルコース　マンノース　ガラクトース
キシロース　アラビノース　グルクロン酸

図7-15　ヘミセルロースを構成する単糖類

一部アセチル化されている。針葉樹ヘミセルロースにもキシランが次いで多く存在する。これは、4位のヒドロキシ基がメチル化されたグルクロン酸とアラビノースとが結合したアラビノグルクロノキシランとして存在し、一部アセチル化されたものもある。構成糖分析や誘導体化法を駆使して、これらのヘミセルロースの詳細な化学構造が解析されている(中野ら 1983; 福島ら 2011)。

7.2.3 ヘミセルロースの抽出と分離

ヘミセルロースの抽出には、一般的にアルカリ水溶液を用いる。例えば、キシランの抽出には水酸化カリウム水溶液、グルコマンナンの抽出にはホウ酸を添加した水酸化ナトリウム水溶液を用いることが多い。一例として、広葉樹ヘミセルロースの抽出法を図7-16に示す。通常ヘミセルロースを抽出する前には、木材チップから脱リグニンを行って、セルロースとヘミセルロースからなるホロセルロースを調製する。これをアルカリ水溶液に入れてヘミセルロースのみを抽出する。その際、セルロースは残渣として分離する。アルカリ抽出液にはヘミセルロースが溶解しているが、酢酸で中和すると、ヘミセルロースが析出する。次に、エタノールのようなヘミセルロースを溶解しない溶媒を大量に加え、効率的に沈殿を析出させる。それをろ過などで洗浄し、ヘミセルロースを分離する。これはキシランとわずかなグルコマンナンの混合物なので、ホウ酸を含むアルカリ水溶液でグルコマンナンを抽出し、キシランとの分離精製を行う。針葉樹でもヘミセルロースを選択的に分離抽出する方法が確立されている。ただし、これらの方法で抽出したヘミセルロースは、アルカリによりアセチル基が加水分解して脱離しているため、真のヘミセルロースと構造が異なる点に注意が必要である。アセチル基の脱離を防ぐために、ホロセルロースなどから

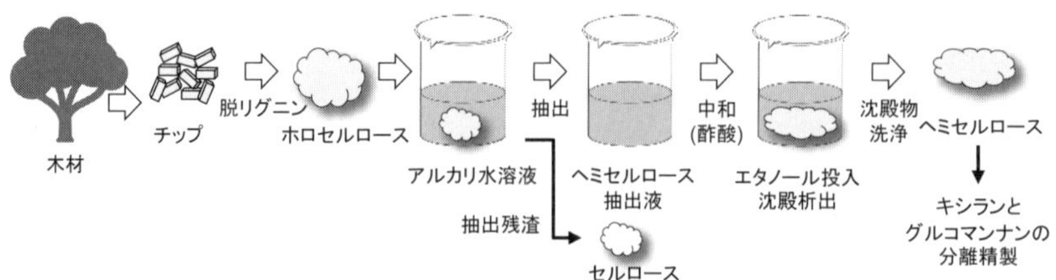

図7-16　ヘミセルロースの抽出と分離

ジメチルスルホキシドを用いて抽出する方法もある。

7.3 木質由来循環型プラスチックへの展開

7.3.1 木質資源から得られる有用低分子化合物

セルロースや、とうもろこし・サトウキビなどのデンプンを含む植物由来のバイオマスを分解してグルコースまで糖化し、さらに金属触媒や熱などを用いた化学的プロセス、発酵など微生物変換を用いた生物学的プロセスにより、バイオエタノールをはじめ、様々な基幹化合物へと変換できる。これらの基幹物質は、化成品、医薬品、食品などの原料の他、プラスチックの原料など、幅広い分野への展開が可能となる(**図7-17**)。特に、植物・木質などを原料として合成されるプラスチックはバイオマスプラスチック、環境中の微生物により分解されるプラスチックは生分解性プラスチックと呼ばれ、環境に優しいプラスチックとして注目されている。現在、これらのバイオマス由来化合物の多くはデンプンなどの可食原料が用いられており、バイオポリエチレンなどのバイオマスプラスチック、ポリ乳酸などの生分解性プラスチックが工業生産されている。さらに、原料の非可食資源への転換に向け、木材や農産廃棄物由来のリグノセルロースから効率的にこれらの有用化合物を分離精製する方法の開発が精力的に進められている。

木質由来の多糖類の場合、セルロースの分解によりグルコースが得られ、ヘミセルロースを分解するとその構成糖由来のグルコース、マンノース、ガラクトース、グルクロン酸などの六炭糖、キシロースやアラビノースなどの五炭糖

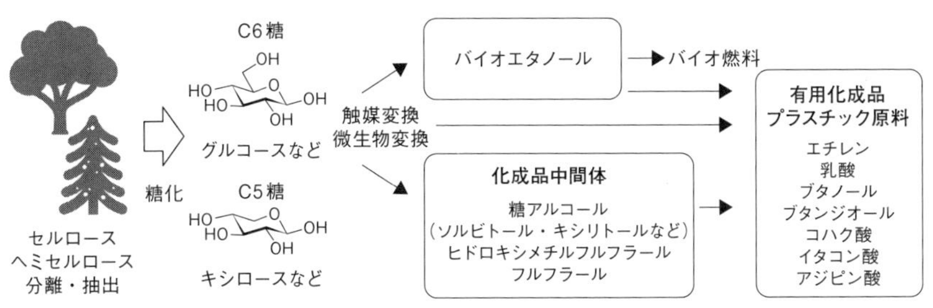

図7-17　バイオマスから有用低分子化合物への変換

およびその誘導体が得られる。グルコースやキシロースからは、ソルビトールやキシリトールなどの糖アルコール、フルフラールなどの化成品の中間体となる有用化合物が得られ、これらのさらなる変換により様々な有用化成品やプラスチック原料となる化合物が得られる。

一方、このようなバイオマス由来の化合物から得られるバイオマスプラスチックがすべて生分解性を有するわけではないので、特に注意が必要である。たとえば、スーパーのレジ袋に使われるバイオポリエチレンは、デンプンなどを由来とするバイオマスプラスチックではあるが、石油由来のポリエチレンと同じ化学構造を有しているので生分解性を有さない。利用目的に応じたモノマーの選択や材料開発が期待される。

7.3.2　多糖由来の誘導体の利用およびバイオマスプラスチック

セルロースをはじめとする多糖は、すでに天然の状態で特徴的な化学構造と様々な特性を有しているため、エネルギー負荷の高い分解工程を経ることなく、そのままプラスチックなどの高分子材料として用いることも重要である。セルロースは、グルコース単位に存在するヒドロキシ基が強固な水素結合を形成しているため、そのままでは熱可塑性や優れた溶媒可溶性を有さないが、ヒドロキシ基をエステル化することで熱可塑性を、エーテル化で水溶性や特異なゲル特性などを付与できる。セルロースアセテート(CA)は最も代表的なセルロースエステル誘導体である(**図7-18**)。セルローストリアセテート(CTA, DS ≒ 3)

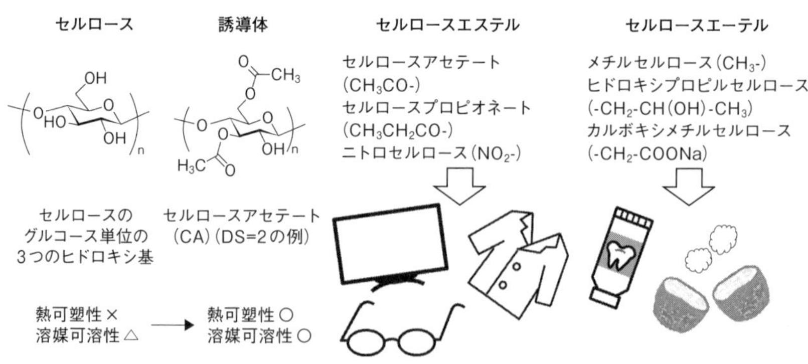

図7-18　セルロースの誘導体とその利用

は、約290℃の融点を有する結晶性のバイオマスプラスチックである。一般的にCTAは、そのままでは熱成形性や溶媒可溶性が低いため、一部のアセチル基を加水分解し、DSを2.8程度にしたセルロースジアセテート(CDA, DS = 2.0に限らず広く呼称)として利用されている。

CAは、写真のフィルム、タバコのフィルター、衣料用繊維、液晶保護フィルム、眼鏡のフレームなどに広く工業利用されている。また、エステル基の炭素数が多くなるほど融点が低くなり、アセテートなどと混合エステルとすることで成形性が向上する。他の誘導体として有名なものにニトロセルロースがあり、塗料や火薬、接着剤として用いられている。また、メチルセルロースやカルボキシメチルセルロース、ヒドロキシプロピルセルロースなどのエーテル誘導体は、水溶性や特異な熱相転移挙動(LCST)を示し、錠剤賦形剤、食品添加剤、コンクリート用分離低減剤、衛生用品への添加剤などに広く利用されている。

ヘミセルロースも、セルロースと同様に様々な誘導体を合成でき、その性質も官能基構造により制御できる。その一方で分子量が小さいため、プラスチック材料として利用するよりは、添加剤などの機能利用が現実的とも考えられる。例えば、キシランのエステル誘導体は、代表的なバイオプラスチックであるポリ乳酸の結晶化を促進する結晶核剤として機能することなどが見出されている。

木材成分の多糖で得られた知見は、様々な他の天然の多糖にも展開できる。たとえば、コンニャクイモ由来のグルコマンナンのエステル誘導体も高い強度や耐熱性を有するバイオマスプラスチックとなる。緑藻が産生するパラミロンのエステル誘導体からは、溶融紡糸繊維や射出成形品の作製が可能である。これらの天然多糖類は、もとの多糖構造を活かして、置換基の化学構造や置換度、置換位置などにより、熱特性、機械特性、生分解性など、様々な特性や機能を制御可能であり、多様な機能性材料への展開が期待される。

7.3.3　多糖由来の生分解性プラスチック

多糖などの高分子が、環境中の微生物の産生する酵素により、分子鎖の切断を受け、さらに生成した低分子化合物が代謝され、最終的に水と二酸化炭素にまで分解されることを生分解という。セルロースは、セルラーゼなどの酵素によりグルコースまで分解され、生分解性を有する。一方、そのエステル誘導体であるCTAは、グルコース単位のヒドロキシ基がすべてエステル化されており、通常生分解性を示さない。しかし、置換度が制御されたCAは、特定の環境では生分解性を示す。1993年に、DS 2.5以下のCDAが活性汚泥中の好気的な条件下で生分解を受けることが初めて報告された

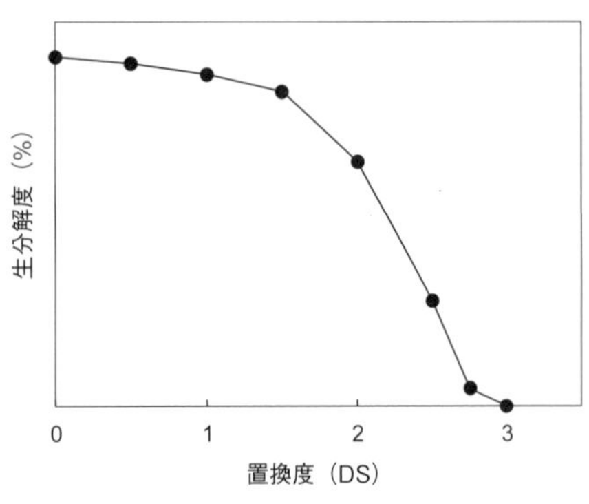

図7-19　セルロースアセテートの生分解性と置換度(DS)の一般的な関係

(Buchanan *et al.* 1993)。CAの生分解性については、アセチル基の置換度が高いほど、また置換基のエステル基の鎖長が長いほど生分解しにくくなることが知られている。CAの生分解性と置換度の一般的な関係を**図7-19**に示す。環境中では、側鎖と主鎖の分解は段階的に進行すると考えられている。工業利用の観点から見ると、一般に低置換度の多糖エステルは熱可塑性を示さず熱成形性が乏しく、成形性と生分解性を両立させる分子設計、可塑剤添加や成形加工法が必要である。また、活性汚泥、コンポスト、土壌、河川、海洋では、それぞれ微生物の存在や分布、温度、水質などの条件が大きく異なる。微生物の働きや環境条件を念頭に、多糖の種類、誘導体の化学構造、結晶構造、ブレンドや成形の方法などを詳細に検討することで、分解速度や分解開始のタイミングを制御した、新しい多糖由来の生分解性材料が期待される。

●参考図書

原口隆英ら(1985)：『木材の化学』．文永堂出版．

セルロース学会(編)(2000)：『セルロースの事典』．朝倉書店．

中野順三ら(1983)：『木材化学』．ユニ出版．

日本木材学会(編)(2010)：『木質の化学』．文永堂出版．

福島和彦ら(編)(2011)：『木質の形成 ── バイオマス化学への招待　第2版』．海青社．

8章 紙・セルロースナノファイバー

8.1 紙の化学

日本産業規格(JIS)によると、紙とは「植物繊維その他の繊維を膠着させて製造したもの」と定義されており、主に木材を原料に製造されている。2～4章にて解説されているように、木部細胞は細長い形状をしているため、これを1次元形状の繊維「パルプ」として取り出し、抄紙により2次元網目構造化、3次元積層した素材が「紙」である。林野庁が公表した令和2年(2020年)木材需給表(林野庁 2020)によれば、木材の総需要量に占めるパルプ・チップ用材量は26,064,000 m^3(35.0%)で、製材用材量の24,597,000 m^3(33.0%)を上回っており、木材利用におけるパルプ・チップの占める割合は大きい。本節では、紙を構成するパルプ、添加剤、抄紙技術、紙の構造などの基礎事項を述べる。

8.1.1 パルプの製法と繊維の特徴

パルプは木材を原料とする化学パルプ・機械パルプと、古紙を原料とする古紙パルプに大別される。歴史的に古いのは、機械的な力で木部細胞を単離する機械パルプである。19世紀前半に開発された砕木パルプは、木材を摩砕により繊維化して利用することからパルプ収率が90%以上である。一方、機械的な力によって繊維が損傷を受けるため、単繊維強度が低く、短い繊維が多いという欠点がある。繊維の損傷を抑えるため、木材に機械的な力を加える際に加熱を行うサーモメカニカルパルプ(TMP；Thermo Mechanical Pulp)が開発された。木材チップをリグニンのガラス転移点温度(約140℃)以上に加熱し、リグニンが軟化した状態で解繊を行うことで繊維の単離が容易となり、繊維損傷を軽減したTMPは砕木パルプと比較して強度に優れる。また、リグニンが多く含まれるため化学パルプと比較して剛直であり、紙に配合すると嵩高く、光散乱性に優れた紙を製造できる一方、日光や酸素によって残存しているリグニンや抽出成分が変性し、色戻りと呼ばれる着色現象が生じやすい。

化学パルプとは、木部細胞間のリグニンを化学反応によって分解、溶出(蒸解)させて木部繊維を単離するパルプ化手法である。現在、国内で使用されている木材パルプの90％以上が化学パルプである。パルプ化の詳細については、6章1節を参照されたい。化学パルプのなかでも、世界の主流であるクラフトパルプの特徴として、木材からパルプを得るだけでなく、蒸解で溶出したリグニンやヘミセルロース等の有機成分を利用してエネルギーも回収できる点があげられる。蒸解後、リグニン等の有機成分を多量に含む高アルカリ性廃液(黒液)を濃縮し、有機成分濃度を70％以上に高めることでボイラーで燃焼することが可能となり、燃焼で得られた熱で蒸気を発生させるとともに、蒸気でタービンを回すことで発電を行っている。黒液燃焼で得られる電気エネルギーは工場内で利用されるだけでなく、余剰電力は売却されており、売電事業はパルプメーカーの事業の1つとなっている。また、発電に利用された後の低圧蒸気も、抄造した湿紙を乾燥するための熱源等として有効に利用されており、クラフトパルプ化工程は、木材をモノ(セルロース)とエネルギー(ヘミセルロース・リグニン等)に余すことなく活用する優れたバイオマス変換法といえる。

パルプは繊維表面のセルロースのヒドロキシ基間で水素結合を形成できるため、接着剤を用いずとも繊維間結合が生じるが、加水によって水素結合は容易に開裂するため、紙はパルプとして水に再分散する。これは紙の欠点ともなり得るが、使用後の紙(古紙)を水系で繊維へと戻し、古紙パルプとして再度資源利用できるという大きな長所でもある。2022年現在、日本の製紙原料の内訳は木材が約40％、古紙が約60％であり、紙がいかにリサイクルされているかが分かる。古紙パルプを調製する工程は、繊維を水に分散させる「離解」、異物を除去する「精選」、インクを洗い流す「脱墨」、残存インクを除去する「漂白」の4工程からなる。木材パルプと比較して、古紙パルプでは離解工程での短繊維化や、インクの残存による白色度の低下が生じる。加えて、再利用する際に抄紙工程で脱水・乾燥を繰り返すことで、パルプの柔軟性が低下するため、繊維間結合力が低下する傾向がある。

8.1.2　叩解処理と繊維の形態変化

木材から単離したパルプをそのまま使用した紙は、密度が低く強度も弱い。

この欠点を解消するために機械的処理を行う。2章2節で解説のとおり、パルプ(木部繊維)の構造はセルロースミクロフィブリルが階層的に集合した1次壁、2次壁等で構成されており、セルロースの束が編み重なって形成されている。この束を水中で機械的に解きほぐすことを叩解(こうかい)という。叩解装置として、リファイナー(Refiner)やビーター(Beater)がある。紙の性質は叩解によって大きく変わるため、叩解は紙を製造する上で非常に重要な工程である。叩解処理により、1次壁や2次壁外層部の剥離や部分的な脱落、せん断作用の大きい力が加えられた場合はパルプそのものの切断が起こる。叩解前後のパルプの繊維形態を観察した電子顕微鏡写真を**図8-1**に示す。

パルプ表面が一部剥離し、毛羽立った状態になることを外部フィブリル化という(**図8-1** c,d)。このフィブリル形態は、次節で説明するセルロースナノファイバーの基本形態そのものである。また、叩解によってパルプ内部にも亀裂が生じ、さらに水が浸入することでパルプが膨潤して柔軟性が増加する。この現象を内部フィブリル化という。

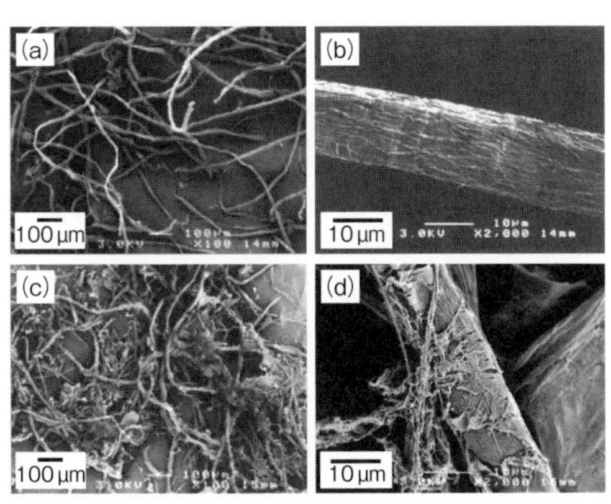

図8-1　叩解前後のパルプ繊維の電子顕微鏡写真
(a, b)未叩解パルプ、(c, d)叩解パルプ

外部・内部フィブリル化によって水と接触する面積が増大することから、叩解によってパルプの保水度(WRV；Water Retention Value)は向上する。繊維内膨潤が最大となった時点の水の含水率を繊維飽和点(FSP；Fiber Saturation Point)という。叩解機(刃型)の種類と叩解条件の選択によって、繊維の毛羽立ちや膨潤を主として起こす方法と、切断を多く起こす方法があり、前者を粘状叩解、後者を遊離状叩解とよぶ。叩解度合いを示す評価法として、パルプの水切れ程度で表す「ろ水度」がある。主にカナダ標準型ろ水度試験器、ショッパー・リーグラ型ろ水度試験器等が用いられる(JIS P 8121, TAPPI T227)。叩解処理はパルプ間の結合の程度に大きく関係し、紙の性質に大きな影響を及ぼす。

8.1.3 ウェットエンド化学

紙の用途は多岐に渡り、用途に応じて乾燥・湿潤強度や液体浸透性、光学特性等の制御が求められる。目的の特性を発現させるために、種々の製紙用添加剤を使用する。主な処理法として、抄紙工程の「ウェットエンド」で添加する方法がある。ウェットエンドとは、原料調製から乾燥工程に入る前の段階、すなわち、パルプ懸濁液や湿紙のようにパルプ周辺に水が多量に存在している状態をさす。ウェットエンドで機能性剤を添加する場合、水の存在下でパルプに機能性剤を効率的に定着させる必要がある(尾鍋 2004)。代表的なものとして、疎水性物質の撥水剤(サイズ剤)、乾燥・湿潤紙力剤やデンプン誘導体のような高分子電解質、炭酸カルシウムのような無機填料等が添加される。すなわち、ウェットエンドとは、パルプや無機填料のような粗大粒子と添加剤のようなコロイド微粒子からなる混合分散系であり、パルプと機能性剤との界面状態を制御し、水系で何らかの相互作用を発生させる必要がある。漂白クラフトパルプの場合、蒸解や漂白工程でセルロースのヒドロキシメチル基やアルデヒド基が酸化されて生成したカルボキシ基がパルプ表面に存在している。カルボキシ基のpKaは約4.5であり、抄紙が行われる弱酸性〜弱アルカリ性領域では十分に解離しているため、パルプ表面は負の電荷を有する。そのため、パルプ表面のカルボキシ基を接点とし、静電的相互作用によって機能性剤を定着させることが可能である。例えば、**図8-2**に示した弱酸性領域で使用されるロジン樹脂(主成分はアビエチン酸 Abietic acid)や、中性〜弱アルカリ性領域で使用されるアルキルケテンダイマー(AKD；Alkyl Ketene Dimer)は疎水性であるため、界面活性剤で乳化し、エマルションとして用いられることが多い。界面活性剤の種類によってさまざまな電荷を付与でき、カチオン性エマルションサイズ剤は単独でパルプ繊維への定着が可能である。

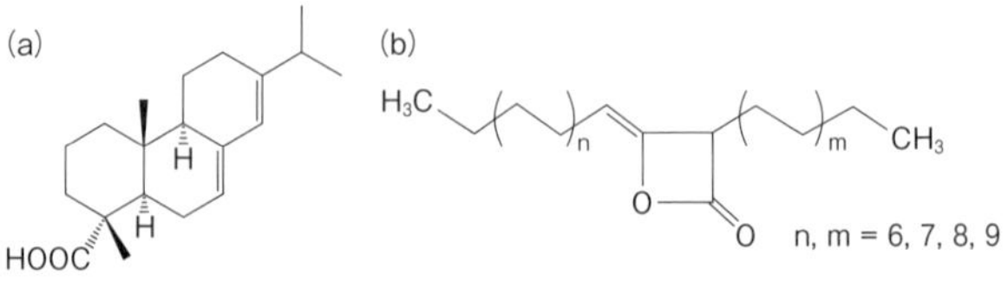

(a) HOOC H H

(b) H_3C n m CH_3 O O n, m = 6, 7, 8, 9

図8-2 (a)アビエチン酸および(b)AKDの化学構造

湿潤紙力強度は、ポリアミドポリアミンエピクロロヒドリン(PAE；Poly-

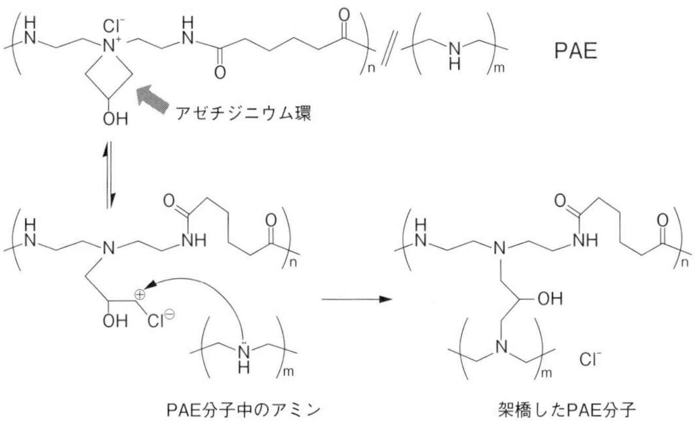

図8-3 PAEの化学構造とPAE分子間の架橋構造

Amideamine Epichlorohydrin)樹脂のような合成高分子を添加し、繊維間に共有結合で架橋結合を形成する(**図8-3**)。PAEは、アゼチジニウム環に四級アミンが含まれるため、幅広いpH領域でカチオン性を示し、パルプへの定着性に優れる。なお、アニオン性の機能性剤を使用する場合には、カチオン性の定着助剤を添加することがある。例えば、ロジンサイズ剤の定着助剤として、硫酸アルミニウム(硫酸バンド)が弱酸性領域で利用されている。PAEも定着助剤として機能する。これらの機能性剤は、紙製品の用途に応じて個別の特性を組み合わせて付与することもできる。例えば、使用後の水への分散が望ましいトイレットペーパーの場合、撥水性も湿潤紙力も付与しないが、ティッシュペーパーでは吸水性と湿潤紙力が求められるため、湿潤紙力剤のみを添加する。一方、印刷用紙の場合には、インクの浸透性を遅らせる撥水性が求められるためサイズ剤を添加する。ウェットエンドにおける機能性付与は、極微量の機能性剤の添加(対パルプ重量あたり0.01～0.1％オーダー)で非常に短時間(通常、数分)かつ水系で行うことができ、極めてクリーンで効率的な材料機能化プロセスとしても注目を集めている。

8.1.4 抄紙および紙の構造

紙とは、パルプのような繊維を水に分散させ、網等でろ過して薄いシート状に成型した後、脱水・乾燥して得られる繊維積層体である。抄紙工程は大きくワイヤーパート(ろ過)、プレスパート(搾水)、ドライヤーパート(熱乾燥)に分けられ、パルプ間から徐々に水が取り除かれることで繊維間結合が発達する。パルプ間の繊維間結合は、パルプを構成するセルロースのヒドロキシ基間の水素結合に起因するが、水素結合の形成に水が重要な役割を担っている。脱水に伴う繊維間水素結合の形成の模式図を**図8-4**に示す。

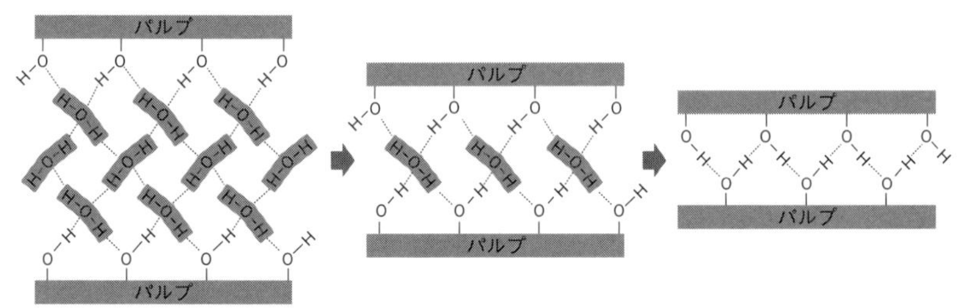

図8-4　脱水過程でのパルプ間の直接的な水素結合の形成

脱水前のパルプ懸濁液の状態では、パルプは水分子に囲まれているが、搾水および熱乾燥によって繊維間から水分子が除かれる際、水の表面張力によりパルプ繊維が徐々に引き寄せられ、繊維が接近することで繊維間に水素結合が形成される。つまり、水はパルプの分散媒体としてだけではなく、その表面張力でパルプを引き寄せ、乾燥後にパルプ間に直接的な水素結合を形成させ、紙の強度を発現させることに大いに寄与している。

樹種によって木部細胞の種類や割合、形態や大きさが異なるため、パルプの繊維としての性質は樹種にも依存し、紙としての性質にも影響する。針葉樹および広葉樹を原料に作製した紙の電子顕微鏡写真を**図8-5**に示す。

木部組織については4章で解説のとおり、針葉樹の方が細胞の幅と長さが大きい。すなわち、太く長い繊維となる。広葉樹には道管や柔細胞のようにアスペクト比の小さい細胞が多く含まれるため、微細な繊維の割合が大きくなる。紙の強度は、繊維自体の強度(単繊維強度)、繊維長、ネットワークの強さ(繊維間結合の数と強度)などに依存する。太い針葉樹パルプは単繊維強度に優れるだけでなく、繊維が長いために繊維同士の絡み合いや接触点を作ることができ、高強度の紙を製造可能である(**図 8-5** a,c)。広葉樹パルプから製造した紙は強度面では針葉樹パルプの紙に劣るが、表面の平滑度が高い紙となるため印刷・情報用紙の原料として適している。

前項で説明した通り、叩解は紙の特性に大きな影響を及ぼす。パルプの外部フィブリル化によって繊維間の絡まりが高まることに加え、内部フィブリル化で繊維が柔軟になるため、繊維同士が密着しやすくなる(**図 8-5** c,d)。これにより、上述の水を媒介した繊維間水素結合の形成が促進され、結合力が高くなることで強度に優れた紙を製造できる。また、繊維が密着することで紙中の空隙が減少するため、光散乱能が抑制され透明性が向上する。一方、叩解によってパルプの保水性も高まり、抄紙時の脱水が困難になる。加えて、過度な叩解は繊維に損傷を与え、繊維長や単繊維強度の低下を引き起こすため、叩解によるメリット・デメリットを考慮した上で製造条件を決定する必要がある。

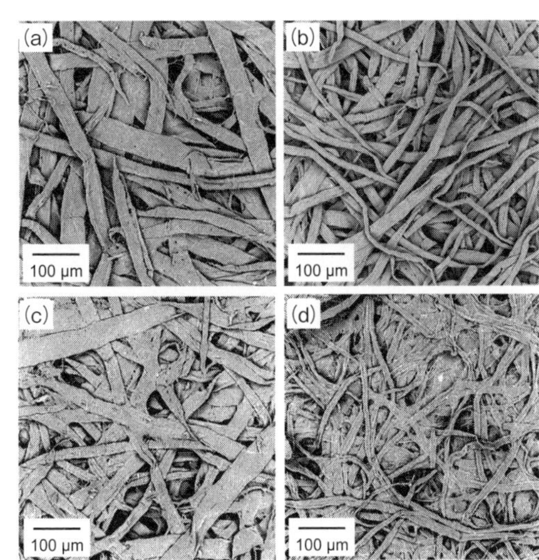

図 8-5　(a)針葉樹未叩解パルプ、(b)広葉樹未叩解パルプ、(c)針葉樹叩解パルプ、(d)広葉樹叩解パルプで作製した紙の電子顕微鏡写真

プレスパートでの搾水も紙の構造や強度に影響する。ワイヤーパートで形成された湿紙の含水率は80％以上であり、効率良く紙を製造するために機械的な搾水が必要となる。搾水による脱水は熱的な乾燥に比べて脱水コストが低いことに加え、搾水と同時に湿紙の密度が向上する。プレスパートで繊維が密着することで繊維間結合の形成を促進でき、製造中の紙の破断を防ぐとともに、強度と密度の高い紙を製造可能である。

木材から作られるパルプ・紙は、リサイクル可能な優れた生物素材であると同時に、5つの機能(W)を有している。すなわち、Write(書く：印刷・筆記)、Wrap(包む：包装紙・段ボール)、Wipe(拭う：ティッシュ・衛生紙)、Wear(身に付ける：マスク、手術着)、Work(働く：外部からの刺激に対して選択的・特異的に応答する紙；感熱紙、感圧紙)など、多彩な場面で我々の生活・社会を支えている。本節では紹介できなかった食品・電子機器・医療材料など、最新の紙・機能紙の利用については成書を参考にされたい(藤原 2017)。

8.2 セルロースナノファイバーの化学

セルロースナノファイバー(CNF；Cellulose Nanofiber)とは、セルロースのミクロフィブリル単位、または微細なミクロフィブリル束にまでパルプ繊維を解きほぐした素材である。古くは1980年代より、類似の素材がミクロフィブリル化セルロース(MFC)として生産され、増粘剤やろ過助剤、バインダー等として工業利用されてきた。1990年代に入り、MFC研究とは別に、パルプの硫酸加水分解残渣であるセルロースナノクリスタル(CNC)をゴムに複合化すると、著しい補強効果を示すことが発見された。2000年、アメリカで国家ナノテクノロジー戦略が提言され、世界的にナノ材料研究が加速し、セルロース科学分野においても各国でその潮流が高まった。国内では2000年代に入り、MFCにもプラスチック補強の効果があることが確認され、MFCよりもさらに微細化を進め、性能を高めた"CNF"の生産技術が開発された。2015年頃には産業界でCNFの量産設備が稼働し、実用化も少しずつ始まっている。

8.2.1 ミクロフィブリルの構造

CNFやCNCがプラスチック等を補強する特性は、ミクロフィブリルの構造に由来する。本節では、まずミクロフィブリルの構造について概説したのち、CNFの製法や各種特性へと進む。

自然界のセルロースは、結晶性のミクロフィブリル単位で生合成される(3章3節参照)。ミクロフィブリルを構成するセルロース分子鎖は、還元性末端の向きが一方向に揃っている「平行鎖構造」で充填しており(7章**図7-7**)、この分子鎖軸方向における充填様式が異なる「セルロースI_α(三斜晶)」と「セルロースI_β(単斜晶)」という2種の結晶構造が存在する。このうち、CNF原料となる木材パルプ中のミクロフィブリルは、主にI_β型の結晶子である。**図8-6**に、I_β型のミクロフィブリル構造モデルを示す。3章3節にも記載のとおり、樹木中のミクロフィブリルが何本のセルロース分子鎖で構成されるかは依然判明していない。18～36本であると推測されるが、本節では近年もっともらしいと考えられている18本鎖モデルを用いて説明する。ミクロフィブリル1本の断面寸法は、木材由来であれば、2～4 nmの範囲であると報告されている。

分子鎖のエクアトリアル方向では、分子内及び分子間で水素結合を形成することが明らかになっている(Nishiyama *et al.* 2002)。分子内では、分子鎖の両側面でO3-H…O5及びO2-H…O6の水素結合を形成している。これらの分子内水素結合が、グリコシド結合周りの六員環の回転を固定し、分子鎖の平面性(2回らせんの対称性)を保持している。分子鎖間では、O6-H…O3の水素結合を形成しており、平たく細長いセルロース分子鎖が側面で連結したシート構造を展

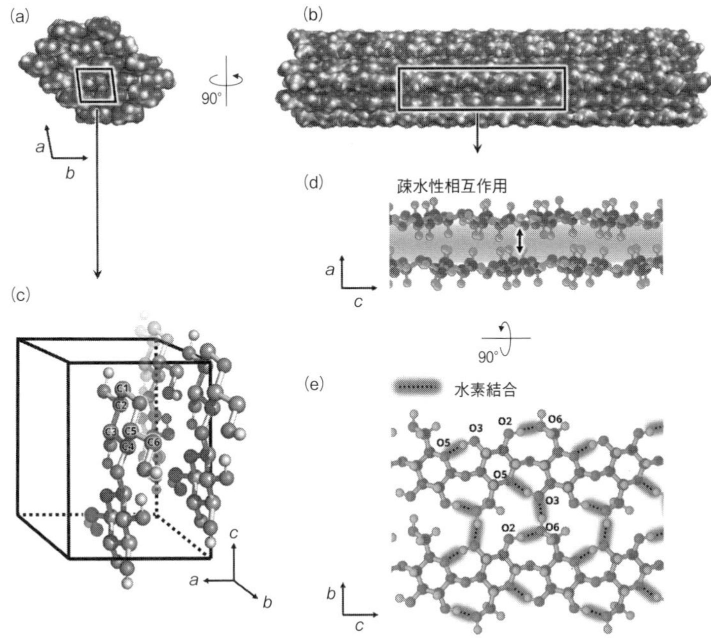

図8-6　ミクロフィブリル構造モデル(Nishiyama *et al.* 2022を改変)：(a) 断面、(b) 側面、(c) 結晶格子、(d) アキシャル方向の分子間相互作用、(e) エクアトリアル方向の分子間相互作用

開している。このシート構造は、“水素結合シート”または“分子鎖シート”と呼ばれる。これらの分子内及び分子鎖間の水素結合において、C6位炭素の立体配座が重要な役割を果たしていることに留意されたい。O2-H…O6やO6-H…O3の水素結合は、両者共に、C6位炭素の立体配座が*tg*(7章**図7-8**)のときにのみ形成できる。また、**図8-6**では、$I_β$結晶内の特徴的な水素結合に限定しており、実際の水素結合ネットワークはより複雑で乱れも含むことにも注意されたい。

一方、アキシャル方向にはヒドロキシ基がなく疎水的であり、分子周辺の極性媒体からの排除効果もあり、ロンドン分散力を主たる結合力として安定化している。すなわち、**図8-6**に示すとおり、アキシャル方向では、上記の水素結合シートが平行に積層する。水素結合シートの積層様式にも特徴があり、無水グルコース1/2単位ずつ、各シートが交互にずれて、レンガのように積み重なっている。

樹木中では、これら一連の規則性をもったミクロフィブリルが、日々大量に合成されているが、この固体構造は、現代の先端テクノロジーをもってしても、依然として人工的に再現できない点は興味深い。後述するCNFの特性は、ミクロフィブリルの固体構造に由来するものであり、従来の再生セルロースやセルロース誘導体類とは異なる新たな用途展開が期待されている。

8.2.2　CNFの製法

一般にナノファイバーとは、直径が1～100 nmであり、長さが直径の100倍以上の繊維質と定義されている。従来より市販のMFCと、近年量産化したCNFの間に明確な寸法の閾値はないが、MFCの繊維径は数百nmのものが多く、1 μmを越えるものまで混じっており、CNFよりも太く不均一であると理解されている。CNFやMFCの生産では、広葉樹よりも柔らかい針葉樹のほうが微細化が進みやすく、針葉樹の化学パルプのうち、生産量の多い漂白クラフトパルプが主な原料として用いられている。

CNFの製法は、機械解繊法と化学改質法の2種に大別される。機械解繊法とは、高圧ホモジナイザーやグライダー等の粉砕機にパルプの水懸濁液を通し、機械的処理によってのみ、パルプ繊維を微細なミクロフィブリル束にまで“解繊”する方法であり、得られるCNFの繊維径は、均一ではないが、10～100 nmの範囲内にほぼ収まる。繊維長は、CNFが孤立しておらず、網目状であるため、実測は困難である。MFCも機械解繊法で得られるが、CNFのほうが、粉砕機にパルプ懸濁液を通液する回数が多く、微細化が進んでいる。

化学改質法とは、パルプをあらかじめ化学的に改質し、解きほぐし易くしたのち、機械的に解繊する方法である。得られるCNFは、繊維径が2～10 nmの範囲にほぼ収まっており、繊維長は200～2000 nmの範囲でばらついている。機械解繊法よりも、解繊時のエネルギー消費量が低く抑えられ、CNFも細く均一である一方、化学反応を要するため、生産工程におけるステップ数が多い。代表的な化学改質法として、TEMPO(テンポ)酸化法やリン酸エステル化法、カルボキシメチル化法などがあげられる(**図8-7**)。

TEMPO酸化法は、ミクロフィブリル表面のC6位(第一級アルコール)のヒドロキシ基を選択的にカルボキシ基へと酸化する方法であり、ミクロフィブリルの固体構造を保持できる。パルプの水懸濁液に、酸化触媒としてTEMPO(2,2,6,6-テトラメチルピペリジン1-オキシル)、助剤として臭化ナトリウム、共酸化剤として次亜塩素酸ナトリウムを加える反応であり、常温・常圧下で通常1時間以内に酸化は完了する。得られるCNFは、ミクロフィブリル単位の分散体であり、繊維径は2～4 nmでCNFの中で最も細い。

リン酸エステル化法は、ミクロフィブリル表面のC6位およびC2位にリン酸エステル基を導入する方法であり、TEMPO酸化法と同様、ミクロフィブリルの固体構造を保持できる。リン酸と尿素の混合水溶液にパルプシートを浸漬し、165 ℃に加熱する。水の蒸発後に脱水反応が開始し、その後10分程度でミク

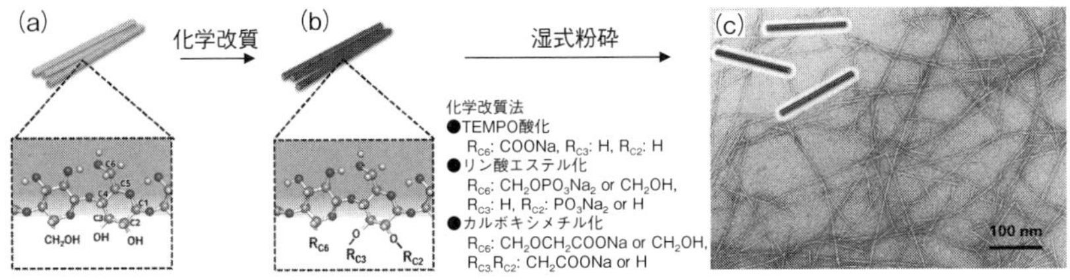

図8-7　CNFの化学改質(Saito *et al.* 2006, Zhao *et al.* 2021 より作成):(a) ミクロフィブリル表面のヒドロキシ基、(b) 改質による官能基の導入、(c) ミクロフィブリル単位で分散したCNFの透過型電子顕微鏡写真

ロフィブリル表面のエステル化は完了する。それ以上長く反応を進めると、リン酸エステル基がミクロフィブリル間を架橋してしまい、パルプの解繊性が低下する。得られるCNFは、TEMPO酸化法と同様に、ミクロフィブリル単位の分散体である。

カルボキシメチル化法は、ミクロフィブリル表面のヒドロキシ基をエーテル化し、カルボキシメチル基を導入する方法である(7章参照)。位置選択性はなく、C2、C3、C6位にランダムにカルボキシメチル基が導入される。反応を過度に進めると、ミクロフィブリルの固体構造が緩み、水溶性のセルロース誘導体(カルボキシメチルセルロース：CMC)に変換されてしまうため、CNF生産においては反応を制御し、適切な置換度に抑える必要がある。得られるCNFは他の改質法と比べるとやや不均一であり、ミクロフィブリル単位のCNFだけでなく、複数本束なったものも混在するため、繊維径は2～10 nmである。

これら3種の化学改質法に共通するのは、ミクロフィブリル表面のみにイオン性の官能基を導入している点である。これらのイオン性官能基は、水中で電離するため、ミクロフィブリル間に電気二重層の重なりによる斥力を誘発する。ただし、反応後はパルプ繊維の形状が維持されており、ろ過によって容易に水洗(精製)できる。水洗後、パルプを再度水に懸濁させ、高圧ホモジナイザーに1～3回通すだけで、微細で均一なCNFが得られる。

その他、本節冒頭で紹介したCNC(別称CNWh：セルロースナノウィスカーとも呼ぶ；繊維径2～30 nm、繊維長50～200 nmの範囲で分布)や、酢酸菌が産生するセルロースペリクル(バクテリアセルロース：BC)なども含め、ミクロフィブリル構造に基づく、一連のセルロース系ナノ材料を「ナノセルロース」と総称する。

8.2.3　CNFの基本特性

CNFの基本特性のうち、主要なものを**表8-1**に示す。CNFは、機械的に強く、熱的に安定であることが特長といえる。CNFの高強度や高弾性率、低熱膨張率などは、高品質なアラミド繊維と同等である。これらの特性は、CNFを構成する分子鎖が、繊維軸方向に配向していることが要因とされている。一方、熱伝導率は比較的低く、約2 W/m·Kである。例えば、分子鎖が繊維軸方

表8-1 CNFの基本特性

特　性	値	備　考
真密度	1.5～1.7 g/cm^3	ヘミセルロース含有量に依存し、セルロース純度が高いほど1.5から1.6に近づく。TEMPO酸化法でカルボキシ基を導入すると、さらに1.7 g/cm^{3}まで増加する。
弾性率	130～150 GPa	分子鎖の一軸配向構造に由来する特性。報告値は解析法(XRD/Raman/AFM等)に依存し、ばらつきがある。断面方向の圧縮弾性率は約30 GPa。
強　度	3 GPa	分子鎖の一軸配向構造に由来する特性。超音波フラグメンテーション法によるTEMPO酸化CNFの解析値。
熱膨張率	0.1～6 ppm/K	繊維軸方向の解析値であり、分子鎖の一軸配向構造に由来する特性。断面膨張率は大きく、約50 ppm/K。
熱伝導率	2.2 W/m·K	繊維軸方向の解析値であり、CNFの微細形状に依存する特性。ホヤ被嚢由来のTEMPO酸化CNFを使用し、サーマルブリッジ法で測定した事例。
熱分解温度	220～300℃	5%重量減少温度。ヘミセルロース含有量に依存し、セルロース純度が高いほど300℃に近づく。TEMPO酸化CNFは約220℃であり、カルボキシ基をアミド化すると300℃に近づく。リン酸エステル化CNFは約260℃。

資料：Daicho *et al.* 2020, Sakurada *et al.* 1962, Saito *et al.* 2013, Hori and Wada 2005, Adachi *et al.* 2021

向に配向したポリエチレン繊維では、熱伝導率が100 W/m·Kに達する事例も報告されている。この特性は、CNFが非常に微細であるため、固体を伝わる熱が表面で散乱してしまう現象で説明されている。また、CNFはガラス転移点や融点を持たず、熱分解に至るまで堅い素材である。

CNFは、水分散液として生産される。この分散液の乾燥を制御すると、多様な構造体を形成できる。例えば、シャーレなどに分散液をそそぎ、静置で乾燥させると、CNFが密に会合し、平滑なフィルムを形成する。化学改質法のCNFを使えば、ガラス並みに透明度の高いフィルムとなる(**図8-8**)。このフィルムの強度は、金属並みに高く、200～400 MPaである。CNFの強度(**表8-1**)を考慮すると、フィルム中のCNFの配向度や相互作用を高めれば、さらなる高強度化も期待できる。また、フィルムの平面方向において、熱膨張率がセラミックス並みに低く、3～10 ppm/Kである。この特性を活かし、局所熱の発生する電子デバイスの基材として、CNFフィルムを利用する研究が進められている。その他、酸素や香料に対するバリア性(低いガス透過性)も示すため、食品や医薬品の機能性包材として実用化が検討されている。

凍結乾燥や超臨界乾燥などの特殊な乾燥法をCNFに適用すると、網目状に

CNFが連結し、多孔質構造を形成する。この多孔質構造は、空隙率や比表面積が高く、断熱性を示す。微細なTEMPO酸化CNFを使えば、多孔質構造は光を透過するようになる(**図8-8**)。断熱性もさらに高まり、空気よりも低い熱伝導率(0.018 W/m･K)を示す。この特性を活かし、熱損失の大きな窓にも使える透明断熱材として、多孔質構造を利用する研究が進められている。

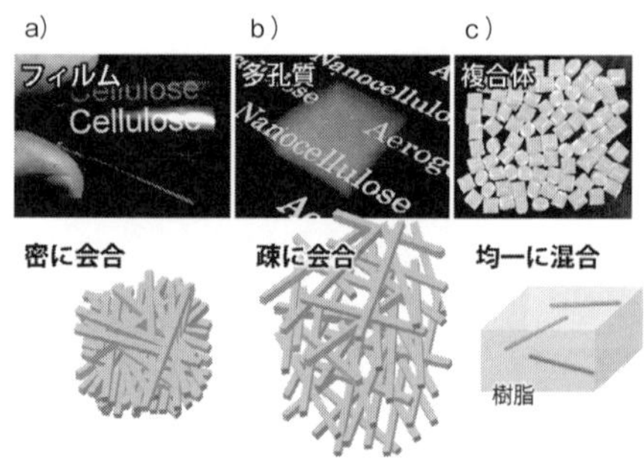

図8-8　CNFが形成する構造体(Fukuzumi *et al.* 2009, Kobayashi *et al.* 2014より作成):(a)フィルム、(b)多孔質、(c)プラスチック複合体

8.2.4　応用研究

CNFの応用研究において、社会的に最も注目されているのが、プラスチック補強の用途である。CNFをプラスチックに複合化し、補強することで、プラスチックの使用量を低減することができる。プラスチックの用途は幅広いが、特に自動車や家電の部材として、CNF強化プラスチックの実用化が精力的に検討されている。炭素繊維やガラス繊維で強化したプラスチックは流通しているが、炭素繊維は製造時のCO_2排出量が大きく、ガラス繊維はリサイクルできないため、脱炭素社会の実現に向けてCNFによる代替が期待されている。

また、近年ではCNFのバイオメディカル応用にも注目が集まっている。例えば、再生医療や創薬支援基盤を志向した細胞培養系やドラックデリバリーシステム(DDS)などにおいて、CNFの新たな機能性が見出されている。ワクチンの免疫原性を増強するアジュバントとして、CNFやCNCが機能することも報告されている。

その他、CNFのピッカリングエマルションにも注目が集まっている。CNFは固体粒子であるが、界面活性剤のように油滴に吸着し、エマルションを安定化させる性質を示す。このように固体粒子で安定化したエマルションを、ピッカリングエマルションと呼ぶ。この性質は、CNFが微細なナノ粒子であり、分散液中で大面積の固液界面を形成することに由来する。固液界面が大面積であれば、系の自由エネルギーは大きく、界面を低減する方向に系は進む。すなわち、CNFが油滴に吸着することで系は安定化する。近年、プラスチックの液状モノマーとCNFの水分散液を混合し、ピッカリングエマルションを形成させることで、懸濁重合や乳化重合へと展開できることが報告されている。この方法は、CNFが均一に複合化したプラスチックを水中で合成できる点において、既存のCNF複合化プロセスよりも有利である。

以下、2022年現在で商品化に至った事例を列記する。大人用おむつの消臭剤、ボールペンの液だれ・擦れを防止する添加剤、タイヤや靴底などゴムの補強材、食品や化粧品の質感を改良する添加剤等として、CNFは実用化されている。最新のCNF利用については成書を参考にされたい(矢野ら2021)。

CNFとは、一軸配向した分子鎖が結晶化した繊維状ナノ粒子である。再生セルロースや誘導体など、既存のセルロース材料では実現できない天然のナノ構造体であり、人工合成できない構造的な特徴がCNF固有の機能・性能を生み出している。サステイナブルな未来社会の実現に向けて、木材由来のCNFのさらなる利用が進み、脱炭素社会構築やSDGs達成に大いに貢献することを期待したい。

●参考図書

尾鍋史彦(監修)(2004):『ウェットエンド化学と製紙薬品の最先端技術』. シーエムシー出版.

藤原勝壽(監修)(2017):『機能紙最前線～次世代機能紙とその垂直連携に向けて～』. 機能紙研究会(編), 加工技術研究会.

矢野浩之ら(監修)(2021):『セルロースナノファイバー　研究と実用化の最前線』. ナノセルロースジャパン(編), エヌ・ティー・エス.

9章 抽出成分

9.1 抽出成分とは

すべての木材は、細胞壁を構成する主要な3種の化学成分――セルロース、リグニン、ヘミセルロースのほかに、水または有機溶媒に容易に溶解する物質を含んでいる。これらの溶媒によって、木材から抽出される物質を抽出成分と呼び、非抽出性の細胞壁構成成分と区別する。

一般に木材に含まれる抽出成分の量はおおむね5％以下であるが、特殊な材では30％に達することがある。抽出成分の含有量とその組成は、樹種によって著しく異なる。ある科、属または種の樹木にある特定の抽出成分が多く含まれていたり、あるいは類縁関係にある樹種の抽出成分が類似していたりする場合も多くみられる。しかし、同一樹種に属する樹木であっても、樹齢、生育環境、傷害などによって抽出成分の量的および質的関係が変化し、また年間の季節によっても変動することがある。樹種間の抽出成分の差異は、多種多様な化学成分に基づいて植物の分類を研究する化学植物分類学(chemotaxonomy)に対しても重要な役割を果たしている。抽出成分は、木材の外観、色調、匂い、その他の性質と深い関係を有し、化学的に樹種の個性を表現する重要な成分である。したがって、素材として利用する場合に、抽出成分の存在は、人間の美的感覚に大きな影響を及ぼすとともに、材の物理的性質にも無視できない影響を与える。たとえば、吸湿性、透気性、収縮性、膨潤率などの低下に寄与することがある。さらに、抽出成分のうちには、材の耐久性(抗シロアリ、抗木材腐朽菌)の向上や、ハウスダストの原因となるダニに対する忌避・殺ダニ効果や、私達、人への生理・心理に影響を与えるものも明らかになってきており、木質住空間を設計する上でも、考慮に入れる必要がある。さらには、材の化学的および物理的加工の際にさまざまな影響を与えるものが知られている。たとえば、接着、塗装、パルプ化、漂白、セメント硬化などを阻害する因子になることもある。

このように、抽出成分は、樹種の特徴・個性を現す重要な指標だと捉えることができる。

9.2 化学構造と機能・利用

抽出成分の最大の化学的な特徴は、先に述べたようにその構造的多様性である。微量成分も含めれば、1種の材には、膨大な数の化合物が含まれている。それらが、複合的に作用し、樹木内及び昆虫や微生物との相互作用に関する生理学的機能、また、木材としての色調や物理化学的性質、匂いによる人への影響にも寄与している。さらに、それらの成分群の構造的多様性に起因する特徴的な機能性を活用し、薬・化粧品・機能性食品・アロマ・トイレタリー等への付加価値の高い利活用法の開発も進んでいる。

ここでは、いくつかの抽出成分の特徴的機能性成分を紹介するが、抽出成分全体の成分分類については、参考図書に詳述されているのでそちらを参照されたい。いくつかの化合物の構造を示し、それぞれの機能性について簡単に述べる。

α-ピネン：樹木の香気成分は、水蒸気蒸留装置を用いて、精油として採取される。その主要成分はモノテルペン、セスキテルペンで、精油の多くは香料、香料原料、工業用原料、医薬品、浴用製品などに用いられる。代表的な成分としては、ここに挙げたα-ピネン以外にも、リモネン、カンファーなどが知られている。このような、非常に多種多様なテルペン系の成分により、樹木の特徴的な香気が構成されており、それらが、ヒトへのリラックス効果や、樹木自身を、害虫や菌から防御する効果、さらには、樹木間のコミュニケーションに寄与していることも明らかにされつつある。

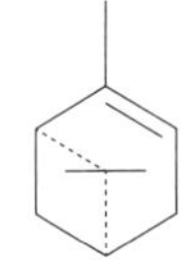

図 9-1　α-ピネン

ヒノキチオール(β-ツヤプリシン):ヒバ油などに含まれる共役7員環構造という稀有な化学構造を持つことが知られている。そのため、生合成機構にも興味が持たれる(Fujita *et al.* 2000)。さまざまな生物活性の報告もなされている。広く知られた効果は抗菌性である。バクテリアから担子菌などの真菌類まで広い抗菌スペクトルを有する。

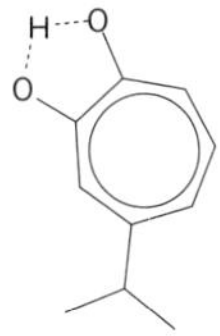

図 9-2　ヒノキチオール

パクリタキセル（タキソール）：タイヘイヨウイチイ（*Taxus brevifolia*）の樹皮より単離されたジテルペン系化合物である。乳癌の治療薬として用いられている。

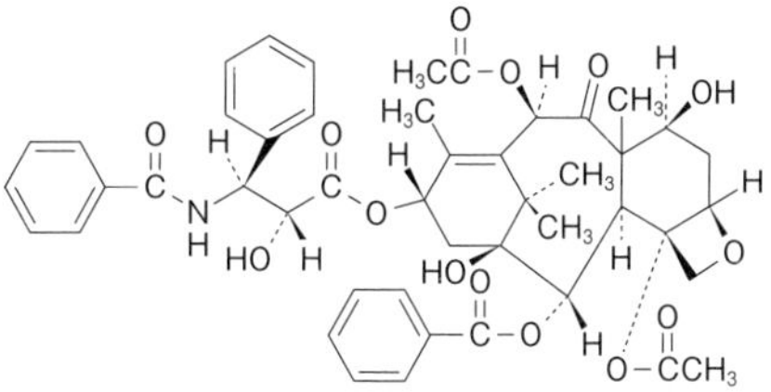

図 9-3　パクリタキセル

アルトカルベン：本化合物は、熱帯産樹木であるパンノキ（*Artocarpus incisus*）の材部より初めて単離されたスチルベンである。本樹木抽出物は、分子内に4位置換レゾルシノール構造を有する一連のチロシナーゼ阻害物質を有することから、美白化粧品の原料として実用化されている。

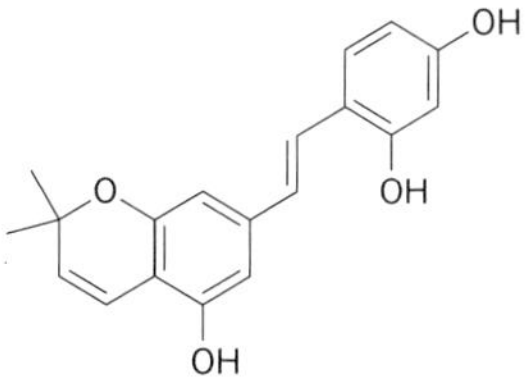

図 9-4　アルトカルベン

縮合型タンニン（プロアントシアニジン）：モリシマアカシア（*Acacia mearnsii*）の樹皮は、多くの縮合型タンニン（プロアントシアニジン）を含み、α-アミラーゼやリパーゼなど様々な酵素を阻害することが知られている（Kusano *et al*. 2011）。食後血糖値の上昇を抑制することをヘルスクレームとした機能性表示食品原料として実用化されている。

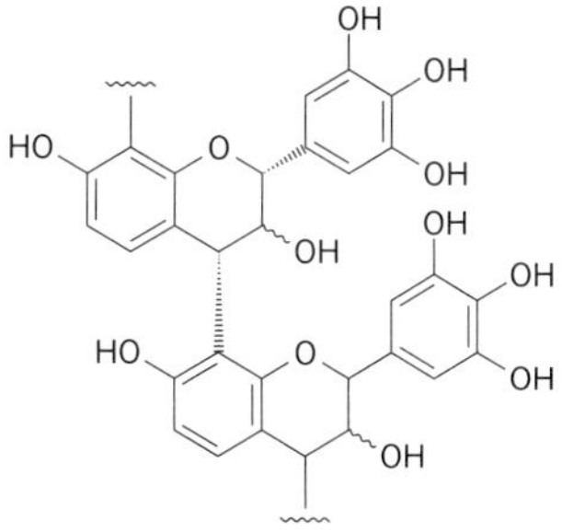

図 9-5　縮合型タンニン

9.3 抽出成分の多様性

抽出成分は、先に述べたように樹木の色や匂いに関係する成分であり、個々の木材の色調の差や匂いの差異が現れる要因はこの抽出成分組成の違いによるもので、樹木の個性を特徴づける。抽出成分が有する他の樹木成分と異なる特徴として、量は少ないが種類が多いこと、その構造の多様性が挙げられる。この特徴は樹木の側から見れば、さまざまな構造の成分を生合成できることにつながり、わずかな環境の変化に合わせて異なる生物活性を持つ成分を、さまざまな組成で含有することができる利点となる。この成分を合成する能力は、進化の過程で種ごとに発展・進化させてきたものと考えられ、成分組成の類似性による生物群の分類(化学分類)に人間が応用することができる。しかし、抽出成分の組成は樹木の部位(葉、樹皮、心材など)や傷害(病害、虫害なども含む)の有無などでも異なるため注意が必要である。

抽出成分の中でも、特にテルペン系成分は炭素数とイソプレン則の制約から多くの骨格の異なる構造へと変化し、加えて、水和反応や酸化などの反応を受ける。そのため骨格、官能基の位置や立体配置の違いなどを合わせるとその取りうる構造の種類は膨大な数となる。そのため特に樹種間や同一樹種であっても品種などの遺伝的要因や環境要因によって成分組成に変異が現れやすい化合物群である。わかりやすい例では、木材の匂いの違いが挙げられる。テルペンの中で炭素数の比較的少ないモノ・セスキテルペンは揮発性を有し、樹木の匂いを特徴付ける成分であり、樹木によって匂いが異なるのは主にこれらの組成の違いによるところが大きい。国産針葉樹のスギ、ヒノキ、クロマツなどの心材の匂いも異なる(大平 2007)が、スギ材はモノテルペンの割合は少なく、δ-カジネンを主とするセスキテルペン炭化水素や、カジノール類、クベボール類などのセスキテルペンアルコール類の割合が多い。一方ヒノキやクロマツ材はα-ピネンなどのモノテルペンを含むがその組成は異なり、セスキテルペン部はヒノキではδ-, γ-カジネンを主体とするカジネン、カジノール類、クロマツではロンギホレンが主となるなど樹種による違いがある。

以下部位ごとの成分の違いや、品種ごとの成分の変異についてスギを例に取り述べる。スギの針葉、心材、樹皮でテルペンの組成は異なり、主要なテルペ

表9-1　スギに含まれる主なテルペン成分の例

	針葉[1]	樹皮(樹脂)[2]	心材[3]
モノテルペン	α-ピネン、サビネン、リモネンなど	α-ピネン、リモネンなど	ほとんど含まない
セスキテルペン	カジノール類、エレモール、ユーデスモール類、セドロールなど	クベボールなど	コパエン、キュパレン、δ-カジネン、カジノール類、クベボール類など
ジテルペン	*ent*-カウレン(品種間で異なる)、ネズコールなど	フィロクラダノール、フェルギノール、デヒドロフェルギノール、スギオール、クリプトジャポノールなど	サンダラコピマリノール、フィロクラダノール、フェルギノール、スギオールなど

1)長濱(2002)など、2)芦谷ら(2001)など、3)長濱(2001)などより作成

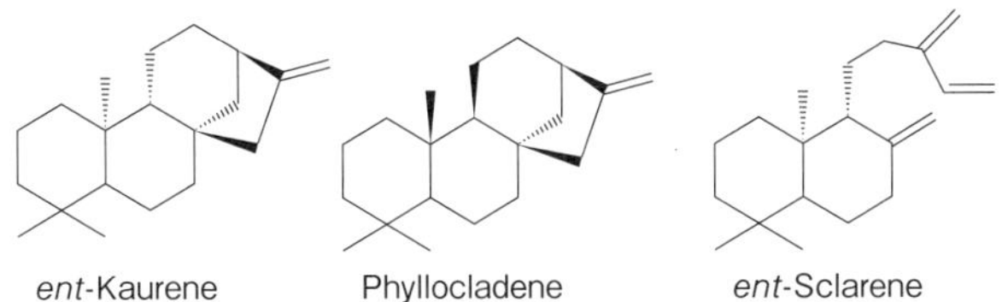

図9-6　スギ針葉に含まれる主要なジテルペン炭化水素の構造(長濱 2002より作成)

表9-2　スギ針葉のジテルペン主要成分による分類

ジテルペンタイプ	特　徴
K-タイプ	ほとんどが*ent*-カウレンだけ含むもの。
P-タイプ	ほとんどがフィロクラデンだけのもの。
S-タイプ	ほとんど*ent*-スクラレンで、少量の異性体を含むもの。
KS-タイプ	*ent*-カウレンが主成分で、少量の*ent*-スクラレンが共存するもの。
PK-タイプ	フィロクラデンが主成分で、少量の*ent*-カウレンが共存するもの。
PS-タイプ	フィロクラデンが主成分で、少量の*ent*-スクラレンが共存するもの。
PKS-タイプ	3者が共存して見られるもの。

安江ら(1958)および長濱(2002)より作成

ンは**表9-1**のようになる。針葉のテルペンの組成は品種間で異なることがよく知られている(長濱 2002)。特にジテルペン炭化水素の変異が顕著で、主に含有されるジテルペン炭化水素(**図9-6**)の種類によって**表9-2**のようにタイプ分けされている。

スギ樹皮(樹脂)のテルペン組成についての品種間変異等の研究は行われてお

らず不明な点が多いが、ジテルペン主要成分であるフェルギノールについて様々な生物活性が知られている。また、その酸化反応に伴う構造変化が報告されており、フェルギノールから誘導される成分が多く検出される。

一方、心材のテルペン組成は木材の匂いや色味、耐朽性に影響するが、品種などの遺伝的要因による変異のみならず、樹木の生育してきた期間の様々な環境的要因の影響を受け同一品種での個体間や同一個体内（年輪方向や繊維方向）での組成の変動も起こる。これらはその土地で生育したスギ材の特徴とも捉えることができ、利用の際には化学的な特性として特徴づけられる。

●参考図書

今村博之（1983）：「木材加工と抽出成分」．今村博之ら（編）『木材利用の化学』所収，共立出版．

寺谷文之，甲斐勇二（1985）：「IV. 抽出成分」．原口隆英ら『木材の化学』所収，文永堂出版．

谷田貝光克ら（2010）：「第5章 抽出成分の化学」．日本木材学会（編）『木質の化学』所収，文永堂出版．

引用文献

●1章

Browning, B.L.(ed.) (1963)：“The Chemistry of Wood”. Interscience (Wiley), New York.

Buchanan, A.H. (1989)：“Timber Engineering and the Greenhouse Effect”. In: “IPENZ Annual Conference 1990, Proceedings of: Engineering, past, present and future: Building the environment; Volume 1: Civil ; Papers prepared for the conference, Wellington, February 12-17.” Wellington, N.Z.: Institution of Professional Engineers New Zealand, 1990: 213-223.

Kayo, C., Kalt, G., Tsunetsugu, Y., Hashimoto, S., Komata, H., Noda, R. and Oka, H. (2021)：“The default methods in the 2019 Refinement drastically reduce estimates of global carbon sinks of harvested wood products”. *Carbon Balance Manag.* **16**, 37.

Matsumoto, M., Oka, H., Mitsuda, Y., Hashimoto, S., Kayo, C., Tsunetsugu, Y. and Tonosaki, M. (2016)：“Potential contributions of forestry and wood use to climate change mitigation in Japan”. *J. For. Res.* **21**(5), 211-222.

United Nations (1992)：“United Nations Framework Convention on Climate Change”.

有馬孝禮 (1991)：「木造住宅のライフサイクルと環境保全」. 木材工業 **46**, 635-640.

有馬孝禮 (2003)：『木材の住科学――木造建築を考える――』. 東京大学出版.

大熊幹章 (1990)：「木材利用と環境保全，そして知能性材料としての木材の可能性」. 木材工業 **45**, 301-306.

大熊幹章 (2018)：『木材時代の到来に向けて』. 海青社.

栗山浩一，庄子 康，柘植隆宏 (2013)：『初心者のための環境評価入門』. 勁草書房.

小松幸夫 (2006)：「住宅の寿命について」. 都市住宅学 **2006**(54), 10-15.

酒井寛二，漆崎 昇，中原智哉 (1997)：「建設資材製造時の二酸化炭素排出量経時変化と土木分野への影響」. 環境システム研究 **25**, 525-532.

佐藤 淳 (2021)：「パリ協定下の伐採木材製品(HWP)：気候変動対策としての取り扱いの変遷と排出削減ポテンシャル」. 木材保存 **47**(5), 217-228.

島本美保子 (2010)：『森林の持続可能性と国際貿易』. 岩波書店.

(独)森林総合研究所温暖化対応推進拠点 (2009)：「木1本に固定されている炭素の量」, https://www.ffpri.affrc.go.jp/research/dept/22climate/kyuushuuryou/documents/page1-2-per-a-tree.pdf (2021年7月31日閲覧).

立花 敏 (2003)：「森林政策――再生可能な森林資源の有効活用に向けて」. 寺西俊一(編著)『新

しい環境経済政策――サステイナブル・エコノミーへの道』所収，東洋経済新報社，pp. 193-226.

地球環境戦略研究機関(IGES)(監修)，井上 真(編著)(2003):『アジアにおける森林の消失と保全』．中央法規出版社．

筒井総一郎，桂 英昭，菊地健太郎(2015):「熊本県下の木材利用学校施設における木材活用状況に関する研究」．日本建築学会九州支部研究報告第54号，57-60.

中島史郎(1991):「地球温暖化防止行動としての木材利用の促進――1990年ITEC発表論文から――」．木材工業 **46**，127-131.

日本学術会議(2001):「地球環境・人間生活にかかわる農業及び森林の多面的機能の評価について(答申)」．

日本学術会議(2001):「III. 森林の多面的機能」．『地球環境・人間生活にかかわる農業及び森林の多面的な機能の評価について』所収，日本学術会議，pp. 56-90.

一般財団法人日本木材総合情報センター(2014):「木造住宅の木材使用量調査事業報告書」．

一般社団法人日本木造住宅産業協会(2022):「木造軸組工法住宅における国産材利用の実態調査報告書(第6回)」．

野瀬かおり，金 政秀，山本康友(2012):「木質化建築の木材蓄積量評価手法に関する研究：その1 東京都杉並区の学校施設における木質量の事例調査」．日本建築学会大会学術講演梗概集(東海)，1097-1098.

林 希一郎(2009):『生物多様性・生態系と経済の基礎知識――わかりやすい生物多様性に関わる経済・ビジネスの新しい動き』．中央法規出版．

藤森隆郎(2003):「森林の二酸化炭素吸収の考え方」．紙パ技協誌 **57**(10)，1451-1457.

松本遼斗，加用千裕(2021):「都道府県ごとの建築物に使用される伐採木材製品の炭素貯蔵量」．木材学会誌 **67**(3)，138-148.

森 麻美，中島史郎，恒次祐子，大橋好光(2014):「栃木県における木造住宅の木材使用実態調査」．日本建築学会大会学術講演梗概集(近畿)，859-860.

林野庁(2021):「建築物に利用した木材に係る炭素貯蔵量の表示に関するガイドライン」．令和3年10月1日3林政産第85号(林野庁長官通知)．

渡邉健斗，矢口彰久，高口洋人(2018):「公共建築物における木造・木質化による使用箇所別の木材利用量」．2017年度日本建築学会関東支部研究報告集Ⅱ，113-116.

●2章

The Angiosperm Phylogeny Group (2016): “An update of the Angiosperm Phylogeny Group classification for the orders and families of flowering plants: APG IV”. *Bot. J. Linn. Soc.* **181**, 1-20.

Denk, T., Grimm, G.W., Manos, P.S. and Deng, M.(2017): "An updated infrageneric classification of the oaks: review of previous taxonomic schemes and synthesis of evolutionary patterns". In: "Oaks Physiological Ecology. Exploring the Functional Diversity of Genus *Quercus* L." Gil-Peregrin, E., Peguero-Pina, J.J., Sancho-Knapik, D., Cham (eds.), Switzerland: Springer, pp. 13–38.

Hwang, S.-W., Isoda, H., Nakagawa, T. and Sugiyama, J. (2021): "Flexural anisotropy of rift-sawn softwood boards induced by the end-grain orientation". *J. Wood Sci.* **67**, 14.

IAWA committee (1964): "Multilingual glossary of terms used in wood anatomy", Verlagsanastalt Buchdruckerei Konkordia, Winterthur.

IAWA committee (1989): "IAWA List of Microscopic Features for Hardwood Identification", *IAWA Bull. n.s.* **10**, 219–332 [伊東隆夫ら(監訳) (1998):『広葉樹材の識別――IAWAによる光学顕微鏡的特徴リスト――』. 海青社].

IAWA committee (2002): "IAWA List of Microscopic Features for Softwood Identification". *IAWA J.* **25**, 1–70 [伊東隆夫ら(監訳) (1998):『広葉樹材の識別――IAWAによる光学顕微鏡的特徴リスト――』, 海青社].

Kobayashi, K., Kegasa, T., Hwang, S.-W. and Sugiyama, J. (2019): "Anatomical features of Fagaceae wood statistically extracted by computer vision approaches: Some relationships with evolution". *PLoS ONE* **14**(8): e0220762. https://doi.org/10.1371/journal.pone.0220762

Larson, P.R. (1994): "The Vascular Cambium—Development and Structure". Springer-Verlag, Berlin.

Mork, E. (1928): "Die Qualitat des Fichtenholzes unyer besonderer Rucksichtnahme auf Schleif- und Papierholz". *Der Papier-Fabrikant* **26**, 741–747.

Nakaba, S., Sano, Y., Kubo, T. and Funada, R. (2006): "The positional distribution of cell death of ray parenchyma in a conifer, *Abies sachalinensis*". *Plant Cell Rep.* **25**, 1143–1148.

Yazawa, K., Ishida, S. and Miyajima, H. (1965): "On the wet-heartwood of some broad-leaved trees grown in Hokkaido, Japan". *Mokuzai Gakkaishi* **11**, 71–76.

森林総合研究所:「木材データベース」https://db.ffpri.go.jp/WoodDB/index.html (2022年9月確認).

島地 謙 (1983):「あて材の生因を探る:特に針葉樹の圧縮あて材について」. 木材研究・資料 (18), 1–11.

中田了五 (2007):「スギの樹幹内水分分布の変異とその変動要因に関する研究」. 林木育種センター研究報告(23), 121–254.

日本木材学会 (1975):「国際木材解剖用語集」. 木材学会誌 **21**(9), A1–A21.

平井信二 (1996):『木の大百科』(大型本). 朝倉書店.

福島和彦, 船田 良, 杉山淳司, 高部圭司, 梅澤俊明, 山本浩之(編) (2011):『木質の形成——バイオマス科学への招待——(第2版)』. 海青社.

米倉浩司 (2019):『新維管束植物分類表』. 北隆館.

●3章

Abe, H., Funada, R., Imaizumi, H., Ohtani, J. and Fukazawa, K. (1995): "Dynamic changes in the arrangement of cortical microtubules in conifer tracheids during differentiation". *Planta* **197**, 418–421.

Arioli, T., Peng, L., Betzner, A. S., Burn, J., Wittke, W., Herth, W., Camilleri, C., Höfte, H., Plazinski, J., Birch, R., Cork, A., Glover, J., Redmond, J. and Williamson, R. E. (1998): "Molecular analysis of cellulose biosynthesis in Arabidopsis". *Science* **279**, 717–720.

Awano, T., Takabe, K. and Fujita, M. (1998): "Localization of glucuronoxylan in Japanese beech visualized by immunogold labelling". *Protoplasma* **202**, 213–222.

Begum, S., Nakaba, S., Yamagishi, Y., Oribe, Y. and Funada, R. (2013): "Regulation of cambial activity in relation to environmental conditions: understanding the role of temperature in wood formation of trees". *Physiol. Plant.* **147**, 46–54.

Begum, S., Kudo, K., Rahman, M.H., Nakaba, S., Yamagishi, Y., Nabeshima, E., Nugroho, W.D., Oribe,Y., Kitin, P., Jin, H.-O. and Funada, R. (2018): "Climate change and the regulation of wood formation in trees by temperature". *Trees* **32**, 3–15.

Brown Jr., R.M., Willison, J.H.M. and Carol, L. (1976): "Cellulose biosynthesis in *Acetobacter xylinum*: Visualization of the site of synthesis and direct measurement of the *in vivo* process". *Proc. Natl. Acad. Sci. U.S.A.* **73**(12), 4565–4569.

Daicho, K., Saito, T., Fujisawa, S. and Isogai, A. (2018): "The Crystallinity of Nanocellulose: Dispersion-Induced Disordering of the Grain Boundary in Biologically Structured Cellulose". *ACS Appl. Nano Mater.* **1**, 5774–5785.

Fowke, L.C. and Pickett-Heaps, J.D. (1972): "A cytochemical and autoradiographic investigation of cell wall deposition in fiber cells in *Marchantia berteroana*". *Protoplasma* **74**, 19–32.

Fujikawa, S. and Ishida, S. (1975): "Ultrastructure of ray parenchyma cell wall of softwood". *Mokuzai Gakkaishi* **21**(8), 445–456.

Funada, R., Yamagishi, Y., Begum, S. and Kudo, K. (2016): "Xylogenesis in trees: from cambial cell division to cell death". In: "Secondary Xylem Biology". Kim, Y.S., Funada, R. and Singh, A.P. (eds.), Academic Press, pp. 25–43.

Giddings Jr., T.H., Brower, D.L. and Staehelin, L.A. (1980): "Visualization of particle complexes in the plasma membrane of *Micrasterias denticulate* associated with the formation of cellulose fibrils in primary and secondary cell walls". *J. Cell Biol.* **84**, 327–339.

Hiraide, H., Tobimatsu, Y., Yoshinaga, A., Lam, P. Y., Kobayashi, M., Matsushita, Y., Fukushima, K. and Takabe, K. (2021): "Localised laccase activity modulates distribution of lignin polymers in gymnosperm compression wood". *New Phytol.* https://doi.org/10.1111/nph.17264.

Imai, T., Ito, E. and Fukushima, K. (2005): "Biochemical studies of matured xylem of *Cryptomeria japonica*. Attempts to detect the enzymes involved in the biosyntheses of the heartwood extractives". *Nagoya Univ. For. Sci.* **24**, 1–6.

Inomata, F., Takabe, K. and Saiki, H. (1992): "Cell Wall Formation of Conifer Tracheid as Revealed by Rapid-Freeze and Substitution Method". *J. Electron. Microsc.* **41**, 369–374.

Itoh, T. and Brown Jr., R.M. (1984): "The assembly of cellulose microfibrils in *Valonia macrophysa* Kutz". *Planta* **160**, 372–381.

Kimura, S., Laosinchai, W., Itoh, T., Cui, X. and Brown, Jr., R.M. (1999): "Immunogold labeling of rosette terminal cellulose synthesizing complexes in a vascular plant (*Vigna angularis*)". *Plant Cell* **11**(11), 2075–2085.

Koyama, M., Helbert, W., Imai, T., Sugiyama, J. and Henrissat, B. (1997): "Parallel-up structure evidences the molecular directionality during biosynthesis of bacterial cellulose". *PNAS* **94**(17), 9091–9095 https://doi.org/10.1073/pnas.94.17.9091.

Larson, P.R. (1994): *The vascular cambium: development and structure*. Springer-Verlag, pp. 1–725.

Li, S., Lei, L., Somerville, C.R. and Gu, Y. (2012): "Cellulose synthase interactive protein 1 (CSI1) links microtubules and cellulose synthase complexes". *Proc. Natl. Acad. Sci. U.S.A.* **109**(1), 185–190.

Maeda, Y., Awano, T., Takabe, K. and Fujita, M. (2000): "Immunolocalization of glucomannan in the cell wall of differentiating tracheids in *Chamaecyparis obtusa*". *Protoplasma* **213**, 148–156.

Miao, Y. C. and Liu, C. J. (2010): "ATP-binding cassette-like transporters are involved in the transport of lignin precursors across plasma and vacuolar membranes". *Proc. Natl. Acad. Sci. U.S.A.* **107**, 22728–22733.

Montezinos, D. and Brown Jr, R.M. (1976): "Surface architecture of the plant cell: biogenesis of the cell wall, with special emphasis on the role of the plasma membrane in cellulose biosynthesis". *J. Supramol. Struct.* **5**(3), 277–290, doi: 10.1002/jss.400050303.

Mueller S.C. and Brown Jr., R.M. (1980): "Evidence for an intramembrane component associated with a cellulose microfibril-synthesizing complex in higher plants". *J. Cell Biol.* **84**, 315–326.

Mutwil, M., Debolt, S. and Persson, S. (2008): "Cellulose synthesis: a complex complex". *Curr. Opin. Plant Biol.* **11**(3), 252–257.

Nakaba, S., Begum, S., Yamagishi, Y., Jin, H.-O, Kubo, T. and Funada, R. (2012): "Differences in the timing of cell death, differentiation and function among three different types of ray parenchyma cells in the hardwood *Populus sieboldii* × *P. grandidentata*". *Trees* **26**, 743–750.

Nakashima, J., Mizuno, T., Takabe, K., Fujita, M. and Saiki, H. (1997): "Direct Visualization of Lignifying Secondary Wall Thickenings in *Zinnia elegans* Cells in Culture". *Plant Cell Physiol.* **38**(7), 818–827.

Nixon, B.T., Mansouri, K., Singh, A., Dul, J., Davis, J.K., Lee, J.-G., Slabaugh, E., Vandavasi, V.G., O'Neill, H., Roberts, E.M., Roberts, A.W., Yingling, Y.G. and Haigler, C.H. (2016): "Comparative Structural and Computational Analysis Supports Eighteen Cellulose Synthases in the Plant Cellulose Synthesis Complex". *Sci. Rep.* **6**: 28696. DOI: 10.1038/srep28696.

Paredez, A.R., Somerville, C.R. and Ehrhardt, D.W. (2006): "Visualization of cellulose synthase demonstrates functional association with microtubules". *Science* **312**, 1491–1495.

Pear, J.R., Kawagoe, Y., Schreckengost, W.E., Delmer, D.P. and Stalker, D.M. (1996): "Higher plants contain homologs of the bacterial *celA* genes encoding the catalytic subunit of cellulose synthase". *Proc. Natl. Acad. Sci. U.S.A.* **93**, 12637–12642.

Pickett-Heaps, J.D. (1968): "Further ultrastructural observations on polysaccharide localization in plant cells". *J. Cell Sci.* **3**, 55–64.

Purushotham, P., Ho, R. and Zimmer, J. (2020): "Architecture of a catalytically active homotrimeric plant cellulose synthase complex". *Science* **369**, 1089–1094.

Rahman, M.H., Kudo, K., Yamagishi, Y., Nakamura, Y., Nakaba, S., Begum, S., Nugroho, W.D., Arakawa, I., Kitin, P. and Funada, R. (2020): "Winter-spring temperature pattern is closely related to the onset of cambial reactivation in stems of the evergreen conifer *Chamaecyparis pisifera*". *Sci. Rep.* **10**, Article number 14341.

Saxena, I.M., Lin, F.C. and Brown Jr, R.M. (1990): "Cloning and sequencing of the cellulose synthase catalytic sub-unit gene of *Acetobacter xylinum*". *Plant Mol. Biol.* **15**, 673–683.

Sethaphong, L., Haigler, C.H., Kubicki, J.D., Zimmer, J., Bonetta, D., DeBolt, S., and Yingling, Y.G. (2013): "Tertiary model of a plant cellulose synthase". *Proc. Natl. Acad. Sci.*

U.S.A. **110**: 7512–7517.

Sundberg, B. *et al.* (2000): "Cambial growth and auxin gradients". In: "Cell and molecular biology of wood formation". Savidge, R.A. *et al.* (eds.), BIOS Scientific Publisher, pp. 169–188

Takabe, K., Fujita, M., Harada, H. and Saiki, H. (1986): "Lignification Process in Cryptomeria (*Cryptomeria japonica* D. Don) Tracheid: Electron Microscopic Observation of Lignin Skeleton of Differentiating Xylem". *Research Bulletins of the College Experiment Forests, Hokkaido University* **43**(3), 783–788.

Takabe, K. and Harada, H. (1986): "Polysaccharide Deposition during Tracheid Wall Formation in Cryptomeria". *Mokuzai Gakkaishi* **32**(10), 763–769.

Takeda, K. and Shibaoka, H. (1981): "Effects of gibberellin and colchicine on microfibril arrangement in epidermal cell walls of *Vigna angularis* Ohwi et Ohashi epicotyls". *Planta* **151**, 393–398.

Takeuchi, M., Takabe, K. and Fujita, M. (2005): "Immunolocalization of an anionic peroxidase in differentiating poplar xylem". *J. Wood Sci.* **51**, 317–322.

Terashima, N., Fukushima, K., He, L-F. and Takabe, K. (1993): "Comprehensive model of the lignified cell wall". In: "Forage Cell Wall Structure and Digestibility". Jung, H. *et al.* (eds.), American Society of Agronomy, Inc., Crop Science Society of America, Inc., Soil Science Society of America, Inc., Madison, Wisconsin, USA, pp. 247–270.

Tsuyama, T., Kawai, R., Shitan, N., Matoh, T., Sugiyama, J., Yoshinaga, A., Takabe, K., Fujita, M. and Yazaki, K. (2013): "Proton-Dependent Coniferin Transport, a Common Major Transport Event in Differentiating Xylem Tissue of Woody Plants", *Plant Physiol.* **162**, 918–926.

Tsuyama, T., Matsushita, Y., Fukushima, K., Takabe, K., Yazaki, K. and Kamei, I. (2019): "Proton gradient-dependent transport of p-glucocoumaryl alcohol in differentiating xylem of woody plants", *Sci. Rep.* **9**, https://doi.org/10.1038/s41598-019-45394-7.

Vandavasi, V. G., Putnam, D. K., Zhang, Q., Petridis, L., Heller, W. T., Nixon, B. T., Haigler, C. H., Kalluri, U., Coates, L., Langan, P., Smith, J. C., Meiler, J. and O'Neill, H. (2016): "A Structural Study of CESA1 Catalytic Domain of Arabidopsis Cellulose Synthesis "Complex: Evidence for CESA Trimers", *Plant Physiol.* **170**, 123–135.

Wardrop, A.B. (1957): "The phases of lignification in the differentiation of wood fibers", *TAPPI* **40**, 73–92.

Wong, H.C., Fear, A.L., Calhoon, R.D., Eichinger, G.H., Mayer, R., Amikam, D., Benziman, M., Gelfand, D.H., Meade, J.H., Emerick, A. W., Bruner, R., Ben-Bassat, A. and Tal, R. (1990):

"Genetic organization of the cellulose synthase operon in *Acetobacter xylinum*", *Proc. Natl. Acad. Sci. U.S.A.* **87**, 8130–8134.

Yanase, Y., Sakamoto, K. and Imai, T. (2015): "Isolation and structural elucidation of norlignan polymers from the heartwood of *Cryptomeria japonica*", *Holzforschung* **69**(3), 281–296.

Zhang, C., Abe, H., Sano, Y., Fujiwara, T., Fujita, M. and Takabe, K. (2009): "Diffusion pathways for heartwood substances in *Acacia mangium*", *IAWA J.* **30**(1), 37–48.

Zhang, C., Fujita, M. and Takabe, K. (2004): "Extracellular diffusion pathway for heartwood substances in *Albizia julibrissin* Durazz", *Holzforschung* **58**, 495–500.

今川一志，深沢和三，石田茂雄（1976）:「カラマツ（*Larix leptolepis* Gord.）仮道管の木化過程に関する研究」．北海道大学農学部演習林報告 **33**(1), 127–138.

高部圭司，藤田 稔，原田 浩，佐伯 浩(1981)：「クロマツ仮道管の木化過程」．木材学会誌 **27**(12)，813–820.

堤 祐司(2011)：「モノリグノールの生合成」．福島和彦ら(編)『木質の形成 第2版』所収，海青社, pp. 343–350.

野渕 正，高原 繁，原田 浩（1979）:「針葉樹二次木部放射柔組織のエイジングに伴う細胞生存率の変化」．京都大学農学部演習林報 **51**, 239–246.

船田 良（2004):「樹木の肥大成長」．小池孝良(編著)『樹木生理生態学』所収，朝倉書店，pp. 125–137.

船田 良（2011):「伸長成長と肥大成長」．日本木材学会(編)『木質の構造』所収，文永堂出版，pp. 109–123.

船田 良（2011):「木材の構造と形成」．福島和彦ら(編著)『木質の形成 ― バイオマス科学への招待 ― (第2版)』所収，海青社，pp. 15–144.

船田 良（2016):「あて材形成と植物ホルモン」．吉澤伸夫(監修)，日本木材学会組織と材質研究会(編)『あて材の科学 ― 樹木の重力応答と生存戦略』，海青社，pp. 267–308.

船田 良ら(2020):「木部の構造と機能」．小池孝良ら(編著)『木本植物の生理生態』所収，共立出版，pp. 93–110.

船田 良（2021):「木材の形成」．東京農工大学農学部森林・林業実務必携編集委員会(編)『森林・林業実務必携』所収，朝倉書店，東京，pp. 369–375.

船田 良，半 智史(2021):「木材の構造」．伊藤和貴, 川田俊成(編)『木材の化学』所収，海青社，pp. 7–16.

山本幸一(1982)：「マツ属放射柔細胞成熟の経年的・季節的経過」．北大演報 **39**(2)，245–296.

●4章

日本木材学会(編) (2011):『木質の構造』. 文永堂出版.

木材工業編集委員会 (編) (1966):『日本の木材』. 日本木材加工技術協会.

●5章

Forest Product Laboratory (2021): "Wood Handbook-Wood as an Engineering Material". Forest Product Society.

Newlin, J.A. and Wilkson, T.R.C. (1919): "The relation of the shrinkage and strength properties of wood its specific gravity". *U.S. Dept. Agric. Bull.* No. 676.

Stamm, A.J. and Harris, E.E. (1953): "Chemical Processing of Wood". New York, N.Y., Chem. Publ. Co. Inc., pp. 113–138.

有馬孝禮 (1985):「木材の各種強さ」. 伏谷賢美, 岡野 健(編)『木材の物理』所収, 文永堂出版, p. 141.

石丸 優, 古田裕三, 杉山真樹(編) (2022):『木材科学講座3 木材の物理 改訂版』. 海青社, pp. 35–48, 51–53

井上雅文 (2006):「圧密化」. 岡野 健ら(編)『木材科学ハンドブック』所収, 朝倉書店, p. 270.

梶田 茂, 山田 正, 鈴木正治(1961):「木材のレオロジーに関する研究(第1報)動的ヤング率と含水率の関係について」. 木材学会誌 **7**(1), 29–33.

佐伯 浩 (1982):『走査電子顕微鏡図説 木材の構造』. 日本林業技術協会, pp. 34, 77, 119, 170, 190.

沢田 稔 (1963):「直交異方性材料としての木材の弾性および強度」. 材料 **12**(121), 74–77.

島川孝敏 (2014):「高速度カメラを用いた打撃時の竹刀に生じる変形およびひずみの測定」. 京都大学大学院農学研究科修士論文.

高橋 徹 (1985):「機械的性質」. 中戸莞二(編)『新編木材工学』所収, 養賢堂, p. 219.

日本木材学会(編) (2007):『木質の物理』. 文永堂出版, pp. 5, 44–45, 53–57.

則元 京, 山田 正 (1977):「木造モデルハウスにおける室内調湿機能に関する研究」. 木材研究資料 11, 17–35.

馬渕 守, 山田康雄, 文翠娥(2002):「金属セル構造体の圧縮変形特性」. 鋳造工学 **74**, 822–827.

村田功二, 増田 稔 (2003):「画像相関法による針葉樹の横圧縮ひずみ分布解析」. 材料 **52**(4), 347–352.

●6章

Akiyama, T., Goto, H., Nawawi, D.S., Syafii, W., Matsumoto, Y. and Meshitsuka, G. (2005):

"*Erythro/threo* ratio of β-*O*-4-structures as am important structural characteristic of lignin. Part 4: Variation in the *erythro/threo* ratio in softwood and hardwood lignins and its relation to syringyl/guaiacyl ratio". *J. Wood Chem. Technol.* **59**(3), 276–281.

Hasanov, I., Raud, M. and Kikas, T. (2020): "The role of ionic liquids in the lignin separation from lignocellulosic biomass". *Energies* **13**, 4864.

Hergert, H. (1998): "Developments in organosolv pulping—An overview". In: "Environmentally friendly technologies for the pulp and paper industry". Young, R.A. and Akhtar, M. (eds.), John Wiley & Sons Inc, New York, pp. 5–68.

Kienberger, M., Maitz, S., Pichler, T. and Demmelmayer, P. (2021): "Systematic review on isolation processes for technical lignin". *Processes* **9**(5), 804.

Kubo, S., Hashida, K., Hishiyama, S., Yamada, T. and Hosoya, S. (2015): "Possibilities of the formation of enol-ethers in lignin by soda pulping". *J. Wood Chem. Technol*, **35**(1), 62–72.

Lyu, G., Li, T., Ji, X., Yang, G., Liu, Y., Lucia, L.A. and Chen, J. (2018): "Characterization of lignin extracted from willow by deep eutectic solvent treatments". *Polymers* **10**, 869.

Nawawi, D.S., Syafii, W., Tomoda, I., Uchida, Y., Akiyama, T., Yokoyama, T., Matsumoto, Y. (2017): "Characteristics and reactivity of lignin in *Acacia* and *Eucalyptus* woods". *J. Wood Chem. Technol.* **37**(4), 273–282.

Rabinovich, M. (2010): "Wood hydrolysis industry in the Soviet Union and Russia: A mini-review". *Cellul. Chem. Technol.* **44**(4), 173–186.

Sakakibara, A. (1980): "A structural model of softwood lignin". *Wood Sci. Technol.* **14**(2), 89–100.

Shimizu, S., Yokoyama, T., Akiyama, T. and Matsumoto, Y. (2012): "Reactivity of lignin with different composition of aromatic syringyl/guaiacyl structures and *erythro/threo* side chain structures in β-*O*-4 type during alkaline delignification: As a basis for the different degradability of hardwood and softwood lignin". *J. Agric. Food Chem.* **60**(26), 6471–6476.

Tsutsumi, Y., Kond, R. and Imamura, H. (1993): "Reaction of syringylglycerol-β-syringyl ether type of lignin model compounds in alkaline-medium". *J. Wood Chem. Technol.* **13**(1), 25–42.

Uraki, Y., Kubo, S., Nigo N., Sano Y. and Sasaya, T. (1995): "Preparation of carbon fibers from organosolv lignin obtained by aqueous acetic acid pulping", *Holzforschung* **49**, 343–350.

坂井克己 (1994): "オルガノソルブ脱リグニン", 紙パ技協誌 **48**, 1003–1012.

●7章

Buchanan, C.M., Gardner, R.M. and Komarek, R.J. (1993)："Aerobic Biodegradation of Cellulose-Acetate". *J. Appl. Polym. Sci.* **47**(10), 1709–1719.

セルロース学会(編) (2000):『セルロースの事典』. 朝倉書店, p. 80.

紙パルプ技術協会(編) (1966):『紙パルプの種類とその試験法』. 紙パルプ技術協会, p. 146.

中野順三, 樋口隆昌, 住本昌之, 石津 敦(1983):『木材化学』. ユニ出版.

福島和彦, 船田 良, 杉山淳司, 高部圭司, 梅澤俊明, 山本浩之(編) (2011):『木質の形成――バイオマス化学への招待(第2版)』. 海青社.

●8章

Adachi, K., Daicho, K., Furuta, M., Shiga, T., Saito, T. and Kodama, T. (2021)："Thermal conduction through individual cellulose nanofibers". *Appl. Phys. Lett.* **118**, 053701.

Daicho, K., Kobayashi, K., Fujisawa, S. and Saito, T. (2020)："Crystallinity-Independent yet Modification-Dependent True Density of Nanocellulose". *Biomacromolecules* **21**, 939–945.

Fukuzumi, H., Saito, T., Iwata, T., Kumamoto, Y. and Isogai, A. (2009)："Transparent and High Gas Barrier Films of Cellulose Nanofibers Prepared by TEMPO-Mediated Oxidation". *Biomacromolecules* **10**, 162–165.

Hori, R. and Wada, M. (2005)："The thermal expansion of wood cellulose crystals". *Cellulose* **12**, 479–484.

Nishiyama, Y., Langan, P. and Chanzy, H. (2022)："Crystal Structure and Hydrogen-Bonding System in Cellulose I_β from Synchrotron X-ray and Neutron Fiber Diffraction". *J. Am. Chem. Soc.* **124**(31), 9074–9082.

Saito, T., Nishiyama, Y., Putaux, J.-L., Vignon, M. and Isogai, A. (2006)："Homogeneous Suspensions of Individualized Microfibrils from TEMPO-Catalyzed Oxidation of Native Cellulose". *Biomacromolecules* **7**, 1687–1691.

Saito, T., Kuramae, R., Wohlert, J., Berglund, L.A. and Isogai, A. (2013)："An Ultrastrong Nanofibrillar Biomaterial: The Strength of Single Cellulose Nanofibrils Revealed via Sonication-Induced Fragmentation". *Biomacromolecules* **14**, 248–253.

Sakurada, I., Nukushina, Y. and Ito, T. (1962)："Experimental determination of the elastic modulus of crystalline regions in oriented polymers". *J. Polym. Sci.* **57**, 651–660.

Kobayashi, Y., Saito, T. and Isogai, A. (2014)："Aerogels with 3D Ordered Nanofiber Skeletons of Liquid-Crystalline Nanocellulose Derivatives as Tough and Transparent Insulators". *Angew. Chem. Int. Ed.* **53**, 10394–10397.

Zhao, M., Fujisawa, S. and Saito, T. (2021)："Distribution and Quantification of Diverse Functional Groups on Phosphorylated Nanocellulose Surfaces". *Biomacromolecules* **22**, 5214–5222.

尾鍋史彦(監修) (2004)：『ウェットエンド化学と製紙薬品の最先端技術』. シーエムシー出版.

藤原勝壽(監修) (2017)：『機能紙最前線〜次世代機能紙とその垂直連携に向けて〜』. 機能紙研究会(編), 加工技術研究会.

矢野浩之, 磯貝 明, 北川和男(監修) (2021)：『セルロースナノファイバー　研究と実用化の最前線』. ナノセルロースジャパン(編), エヌ・ティー・エス.

林野庁 (2020)：「令和2年木材需給表」.

●9章

Fujita, K., Yamaguchi, T., Itose, R. and Sakai, K. (2000): "Biosynthetic pathway of β-thujaplicin in the *Cupressus lusitanica* cell culture". *J. Plant Physiol.* **156**(4), 462–467.

Kusano, R., Ogawa, S., Matsuo, Y., Tanaka, T., Yazaki, Y. and Kouno, I. (2011): "α-Amylase and lipase inhibitory activity and structural characterization of Acacia bark proanthocyanidins". *J. Nat. Prod.* **74**, 119–128.

芦谷竜矢, 氏家正嗣, 長濱静男, 上野智子, 坂井克己 (2001):「スギ樹皮抽出成分の特徴」. 木材学会誌 **47**(3), 276–281.

大平辰朗 (2007):『森林の香り、木材の香り』. 八十一出版, pp. 25–30.

長濱静男 (2001):「針葉樹の化学分類学をめざして (1)」. 木科学情報 **8**(4), 54–56.

長濱静男 (2002):「針葉樹の化学分類学をめざして (2)」. 木科学情報 **9**(1), 6–9.

安江保民, 荻山紘一, 斎藤正志 (1958):「スギ葉のジテルペン炭化水素」. 日本林学会誌 **58**, 285–290.

索　引

日本木材学会では、『木材学用語集』の公開を予定しています。2023年4月より学会HP(www.jwrs.org)でアクセス可能です。本書の読者に限らず、どなたでも利用できます。

とくに、電子版では、主な索引用語をクリックすると『木材学用語集』の説明が表示され、頁ナンバーをクリックすると当該頁にジャンプするよう編集されています。

A～Z

あ　行

か　行

さ　行

た　行

な　行

は　行

ま　行

や　行

ら　行

あとがき

近年、木材が環境や資源循環に関する課題に応えながら、生活資材としての役割を果たす重要な材料として再認識されつつあり、さらに新規な材料としての研究開発が進みつつある。このような状況のもと、新規に木材の分野に参入してくる人や団体も増える傾向にある。その一方で、木材に関する教育については、体制、人材や教材の面で、脆弱化しつつあるという危機感が関係者のなかで起きつつあった。

このような事情を背景として木材学会では、2017年度以来木材教育委員会において、木材に関する基本的な教科書の発行を検討してきた。この事業は、当時の福島和彦会長が最重要課題として取り組み、2018年度には、基本企画をまとめるに至った。2019年度からはこの事業は船田 良会長に引き継がれたが、コロナ禍のため、2020年度には本事業は停滞せざるを得なかった。2021年度になって土川 覚会長のもと事業は再開し、2年をかけて、ようやく出版にこぎつけた。

本書のタイトルの決定の際には、委員会内外の方々にご意見を頂き、「木材学」というキーワードが生まれた。これまで木材に関する専門書について「木材学」という名称を謳ったものは恐らくないと思われる。しかし、木材の研究・教育の中心的組織として活動する日本木材学会が、広く社会に木材に関する知識を体系的に提供する書籍として、ふさわしいと考え、あえて「木材学」という名称を、提案、採用させて頂いた。

本書が関係者のお役にたてば望外の幸せである。

最後に本書を出版するにあたり、木材教育委員各位には、編集や執筆についてご尽力を頂いた。また本書と連携して学会から公開される「木材学用語集」の編纂にあたっては、学会の各研究会の方々にご尽力いただいた。さらに海青社の宮内久氏および福井将人氏には、タイトなスケジュールの中、企画から出版まで多大なご苦労をおかけした。以上の方々に深甚な謝意を申し上げます。

2023年3月

木材教育委員会 委員長　藤井 義久

日本木材学会 木材教育委員会・執筆者一覧（50音順）

委員長

藤井 義久

木材教育委員・編集委員

青木 謙治　北岡 卓也　仲村 匡司　藤本 清彦
浦木 康光　杉山 淳司　藤井 義久　吉田 誠

木材教育委員・執筆者（2段目数字：執筆箇所、太字は編集箇所）

青木 謙治	東京大学大学院農学生命科学研究科 **10**, **11**, **19**, 10.1~2
芦谷 竜矢	山形大学農学部 9
足立 幸司	秋田県立大学木材高度加工研究所 5.9
安藤 恵介	東京農工大学大学院農学研究院
五十嵐圭日子	東京大学大学院農学生命科学研究科 18.2
石川 敦子	森林総合研究所 10.4
井道 裕史	森林総合研究所 11.1
稲垣 哲也	名古屋大学大学院生命農学研究科
岩田 忠久	東京大学大学院農学生命科学研究科 7.2~3
内村 浩美	愛媛大学紙産業イノベーションセンター 8.1
梅村 研二	京都大学生存圏研究所 15
浦木 康光	北海道大学大学院農学研究院 **6**, **9**, 6.3
榎本有希子	東京大学大学院農学生命科学研究科 7.2~3
大村和香子	京都大学生存圏研究所 18.3
片岡 厚	森林総合研究所 18.4
上川 大輔	森林総合研究所 19.2
北岡 卓也	九州大学大学院農学研究院 **7**, **8**
久保 智史	森林総合研究所 6.3
神代 圭輔	京都府立大学大学院生命環境科学研究科 5.1~4
齋藤 継之	東京大学大学院農学生命科学研究科 8.2
佐野 雄三	北海道大学大学院農学研究院 4
渋沢 龍也	森林総合研究所 11.2~4
清水 邦義	九州大学大学院農学研究院 9
杉山 淳司	京都大学大学院農学研究科 **2**, **3**, **4**, 2.1
高田 克彦	秋田県立大学木材高度加工研究所 2.2~3
高畠 幸司	琉球大学農学部 17.2
髙部 圭司	京都大学名誉教授 3.3
立花 敏	筑波大学生命環境系 1.1~2
土川 覚	名古屋大学大学院生命農学研究科 はじめに, 16
恒次 祐子	東京大学大学院農学生命科学研究科 1.3, 10.3
寺本 好邦	京都大学大学院農学研究科 7.1
半 智史	東京農工大学大学院農学研究院
仲村 匡司	京都大学大学院農学研究科 **5**, **12**, 12.1~3
原田 寿郎	森林総合研究所 19.1
藤井 義久	京都大学大学院農学研究科 序, 14, おわりに
藤澤 秀次	東京大学大学院農学生命科学研究科 8.2
藤本 清彦	森林総合研究所 **1**, **13~16**, 14
藤本 登留	九州大学大学院農学研究院 13
船田 良	東京農工大学大学院農学研究院 3.1~2
細谷 隆史	京都府立大学大学院生命環境科学研究科 6.2
堀川 祥生	東京農工大学大学院農学研究院
松下 泰幸	東京農工大学大学院農学研究院
松原 恵理	森林総合研究所 12.4
宮内 輝久	北海道立総合研究機構林産試験場 18.5
宮藤 久士	京都府立大学大学院生命環境科学研究科 6.2
村田 功二	京都大学大学院農学研究科 5.5~8
桃原 郁夫	森林総合研究所 8.1
森 拓郎	広島大学大学院先進理工系科学研究科 18.6
横山 朝哉	東京大学大学院農学生命科学研究科 6.1
吉田 誠	東京農工大学大学院農学研究院 **17**, **18**, 17.1

一般社団法人　日本木材学会

日本木材学会は、1955年に設立された日本学術会議協力学術研究団体です。本会は、「木材をはじめとする林産物に関する学術および科学技術の振興を図り、社会の持続可能な発展に寄与すること」を設立目的として2010年に一般社団法人化しました。木材学会誌やJournal of Wood Scienceの発行、学会賞等の顕彰制度、年次大会の開催に加え、支部活動（北海道、中部、中国・四国、九州）や研究会活動（17研究会）、メールマガジン「ウッディエンス」の配信、図書出版などを通して、木材に関する基礎および応用研究の推進と研究成果の社会への普及を図っています。

日本木材学会事務局　The Japan Wood Research Society
〒113-0023　東京都文京区向丘 1-1-17　タカサキヤビル 4F
E-mail: office@jwrs.org　Web: www.jwrs.org

● 木材学用語集について

日本木材学会では、本書巻末に収録された索引の用語を含む、総数約5,000語の木材に関する用語と、その解説を収録した『木材学用語集』を公開する予定です（2023年4月）。この用語集は学会のホームページで公開され、本書の読者に限らず、森林科学・林産学分野研究者、技術者や学生諸氏、さらに他分野の方々や行政関係者なども利用が可能です。

Wood Science – Basics
edited by The Japan Wood Research Society

もくざいがく
木材学 —基礎編—

本書のHP

発　行　日：2023年3月15日 初版第1刷
定　　　価：カバーに表示してあります
編　　　集：一般社団法人 日本木材学会
発　行　者：宮　内　　久

海青社
Kaiseisha Press
〒520-0112　大津市日吉台2丁目16-4
Tel. (077) 577-2677 Fax (077) 577-2688
https://www.kaiseisha-press.ne.jp/
郵便振替　01090-1-17991

カバーデザイン／(株)アチェロ
ISBN978-4-86099-405-1 C3061 Printed in JAPAN.
落丁·乱丁の場合は弊社までご連絡ください。送料弊社負担にてお取り替えいたします。